高等职业教育“十四五”规划畜牧兽医宠物大类新形态纸数融合教材

动物防疫与检疫技术

DONGWU FANGYI YU JIANYI JISHU

主　编　朱广双　文贵辉　吕　舟

副主编　高　靖　陈　茜　谢雯琴　皮志媛　孙智远　于　洋

编　者　（按姓氏笔画排序）

于　洋　江苏农牧科技职业学院
王　彬　北京大北农科技集团股份有限公司
文贵辉　湖南生物机电职业技术学院
皮志媛　伊犁职业技术学院
吕　舟　吉林农业科技学院
朱广双　芜湖职业技术学院
向思亭　湖南环境生物职业技术学院
刘立明　吉林农业科技学院
许泽军　芜湖职业技术学院
孙智远　江苏农林职业技术学院
李　娟　通化县动物疫病预防控制中心
沈向华　内蒙古农业大学职业技术学院
张　玲　内江职业技术学院
张小苗　大理农林职业技术学院
张嘉倚　西安海棠职业学院
陈　茜　贵州农业职业学院
陈文承　郴州市动物疫病预防控制中心
姜法铭　宜宾职业技术学院
高　靖　河南农业职业学院
谢雯琴　永州职业技术学院

華中科技大學出版社
http://press.hust.edu.cn
中国·武汉

内 容 简 介

本书是高等职业教育“十四五”规划畜牧兽医宠物大类新形态纸数融合教材。

本书内容包括绪论、动物防疫基本知识、动物防疫技术、重大动物疫情处理技术、动物检疫基本知识、动物生产和流通环节检疫、动物检疫技术、主要疫病的检疫和实训部分。

本书适用于高等职业教育动物医学、动物防疫与检疫、畜牧兽医、动物营养与饲料、动物药学等专业，亦可作为基层官方兽医、执业兽医、村级防疫员、养殖企业兽医技术人员等的参考用书。

图书在版编目(CIP)数据

动物防疫与检疫技术/朱广双，文贵辉，吕舟主编. —武汉：华中科技大学出版社，2022.8(2024.1 重印)
ISBN 978-7-5680-8485-7

Ⅰ. ①动… Ⅱ. ①朱… ②文… ③吕… Ⅲ. ①兽疫-防疫 ②兽疫-检疫 Ⅳ. ①S851.3

中国版本图书馆 CIP 数据核字(2022)第 112294 号

动物防疫与检疫技术 朱广双 文贵辉 吕 舟 主编
Dongwu Fangyi yu Jianyi Jishu

策划编辑：罗 伟
责任编辑：张 琴 郭逸贤
封面设计：廖亚萍
责任校对：曾 婷
责任监印：周治超
出版发行：华中科技大学出版社(中国·武汉) 电话：(027)81321913
武汉市东湖新技术开发区华工科技园 邮编：430223
录 排：华中科技大学惠友文印中心
印 刷：武汉市籍缘印刷厂
开 本：889mm×1194mm 1/16
印 张：14
字 数：420 千字
版 次：2024 年 1 月第 1 版第 2 次印刷
定 价：49.80 元

高等职业教育“十四五”规划
畜牧兽医宠物大类新形态纸数融合教材

编审委员会

网络增值服务

使用说明

欢迎使用华中科技大学出版社医学资源网 yixue.hustp.com

1 教师使用流程

（1）登录网址：http://yixue.hustp.com（注册时请选择教师用户）

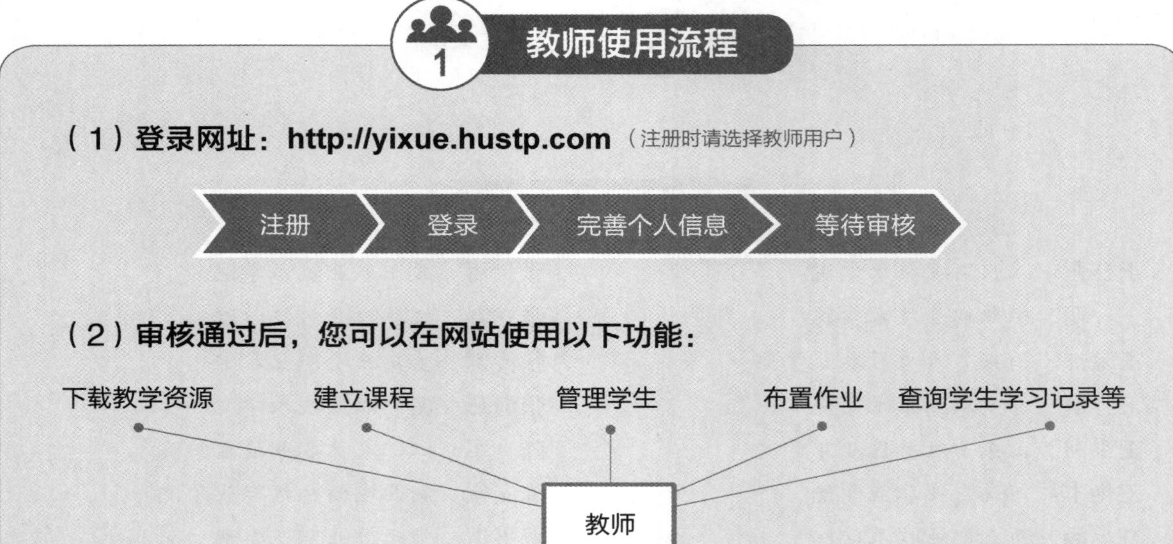

（2）审核通过后，您可以在网站使用以下功能：

2 学员使用流程

（建议学员在PC端完成注册、登录、完善个人信息的操作）

（1）PC 端操作步骤

① 登录网址：http://yixue.hustp.com（注册时请选择普通用户）

② 查看课程资源：（如有学习码，请在个人中心－学习码验证中先验证，再进行操作）

（2）手机端扫码操作步骤

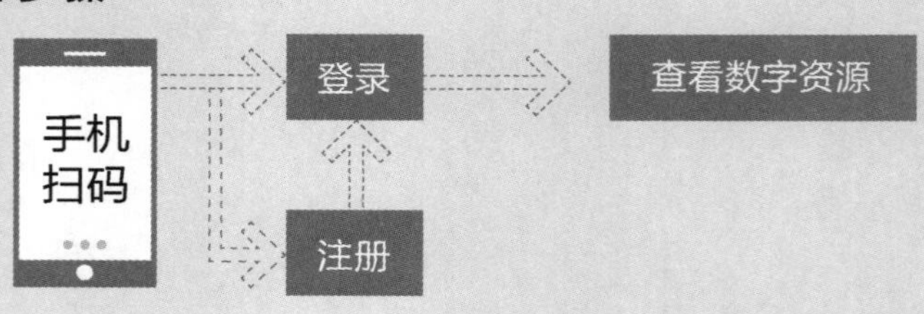

动物防疫与检疫技术
数字资源编写人员名单

主　编　朱俊平　山东畜牧兽医职业学院

孙智远　江苏农林职业技术学院

葛爱民　山东畜牧兽医职业学院

副主编　李汝春　山东畜牧兽医职业学院

隋兆峰　山东畜牧兽医职业学院

徐云明　江苏农林职业技术学院

潘柳婷　山东畜牧兽医职业学院

薛　梅　山东畜牧兽医职业学院

参　编　（以姓名汉语拼音为序）

陈春波　江苏农林职业技术学院

陈文承　郴州市动物疫病预防控制中心

李　娟　通化县动物疫病预防控制中心

卜永谦　江苏农林职业技术学院

王　彬　北京大北农科技集团股份有限公司

许泽军　芜湖职业技术学院

于　洋　江苏农牧科技职业学院

张　玲　内江职业技术学院

出版说明

随着我国经济的持续发展和教育体系、结构的重大调整，尤其是2022年4月20日新修订的《中华人民共和国职业教育法》出台，高等职业教育成为与普通高等教育具有同等重要地位的教育类型，人们对职业教育的认识发生了本质性转变。作为高等职业教育重要组成部分的农林牧渔类高等职业教育也取得了长足的发展，为国家输送了大批"三农"发展所需要的高素质技术技能型人才。

为了贯彻落实《国家职业教育改革实施方案》《"十四五"职业教育规划教材建设实施方案》《高等学校课程思政建设指导纲要》和新修订的《中华人民共和国职业教育法》等文件精神，深化职业教育"三教"改革，培养适应行业企业需求的"知识、素养、能力、技术技能等级标准"四位一体的发展型实用人才，实践"双证融合、理实一体"的人才培养模式，切实做到专业设置与行业需求对接、课程内容与职业标准对接、教学过程与生产过程对接、毕业证书与职业资格证书对接、职业教育与终身学习对接，特组织全国多所高等职业院校教师编写了这套高等职业教育"十四五"规划畜牧兽医宠物大类新形态纸数融合教材。

本套教材充分体现新一轮数字化专业建设的特色，强调以就业为导向、以能力为本位、以岗位需求为标准的原则，本着高等职业教育培养学生职业技术技能这一重要核心，以满足对高层次技术技能型人才培养的需求，坚持"五性"和"三基"，同时以"符合人才培养需求，体现教育改革成果，确保教材质量，形式新颖创新"为指导思想，努力打造具有时代特色的多媒体纸数融合创新型教材。本教材具有以下特点。

(1)紧扣最新专业目录、专业简介、专业教学标准，科学、规范，具有鲜明的高等职业教育特色，体现教材的先进性，实施统编精品战略。

(2)密切结合最新高等职业教育畜牧兽医宠物大类专业课程标准，内容体系整体优化，注重相关教材内容的联系，紧密围绕执业资格标准和工作岗位需要，与执业资格考试相衔接。

(3)突出体现"理实一体"的人才培养模式，探索案例式教学方法，倡导主动学习，紧密联系教学标准、职业标准及职业技能等级标准的要求，展示课程建设与教学改革的最新成果。

(4)在教材内容上以工作过程为导向，以真实工作项目、典型工作任务、具体工作案例等为载体组织教学单元，注重吸收行业新技术、新工艺、新规范，突出实践性，重点体现"双证融合、理实一体"的教材编写模式，同时加强课程思政元素的深度挖掘，教材中有机融入思政教育内容，对学生进行价值引导与人文精神滋养。

(5)采用"互联网+"思维的教材编写理念，增加大量数字资源，构建信息量丰富、学习手段灵活、学习方式多元的新形态一体化教材，实现纸媒教材与富媒体资源的融合。

(6)编写团队权威，汇集了一线骨干专业教师、行业企业专家，打造一批内容设计科学严谨、深入浅出、图文并茂、生动活泼且多维、立体的新型活页式、工作手册式、"岗课赛证融通"的新形态纸数融合教材，以满足日新月异的教与学的需求。

本套教材得到了各相关院校、企业的大力支持和高度关注，它将为新时期农林牧渔类高等职业教育的发展做出贡献。我们衷心希望这套教材能在相关课程的教学中发挥积极作用,并得到读者的青睐。我们也相信这套教材在使用过程中,通过教学实践的检验和实践问题的解决,能不断得到改进、完善和提高。

高等职业教育“十四五”规划畜牧兽医宠物大类
新形态纸数融合教材编审委员会

动物防疫与检疫技术是畜牧兽医等专业的重要课程之一，我国各高等农业院校畜牧兽医等专业均开设了动物防疫与检疫技术课程，部分学校还将其列为公共卫生专业的主干课程，因此，我们组织全国各高校有关老师及生产一线的优秀工作人员共同编写了这本教材。编者根据目前我国高职院校的人才培养目标，按照我国动物防疫和检疫工作的基本需求和职业要求进行编写。

本课程可以让学生了解动物检疫的基本知识，了解国内动物检疫的流程及意义，学习人兽共患疫病、猪疫病、牛羊疫病、禽疫病等的检疫与鉴别方法及对病死畜尸体的无害化处理等相关内容。

本教材围绕动物防疫和动物检疫两个方面展开，分为八个项目进行介绍。项目一是动物防疫基本知识，主要介绍了动物疫病的发生和流行、流行病学调查分析、防疫计划、动物环境卫生；项目二是动物防疫技术，主要介绍了消毒、免疫接种、药物预防、动物疫病监测与净化技术；项目三是重大动物疫情处理技术，主要介绍了重大动物疫情应急管理、疫情报告、隔离与封锁、动物扑杀和生物安全处理；项目四是动物检疫基本知识，主要介绍了动物检疫的范围、管理、对象和分类，动物检疫的程序、方式和方法，以及动物检疫处理；项目五是动物生产和流通环节检疫，主要介绍了产地检疫、屠宰检疫、检疫监督；项目六是动物检疫技术，主要介绍了动物临诊检疫、动物检疫的现代生物学技术、动物产品检疫技术；项目七是主要疫病的检疫，主要介绍了主要共患疫病的检疫、猪主要疫病的检疫、禽主要疫病的检疫及牛、羊疫病的检疫与鉴别；项目八是实训部分，主要介绍了比较常用和实践性强的实训，以提高学生的实践能力。

本教材由朱广双、文贵辉、吕舟担任主编。具体编写分工：刘立明编写绪论，谢雯琴编写项目一，向思亭、李娟、许泽军编写项目二，沈向华编写项目三，陈茜编写项目四，皮志媛编写项目五，张玲、陈文承编写项目六，高靖、皮志媛编写项目七，项目八由编者们共同编写。全书由朱广双统稿，文贵辉、吕舟共同审稿。

数字资源由朱俊平、葛爱民、李汝春、隋兆峰、潘柳婷、薛梅、孙智远、徐云明、陈春波、卜永谦、于洋、陈文承、李娟、许泽军、张玲，以及王彬共同编写，特别感谢山东畜牧兽医职业学院和江苏农林职业技术学院对此项工作所做的巨大贡献。数字资源由朱广双统稿，文贵辉、吕舟、朱俊平、孙智远、葛爱民共同审稿。

本书适用于高等职业教育动物医学、动物防疫与检疫、畜牧兽医、动物营养与饲料、动物药学等专业，亦可作为基层官方兽医、执业兽医、村级防疫员、养殖企业兽医技术人员等的参考用书。

由于编者水平有限，书中不妥之处在所难免，恳切希望广大读者提出批评和建议，以便再版时修改和完善。

编　者

绪　　论

扫码看课件
绪论

一、动物防疫与检疫技术概述

动物的疫病成为人类及动物健康的重大威胁，人们在长期与疫病作斗争的过程中，越来越认识到疫病预防的重要性，并提出了许多疫病防治的原则。早在春秋战国时期，祖国医学就提出了"治未病"的思想，主张"未病先防、既病防变"的原则。"检疫"作为疫病预防的重要措施之一，起源于十四世纪的威尼斯。据载，当时为了防止外来船舶上的人员传播病原体，需要经过 40 天的观察和检查，如果没有发现传染病，才允许船员离船登岸。这种措施扩展到对动物及动物产品的管理，渐渐地产生了动物检疫的理念。

我国动物防疫工作的总纲是《中华人民共和国动物防疫法》。2021 年 1 月 22 日，第十三届全国人民代表大会常务委员会第二十五次会议对其进行修订，自 2021 年 5 月 1 日起施行。《中华人民共和国动物防疫法》中指出，动物疫病是指传染病和寄生虫病。动物疫病的发生和传播，不仅造成严重的经济损失，而且会影响人类的身体健康和生活质量。所以，加强对动物疫病的预防与控制，同时通过一些防疫检疫措施最终达到消灭动物疫病的目的，具有十分重要的意义。

《中华人民共和国动物防疫法》明确规定，动物防疫是指动物疫病的预防、控制、诊疗、净化、消灭和动物、动物产品的检疫，以及病死动物、病害动物产品的无害化处理。动物检疫是指为了防止动物疫病和人兽共患病的发生和传播、保护畜牧业发展和保障人民身体健康，由国家法定的检验检疫监督机构和人员，采用法定的检疫方法，依照法定的检疫项目、检疫对象和检验检疫标准及管理形式和程序，对动物、动物产品进行疫病检查、定性和处理的一项带有强制性的技术行政措施。动物检疫作为发现、预防、控制、扑灭动物疫病的重要手段，因而也是动物防疫的重要内容。

尽管动物防疫包含了动物检疫的内容，但随着科学技术的进步和研究方法、研究对象的具体化，逐步形成了动物防疫学和动物检疫学。所谓动物防疫学，就是应用动物医学的基本理论和技术，预防、控制和扑灭动物的疫病。所谓动物检疫学，即运用各种检查、诊断方法检查法定的动物疫病及产品，并采用一切措施防止疫病传播的一门应用科学。动物防疫学，就是运用一定的方法和手段将疫病排除于未受感染的畜群之外，以及对动物、动物产品进行检疫的一门综合性科学。动物防疫学的内容主要涉及动物防疫的基本理论和基本技能，包括动物疫病的发生、发展规律，动物防疫的技术操作要求和方法，而动物检疫学的内容主要涉及动物检疫的基本理论知识和基本技术，包括动物检疫范围、对象和种类，动物检疫技术，动物检疫处理及各种动物疫病的检疫要点及其处理。动物防疫与检疫是预防兽医学的重要组成部分，与基础兽医学、临床兽医学和预防兽医学的其他课程密切相关。它以动物解剖和组织胚胎学、动物生理学、动物病理学、兽医药理及毒理学、动物病原学、动物免疫学等基础理论、基本知识和基本技能为基础，并与动物产品检验、人兽共患病、动物卫生法规等互相联系配合，共同组成预防兽医学。

二、动物防疫与检疫技术的主要内容

2021 年修订的《中华人民共和国动物防疫法》中，明确规定了动物防疫的内容。这里的动物是指家畜家禽和人工饲养、捕获的其他动物；动物产品是指动物的肉、生皮、原毛、绒、脏器、脂、血液、精液、卵、胚胎、骨、蹄、头、角、筋以及可能传播动物疫病的奶、蛋等。其中动物检疫作为发现、预防、控制、扑灭动物疫病的重要手段，是动物防疫的重要内容。动物防疫与检疫技术是集动物诊疗技术、动物微生物和传染病及动物寄生虫病诊断和预防技术等多方面知识技能于一体的综合性课程。由于畜禽疫病的发生与传播流行受多方面因素的影响，任何单一的防疫措施都是不够的，必须采取包括

Note

“养、防、检、治”四个基本环节的综合性措施。

希望学生通过本课程的学习，能进一步认识动物疫病发生与流行的条件与基本特点，掌握防疫计划与疫病控制应急预案的制定，明确无规定动物疫病区的建立、动物检疫的范围和对象、检疫的方式和检疫后的处理，能正确运用本教材所提供的基本知识和技能于防疫检疫实践中。

三、动物防疫与检疫的目的和任务

动物在人类社会发展过程中起着重要的作用。动物除可供食用外，还可用于使役、观赏、守卫、伴侣、演艺等各个方面，涉及生产、生活、科研等各个领域。动物与人类的关系越来越密切，已成为人类生活和社会发展不可缺少的重要组成部分。我国是一个动物养殖大国，特别是改革开放以来，人民生活水平不断提高，皮、毛、肉、蛋、乳的需求量日益增加，人们对畜禽产品的安全与卫生要求也日益提高。另外，随着我国对外贸易规模的不断扩大，难免会有新的疫病入境。贯彻预防为主的方针，建立无规定动物疫病区，控制和消灭危害畜业和人类健康的动物疫病，大力开发无公害、无污染产品，是防疫检疫工作的根本任务和目标。其最根本的作用体现在下列几方面。

（一）监督检查作用

检疫人员通过索证、验证，发现和纠正违反动物卫生行政法规的行为，保证动物、动物产品生产经营者合法经营，维护消费者的合法权益。促使动物饲养者自觉开展预防接种等防疫工作，提高免疫率，从而达到以检促防的目的。促进动物及其产品经营者主动接受检疫，合法经营。促进产地检疫工作顺利进行，防止不合格的动物及其产品进入流通环节。

（二）有效控制和消灭动物疫病

通过动物检疫，可以及时发现动物疫病及其他妨害公共卫生的因素。其意义如下：及时采取措施，扑灭疫源，防止疫情传播蔓延，把疫情消灭在最小范围内，保护畜牧业生产。通过对检疫动物疫情的记录、整理、分析，及时、准确、全面地反映动物疫病的流行分布动态，为制定动物疫病防控规划和防疫计划提供可靠的科学依据。目前绵羊痒病、结核病、鼻疽等多种疫病仍无疫苗可供接种，也极难治愈。通过检疫、扑杀病畜、无害化处理染疫产品等手段可达到净化消灭目的。

（三）保护人体健康

通过动物及其产品传播的疫病会危害人体健康。在动物疫病中，有近 250 种属于人兽共患病，如狂犬病、口蹄疫、炭疽、结核病、旋毛虫病等。通过检疫，可以尽早发现并采取措施，防止对人的感染。同时，通过动物产品检疫，及时检出和处理不合格的动物产品，可保证消费者食用安全。

（四）维护动物及其产品的对外贸易

通过对进口动物、动物产品的检疫，可以避免国外疫病入境，减少或免除进口贸易损失，维护国家利益；通过对外出口检疫，有利于保证我国出口动物及动物产品的卫生质量，对拓宽国际市场、维护国家的贸易信誉、扩大畜产品出口创汇等方面都具有重要意义。动物疫病不仅阻碍经济的发展、影响人民生活和对外贸易，而且有些人兽共患病还严重威胁人类的身体健康。动物疫病每年所造成的经济损失难以计数，仅以牛瘟为例，据记载，19 世纪在南美洲发生牛瘟大流行之后，约 900 万头牛几乎全部死亡，造成了人们的贫困和饥荒。1938—1941 年，在我国青海、甘肃、四川三省发生的一次牛瘟大流行中，牛死亡数达 100 多万头，给人民生活带来严重的危害。某些动物疫病的死亡率虽然不高，但由于造成动物生产性能的降低，同样给养殖业生产带来一定的损失。例如，牛结核病、白血病等使奶牛产乳量和活重降低，甚至造成乳、肉品废弃。又如，猪气喘病、禽败血支原体病等可使发病动物增重缓慢，饲料转化率降低。特别值得重视的是，一些传染性极强而死亡率不高的动物疫病（如口蹄疫等），所引起的经济损失更大。某些人兽共患的疫病如布鲁氏菌病、结核病、狂犬病、血吸虫病、囊虫病、旋毛虫病等能严重地影响人类的健康。此外，在发生动物疫病时组织防治、执行检疫、实施封锁等措施时所耗费的人力、物力也是十分巨大的。近年来，随着《中华人民共和国动物防疫法》的颁布实施，我国的动物防疫与检疫工作进入了法制轨道。这对推动我国养殖业进一步发展，加

速社会主义市场经济建设，无疑有着重大意义。

四、我国动物防疫与检疫工作概况

（一）我国动物防疫检疫历史

我国的动物检疫始于1903年的清政府。1903年，清政府在中东铁路管理局设立了铁路兽医检疫处，对来自沙皇俄国的各种肉类食品进行检疫。官方最早的动物检疫机构是1927年在天津成立的“农工部毛革肉类检查所”，最早的动物检疫法规是同年公布的《毛革肉类出口检查条例》和《毛革肉类检查条例实施细则》。1929年，工商部上海商品检验局成立，这是中国第一个由国家设立的官方商品检验局。1932年，国民政府行政院通过并由实业部公布《商品检验法》，这是中国商品检验最早的法律。抗日战争爆发后，随着天津、上海、青岛、广州等城市的沦陷，各地检验检疫机构相继停办，在此期间动植物检疫基本上处于停顿状态。直到1945年抗日战争胜利后，各地商品检验局才陆续恢复工作。新中国成立前的商品检验，虽然有法律和法规作为依据，也设有官方的商品检验局，但由于中国当时处于半殖民地半封建社会时期，没有海关的自主权。进出口贸易由国外商人操纵，外商在经营购销商品的同时，在我国口岸设立检验机构执行检疫任务，而我国无权执行对外动物检疫。因此，随着帝国主义疯狂的经济和政治侵略，很多患病的动物及动物产品输入我国，致使一些重要畜禽疫病传入我国并广泛流行，给我国畜牧业造成了巨大损失。随着新中国的建立，1951年颁布《商品检验暂行条例》，这是中华人民共和国第一部关于进出口商品检验的行政法规。1952年，中央贸易部分为商业部和外贸部，外贸部商品检验总局统一管理全国进出口商品检验和对外动植物检疫工作。1964年，国务院将动植物检疫划归农业部领导（动物产品检疫仍由商品检验总局办理），并于1965年在全国27个口岸设立了国家动植物检疫所。“文化大革命”期间，中国动植物检疫工作受到了极大的冲击和破坏，许多机构被精简甚至撤销，大批人员被下放，进出境动植物检疫工作一度陷入混乱，进出口商品质量无法保证，国家经济建设和对外贸易遭受严重损失。1980年，外贸部商品检验总局改为国家进出口商品检验总局。同年，口岸动植物检疫工作恢复归农业部统一领导。1982年，国务院批准成立国家动植物检疫总所（1995年更名为国家动植物检疫局），代表国家行使对外动植物检疫行政管理职权，负责统一管理全国口岸动植物检疫工作。1998年，国家进出口商品检验局、国家动植物检疫局和国家卫生检疫局合并组建国家出入境检验检疫局，归属海关总署，内设动植物监管司，全面负责出入境动植物检验检疫工作。国家出入境检验检疫局设立在各地的直属局，于1999年8月10日同时挂牌成立。2001年，国家质量技术监督局和国家出入境检验检疫局合并组成国家质量监督检验检疫总局（以下简称国家质检总局），进出境动植物检疫工作仍由动植物监管司负责。特别是改革开放后，动物检疫工作发展较快，目前已形成了较为完善的动物防疫检疫体系，为推动畜牧业经济发展，提高人民的健康水平发挥了重大作用。

（二）我国动物防疫检疫法律法规的相继出台

国家先后颁布了一系列法律法规来规范国内动物检疫工作。例如，1959年农业部、卫生部、对外贸易部及商业部联合颁发《肉品卫生检验试行规程》（《四部规程》），1985年国务院颁布《家畜家禽防疫条例》，1997年颁布《中华人民共和国动物防疫法》（2021年修订）和《生猪屠宰管理条例》（2021年修订），2002年农业部颁布《动物检疫管理办法》（2010年修订），2005年颁布国务院令第450号《重大动物疫情应急条例》（2005年11月18日执行）。同时出台了一系列的国家标准及农业行业标准，例如：《畜禽病害肉尸及其产品无害化处理规程》（GB 16548—1996），《畜禽产地检疫规范》（GB 16549—1996），《新城疫检疫技术规范》（GB 16550—1996），《猪瘟检疫技术规范》（GB 16551—1996），《牲畜口蹄疫防治技术规范》（试行）（2004年3月22日），《畜禽屠宰卫生检疫规范》（NY 467—2001）（2001年10月施行），《生猪屠宰检疫规范》（NY/T 909—2004）（2005年2月施行）。

（三）我国动物检疫管理体制

我国过去在动物防疫检疫管理上，长期实行多头管理、部门条块分割式的、所谓“各负其责”“分段管理”的体制，在动物防疫检疫工作上，实行由其自己检疫检验、自己出具证明、自己评判的制度。

这种制度，经过多年特别是改革开放以来的实践被证明有碍法制统一，存在较多的弊端，越来越不适应经济体制改革的要求。国务院发布的《家畜家禽防疫条例》难以执行，防疫措施难以落实，动物疫病难以控制、扑灭，肉类卫生质量难以保障。随着社会主义市场经济体制的进一步落实和改革开放的进一步深入，必须加强宏观管理，完善法制管理，实行归口统一管理的体制。这就要求我国切实贯彻执行《中华人民共和国动物防疫法》，依法加强对畜禽疫病的全程控制，加强检疫队伍管理，逐步改革兽医卫生管理体制，提高畜产品卫生质量。《中华人民共和国动物防疫法》规定，国务院畜牧兽医行政管理部门主管全国的动物防疫检疫工作。县级以上地方人民政府畜牧兽医行政管理部门主管本行政区域内的动物防疫工作。县级以上人民政府所属的动物防疫监督机构实施动物防疫和动物防疫监督。动物防疫监督机构只能在同级人民政府所辖行政区域内行使动物防疫行政执法权。军队的动物防疫监督机构负责军队现役动物及军队自用动物的防疫工作，其监督管理由军队动物防疫监督机构自行负责。

（四）我国的动物检疫体系

我国的动物检疫目前实行的是中央、省、地（市）、县四级防疫、检疫、监督体系，其具体职责分工如下。

1. 国家兽医行政管理部门

农业农村部主管全国兽医工作，负责全国的动物疫病防治、检疫和动物防疫监督的宏观管理，负责起草动物防疫和检疫的法律法规，签署政府间协议、协定，制定有关标准等。下设兽医局和渔政渔港监督管理局。农业农村部在兽医管理方面下设三个事业机构：①中国动物疫病预防控制中心，负责收集、汇总疫情，拟定重大动物疫病防治预案并组织实施；②中国兽医药品监察所，负责兽医药品的监察及菌种保存、供应等工作；③中国动物卫生与流行病学中心，负责动物疫病诊断方法研究、流行病学调查和分析，以及国外动物疫情收集、分析及管理工作。

2. 地方兽医行政管理部门

县级以上人民政府下设畜牧兽医行政管理部门，其兽医工作主要任务如下：负责辖区内动物疫病的防疫、兽用药品的管理与监督，组织实施动物防疫规划计划；根据法律法规授权，起草或制定地方动物防疫检疫和兽药管理的办法、技术规范和规定，实施辖区内动物疫情调查、测报，组织疑难病症的诊断和疫病的防控。县级以上人民政府所属动物卫生监督机构具体实施动物防疫和动物防疫监督工作，乡镇动物防疫机构在县级动物卫生监督机构指导下，做好动物疫病的预防、控制、扑灭等具体工作。

另外，卫生部下属的国家食品药品监督管理局负责全国食品安全管理方面的法律、行政法规的制订，食品安全的综合监督、组织协调，以及依法组织开展对重大事故查处等。下设 31 个地方食品药品监督局，负责对各省（自治区、直辖市）的食品安全工作进行管理和综合监督。

我国动物检疫体系中的主要管理机构如表 0-1 所示。

表 0-1　我国动物检疫体系中的主要管理机构

主要管理机构	职能	成立时间
农业部	动物饲养阶段的疫病防疫和兽医制品生产流通使用及管理	1949 年 10 月
卫生部	食品的卫生安全问题管理	1949 年 11 月
对外贸易部	畜产品的国际贸易	1952 年 9 月
国家出入境检验检疫局	动物及动物产品的进出口管理	1998 年 3 月
农业部兽医局	拟定动物防疫与检疫政策、规划，负责动物疫病防治，疫情管理，动物卫生监督等	2004 年 7 月
农业农村部	统筹三农工作	2018 年 3 月

随着我国经济的发展，动物防疫检疫工作得到了各级政府的高度重视，一支高素质的动物防疫检疫队伍已经或正在建立，防疫检疫工作已逐步走上了科学化、法制化的健康轨道，这对加速我国的现代化建设，将产生非常深远的影响。

五、国际动物防疫与检疫工作概况

最早检疫起源于十四世纪的威尼斯，为防止当时欧洲流行的鼠疫、霍乱和疟疾等危险性疾病的传入，威尼斯建立了世界上第一个检疫机构，令抵达其口岸的外国船只、人员及其随行物，必须在船上滞留四十天，在此期间如未发现传染性疾病，才允许其离船登陆。这种原始的隔离措施，原是针对人而采取的卫生检疫手段，在当时对防止鼠疫等传染病的传播起了很大的作用。此后，很多欧洲国家，特别是地中海沿岸的一些国家都开始采取类似措施，一些港口检疫机构也相继建立。1871 年日本开始采取最早的动物检疫措施，以防止西伯利亚的牛瘟传入；1879 年意大利发现美国输入欧洲的肉类有旋毛虫，即下令禁止美国肉类输入。1881 年澳大利亚、德国、法国等也相继宣布了类似的禁令；1882 年，英国发现美国东部有牛传染性胸膜肺炎，便下令禁止美国活牛进口，其后丹麦等国也采取了同样的措施。这是初始的进出境动物检疫。随着科技的进步，人们逐渐认识和掌握了大多数危险性传染病和寄生虫病传播和流行的规律和特点。因此，过去只针对某一种危险性疾病而采取的禁止从疫区进口其动物及动物产品的做法已不适用，需要采取更有效的法律手段对可能带有危险性病原体的动物、动物产品进行检疫，来防止疫病的传播及蔓延。各国也相继制定了有针对性和可操作性的检疫法规。例如，日本 1886 年和 1896 年相继颁发了《兽医传染病预防法规》和《兽医预防法》，英国 1907 年颁发了《危险性病虫法案》，美国 1935 年颁发了《动植物检疫法》等。1872 年，欧洲大面积暴发牛瘟，奥地利召集比利时、法国、德国等国家在维也纳召开国际会议，协商各国应采取统一行动来控制牛瘟。1920 年，印度运往巴西的瘤牛途经比利时安特卫普港时，引起比利时再次暴发牛瘟，这一事件引起欧洲各国极大的关注。1924 年 1 月 25 日，阿根廷、比利时、巴西、法国等 28 个国家的代表汇聚巴黎，一致同意在巴黎创建“国际兽疫流行病机构”(Office International Des Epizooties，OIE)。OIE 成立后，立即引起了国际社会的普遍关注，其成员国数量也不断增加，最初是 28 个，1950 年为 53 个，1970 年增至 87 个，至今已发展到 180 个，已成为影响力最大的国际动物卫生组织。随着 WTO-SPS 协定对 OIE 规则、标准和建议的认可，OIE 也在人类和动物健康方面发挥着越来越重要的作用。此后，随着科学技术的进步，各国防疫检疫的法律法规更加完善，例如，日本在 1951 年出台的《家畜传染病预防法》几经修改，2003 年 6 月 1 日开始执行修改稿至今。为了有效地防御疯牛病，2003 年 6 月，日本农林水产省、厚生劳动省还颁布了《牛海绵状脑病对策特别措施法》，规定全国各都道府县必须根据该法制订防范疯牛病蔓延的基本计划和措施。这些法律法规的相继出台进一步促进了防疫与检疫措施的完善，也使世界人民在应对动物疫病及动物、动物产品的工作中，取得了更好的成果。

项目一　动物防疫基本知识

扫码看课件

1-1

任务一　动物疫病的发生和流行

学习目标

▲知识目标

1. 掌握动物疫病的特征和发生。
2. 熟悉动物疫病发生的条件。
3. 掌握动物疫病的流行过程。

▲技能目标

1. 能说出动物疫病的特征。
2. 能区别动物疫病发展的各阶段。
3. 能理解动物疫病的流行过程。

▲思政目标

1. 培养团队合作能力和随机应变的创新能力。
2. 培养保护人类和动物健康，控制和消灭动物疫病，维护动物源性食品安全的使命感；具备良好的沟通能力、团队合作意识。
3. 具有从事本专业工作的生物安全意识和自我安全保护意识。

▲知识点

1. 动物疫病的特征和发展阶段。
2. 动物疫病发生的条件。
3. 动物疫病流行过程的三个基本环节。
4. 传染源、传播途径和易感动物群的概念。

一、动物疫病的特征

微课 1-1

（一）动物疫病的特征

1. 由病原体作用于动物机体引起的　动物疫病都是由病原体引起的。例如，猪瘟是由猪瘟病毒引起的，炭疽病是由炭疽杆菌引起的，弓形虫病是由弓形虫引起的。

视频：动物疫病流行的季节性

2. 具有传染性和流行性　传染性是指从患病动物体内排出的病原体，侵入其他动物体内，引起其他动物感染。流行性是指在适宜条件下，在一定时间内，某一地区个别动物发病造成群体性的发病，即动物疫病发生了蔓延扩散。动物寄生虫病不仅流行和分布通常具有明显的地方性，而且感染和发生时间大多具有季节性。

3. 被感染的动物机体发生特异性反应　几乎所有的病原体都具有抗原性。病原体进入机体发生免疫反应，产生特异性抗体和变态反应等。这种改变可以用血清学方法等特异性反应检查出来，如鸡新城疫抗体水平可通过血凝和血凝抑制试验检测。

4. 耐过动物能获得特异性免疫 耐过动物感染某种疫病后，在大多数情况下均能产生特异性免疫，使动物机体在一定时期内或终生不再感染该种疫病。每种疫病耐过保护时间长短不一，有的几个月，有的几年，也有的终身免疫。

动物寄生虫免疫还具有复杂性和带虫免疫的特点。由于大多数寄生虫是多细胞动物，构造复杂，而且生活史复杂，造成了其抗原及免疫的复杂性。带虫免疫是寄生虫感染中常见的一种免疫状态，一旦宿主体内虫体消失，这种免疫力也随之消失。

5. 具有潜伏期和特征性的临床表现 由于同一种病原体侵入动物机体内，侵入途径和侵害部位相对来说比较一致，因此出现的临床表现也基本相同。大多数传染病在群体中流行时，通常具有相对稳定的病程及特定的流行规律。

（二）动物疫病的发展阶段

为了更好地理解动物疫病的发生、发展规律，人们将动物疫病的发展分为四个阶段，虽然各阶段有一定的划分依据，但有的界限不是非常严格。

视频：动物疫病的发展阶段

1. 潜伏期 从病原体侵入动物机体并进行繁殖，到动物体出现最初症状为止的一段时间称为潜伏期。不同的疫病潜伏期不同，就是同一种疫病潜伏期的长短也有很大的变动范围。潜伏期的长短一般与病原体的毒力、数量、侵入途径及动物机体的易感性有关。如：结核病的潜伏期一般为10～45天，长者数月甚至数年；猪繁殖与呼吸综合征的潜伏期为3～28天，一般为14天。动物处于潜伏期时没有临床表现，难以被发现，对健康动物威胁大。从流行病学的观点来看，了解各种动物疫病的潜伏期，对于疫病的诊断，确定动物疫病的封锁期，控制传染来源，制定防治措施，都有非常重要的实际意义。

2. 前驱期 前驱期是指从出现最初症状到典型症状出现前的这段时间，又称征兆期，是疾病的征兆阶段。这段时间一般较短，通常只有数小时至一两天，且仅表现疾病的一般症状，如精神沉郁、食欲减退、体温升高、生产性能下降等，此时进行诊断是非常困难的。

3. 明显期 明显期是指前驱期之后到该动物疫病典型症状明显表现出来的时期，又称发病期。明显期是疾病发展到高峰的阶段，比较容易识别，在动物疫病诊断上有重要意义。这一阶段患病动物排出体外的病原体最多、传染性最强。

4. 转归期 转归期是指动物疫病发展到最后结局的时期，表现为痊愈（康复或免疫）或死亡两种情况。如果病原体的致病性增强，或动物体的抵抗力减弱，病原体不能被动物机体控制或杀灭，则以动物死亡为转归；如果动物体的抵抗力得到改进和增强，病原体被有效控制或杀灭，症状就会逐步缓解，病理变化慢慢恢复，生理机能逐步正常，则动物机体逐渐恢复健康。在病愈后一段时间内，动物体内的病原体不一定马上消失，在一定时期内保留免疫学特性，虽然在一定时间内还有带菌（毒）、排菌（毒）现象存在，但最后病原体可被消灭清除。

二、动物疫病发生的条件

动物疫病的发生需要一定的条件，其中病原体是引起传染过程发生的首要条件，其次动物的易感性和环境因素也是疫病发生的必要条件。

（一）病原体的毒力、数量和侵入途径

1. 病原体的毒力、数量 毒力是病原体致病能力强弱的反映。人们常把病原体分为强毒株、中等毒力株、弱毒株、无毒株等。病原体的毒力不同，与机体相互作用的结果也不同。病原体须有较强的毒力才能突破机体的防御屏障引起感染，导致疫病的发生。高致病性病原体，可使宿主动物发生严重感染或急性感染。病原体引起感染，必须要有足够的数量。一般来说病原体毒力越强，引起感染所需数量就越少；反之需要量就越多。

2. 病原体的侵入途径 具有较强的毒力和足够数量的病原体，还需经适宜的途径侵入易感动物体内，才可引发感染。有些病原体只有经过特定的侵入门户，并在特定部位定居繁殖，才能造成感染。例如，破伤风梭菌经深部创伤侵入机体后才有可能引起破伤风，鸡球虫的感染性卵囊只有经口

Note

食入才会引起感染。但大多数病原体的侵入途径是多种途径，如布鲁氏菌、炭疽杆菌可以通过皮肤和消化道、生殖道黏膜等多种途径侵入宿主。

（二）易感动物

对病原体具有易感性的动物称为易感动物。动物对病原体的易感性是动物"种"的特性，因此动物的种属特性决定了其对某种病原体的感染具有天然的免疫力或易感性。动物的种类不同，对病原体的易感性也不同。如：猪是猪瘟病毒的易感动物，而牛、羊则是非易感动物；人、食草动物对炭疽杆菌易感，而鸡不易感。同种动物对病原体的易感性也有差异，比如肉鸡对马立克氏病病毒的易感性大于蛋鸡。另外，动物的易感性还受年龄、性别、营养状况等因素的影响，其中以年龄因素影响较大。例如，雏鸡易感染鸡球虫，而成年鸡感染但不发病。

（三）外界环境因素

影响动物疫病发生的外界环境因素主要包括气候因素（温度、湿度、地理环境）、生物因素（如传播媒介、储藏宿主）、应激因素（长途运输、过度使役、断喙、免疫接种等）、饲养管理（拥挤饲养、通风不良、突然更换饲料等）等，它们对于传染的发生是不可忽视的条件，是传染发生相当重要的诱因。环境因素改变时，一方面可以影响病原体的生长、繁殖和传播；另一方面可使动物机体抵抗力、易感性发生变化，也可使病原体接触和侵入易感动物的可能和程度发生改变。如：夏秋季气温高，病原体易于生长繁殖，因此易发生消化道传染病；而寒冷的冬季易感动物呼吸道黏膜抵抗力降低，易发生呼吸道传染病。另外，在某些季节环境条件下，存在着一些疫病的传播媒介，影响疫病的发生和传播（如伊氏锥虫病、梨形虫病、疟原虫病等），故在昆虫繁殖的季节容易发生和传播。

总之，在动物疫病的发生过程中，病原体的致病作用和机体的防御机能，是在一定的外界环境条件下，不断相互作用的过程，只有具备病原体、易感动物和一定的外界环境这三个条件，动物疫病才能发生。明确动物疫病在动物个体中发生的条件，对于控制和消灭动物疫病有重要意义。

三、动物疫病的流行过程

（一）流行病学与流行过程的概念

动物疫病流行病学是指研究动物疫病在动物群中的发生、发展和分布的规律，以及制定预防、控制和扑灭这些疫病的对策与措施的科学。

动物疫病流行过程（简称流行），是指动物疫病从动物个体感染发病到动物群体发病的发展过程，也就是动物疫病在动物群中发生、发展和终止的过程。

（二）流行过程的基本环节

动物疫病的流行必须同时具备三个基本环节，即传染源、传播途径和易感动物群。这三个环节同时存在并互相联系时，就会导致动物疫病的流行，如果其中任何一个环节受到控制，动物疫病的流行就会终止。所以在预防和扑灭动物疫病时，都要紧紧围绕这三个基本环节采取综合性的防治措施。

视频：
传染源

1. 传染源（又称传染来源） 传染源是指某种动物疫病的病原体能够在其体内定居、生长、繁殖，并能够将病原体排出体外的动物机体。具体说，传染源就是受感染的动物，必须是活的动物机体，包括患病动物和病原携带者。被病原体污染的各种外界环境因素，不适合病原体长期寄居、生长繁殖，也不能排出病原体，因此不能认为是传染源，而应称为传播媒介。

（1）患病动物：患病动物是最重要的传染源。患病动物能排出病原体的整个时期称为传染期，不同动物疫病传染期的长短不同。患病动物在明显期和前驱期能排出大量毒力强的病原体，传染的可能性很大，因此传染源的作用最大。潜伏期和恢复期的患病动物是否具有传染源的作用，则随病种不同而异，它们作为传染源的流行病学意义主要是病原携带者。各种动物疫病的隔离期是根据传染期的长短来制定的。为了控制传染源，对患病动物原则上应隔离至传染期终了为止。

（2）病原携带者：病原携带者是指外表无临床症状但携带并排出病原体的动物。病原携带者是

危险的传染源，因为其无临床症状，存在间歇排毒现象，一般很难发现，平时常和健康动物生活在一起，所以对其他动物影响较大，只有反复多次检疫均为阴性时，才能排除病原携带状态，如果检疫不严，会随着其参与流动而散播病原体，可造成新的流行。病原携带者也可以相应地称为带菌者、带毒者、带虫者等，主要有以下几类。

①潜伏期病原携带者：大多数动物疫病在潜伏期时病原体数量还很少，不排出病原体，少数疫病（狂犬病、口蹄疫、猪瘟等）在潜伏期的后期能排出病原体，传播疫病。

②恢复期病原携带者：病症消失后仍然排出病原体的动物。一般来说，处于这个时期的病原携带者传染性很弱或没有传染性，但部分疫病动物（布鲁氏菌病、猪气喘病、鸡白痢、猪弓形虫病等）康复后仍能长期排出病原体。对于这类病原携带者，应考察其病史，进行反复多次病原学的实验室检查才能查明。

③健康病原携带者：动物本身没有患过某种疫病，但体内存在且能排出病原体。一般认为这是隐性感染的结果，通常只能靠实验室方法检出。这种携带状态一般时间短暂，作为传染源的意义有限，但巴氏杆菌病、沙门氏菌病、猪丹毒等病的健康病原携带者是重要的传染源。

2. 传播途径 传播途径是指病原体从传染源排出后，侵入其他易感动物体内所经历的途径。掌握动物疫病传播途径的目的是使人们有效地切断病原体的传播途径，防止易感动物受感染，从而保护易感动物的安全，这是防治动物疫病的重要环节之一。传播途径可分为水平传播和垂直传播两大类。

（1）水平传播：动物疫病在群体之间或个体之间以水平形式横向平行传播，可分为直接接触传播和间接接触传播。

视频：直接接触传播一经咬伤传播

①直接接触传播：在没有任何外界因素的参与下，病原体通过传染源（主要是被感染的动物）与易感动物直接接触（交配、舐、咬、触嗅等）而引起的传播方式。最具代表性的是狂犬病，通常大多数患者是被狂犬病患病动物咬伤后，狂犬病病毒随其唾液进入伤口而感染的。以直接接触传播为主要传播方式的疫病较少。其流行特点是一个接一个地发生，形成明显的锁链状，一般不会造成广泛流行。

②间接接触传播：在各种外界因素的参与下，病原体通过传播媒介使易感动物发生传染的方式。大多数动物疫病都是通过这种间接接触的方式传播的。一般通过以下几种途径传播。

a. 经污染的饲料和饮水传播。这是最常见、最主要的一种传播方式。传染源的分泌物、排泄物和患病动物尸体等污染了饲料、牧草、饮水、用具等而传给易感动物。以消化道为主要侵入门户的疫病，如猪瘟、口蹄疫、新城疫、炭疽、猪蛔虫病、鸡球虫病等，其传播媒介主要是污染的饲料和饮水。

b. 经污染的空气（飞沫、尘埃）传播。空气并不适合病原体生存，但空气可作为媒介物（飞沫和尘埃）成为病原体在一定时间内暂时存留的环境。患病动物由于咳嗽、打喷嚏及鸣叫时喷出带有病原体的微细泡沫，如果被健康动物吸入而感染称飞沫感染。几乎所有的呼吸道传染病都主要通过飞沫进行传播，如流行性感冒、结核病、鸡传染性支气管炎、猪气喘病等。一般动物密度大、通风不良、气温寒冷的环境，有利于疫病通过空气进行传播。

视频：间接接触传播一经飞沫传播

c. 经污染的土壤传播。炭疽、气肿疽、破伤风、恶性水肿等的病原体可在土壤中形成抵抗力非常强的芽孢、猪丹毒杆菌不形成芽孢，但对干燥和腐败等外界环境的抵抗力较强，在土壤中能生存很久。其他易感动物可通过啃食污染的牧草、土壤或经过伤口引起感染。

d. 经生物媒介物传播。主要是节肢动物、野生动物和人类。

Ⅰ. 节肢动物：主要有蚊、蝇、蜱、虻和蠓等。主要是机械性传播，通过在患病动物和健康动物之间刺螯吸血和污染排泄物（或分泌物）而传播病原体。节肢动物可传播马传染性贫血、乙型脑炎、炭疽、立克次氏体病、鸡住白细胞原虫病、梨形虫病等疾病。

视频：间接接触传播一经蚊虫传播

Ⅱ. 野生动物：野生动物的传播可分为机械性传播和生物性传播两类。一类是本身对病原体具有易感性，在感染后再传给其他易感动物，在此，野生动物实际上是起了传染源的作用。如：飞鸟传播禽流感；狼、狐、吸血蝙蝠等传播狂犬病给其他易感动物；鼠类传播沙门氏菌病、布鲁氏菌病、伪狂

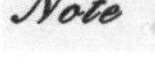

犬病等。另一类是本身对病原体并不具有易感性，但能机械性传播疫病，如鼠类传播猪瘟和口蹄疫、乌鸦传播炭疽等。

Ⅲ.人类：除在人兽共患病中作为传染源外，也可成为动物疫病的传播媒介。部分饲养员和畜牧兽医工作人员缺乏防疫意识，不遵守防疫卫生制度，衣物、器械等消毒不严，容易造成机械性传播病原体。例如，人可能成为马传染性贫血、炭疽、猪瘟、猪附红细胞体病、口蹄疫和新城疫等的传播媒介。

（2）垂直传播：指动物疫病从亲代传给子代的两代之间的传播，包括以下几种方式。

①经胎盘传播：指受感染的妊娠动物能通过胎盘血液循环将病原体传给胎儿，使其受到感染，如猪瘟、猪细小病毒病、猪圆环病毒病、布鲁氏菌病、弓形虫病等。

②经卵传播：指带有病原体的卵细胞，在发育时使胚胎受到感染，主要见于禽类，如鸡沙门氏菌病、鸡毒支原体病、鸡传染性贫血等。

视频：垂直传播—经卵传播

③经产道传播：指病原体经妊娠动物阴道通过子宫颈口到达绒毛膜或胎盘引起的感染，或胎儿暴露于严重感染的产道，感染母体病原体，如大肠杆菌病、葡萄球菌病、链球菌病、疱疹病毒感染等。

3. 易感动物群 易感动物群是指一定数量的有易感性的动物群体。动物易感性的高低虽然与病原体的种类和毒力强弱有关，但主要还是由动物的遗传性状和特异性免疫状态决定的。另外，外界环境也能影响动物机体的感受性和病原体的传播。易感动物群体数量与疫病发生的可能性成正比，群体数量越大，疫病造成的影响越大。

知识拓展与链接

农业农村部关于印发《国家动物疫病强制免疫指导意见(2022—2025年)》的通知

思考与练习

1. 畜禽传染病的发展分为哪四个阶段？
2. 传染发生的必要条件是什么？
3. 动物疫病的特征有哪些？

扫码看课件 1-2

任务二　流行病学调查分析

学习目标

▲知识目标

1. 熟悉动物疫病流行病学调查的内容及方法。
2. 熟悉流行病学调查分析常用指标。

▲技能目标

1. 会为养殖场制定流行病学调查方案。

2. 会对流行病学调查结果进行分析。

▲思政目标

1. 培养团队合作能力和随机应变的创新能力。

2. 培养保护人类和动物健康，控制和消灭动物疫病，维护动物源性食品安全的使命感；具备良好的沟通能力、团队合作意识。

3. 具有从事本专业工作的生物安全意识和自我安全保护意识。

▲知识点

1. 流行病学调查的内容。

2. 流行病学调查的方法。

3. 流行病学调查分析常用指标。

流行病学调查与分析是研究动物疫病流行规律的主要方法。其目的在于揭示疫病在动物群中发生的特征，阐明疫病的流行原因和规律，进行正确的流行病学判断，迅速采取有效的措施，控制疫病的流行；同时，流行病学调查与分析，也是探讨原因未明疾病的一种重要方法。

流行病学调查在于查明疫病在动物群中发生的地点、时间、畜群分布、流行条件等，这是认识疾病的感性阶段；流行病学分析是将调查所获得的资料，归纳整理，进行全面的综合分析，查明流行原因和条件，找出流行规律。

一、流行病学调查的内容

流行病学调查的种类和内容根据调查对象和目的的不同，一般分为个例调查、流行（或暴发）调查、专题调查。

（一）个例调查

个例调查是指疫病发生以后，对每个疫源地所进行的调查。目的是查出传染源、传播途径和传播因素，以便及时采取措施，防止疫病蔓延。个例调查是流行病学调查与分析的基础。个例调查的内容如下。

1. 核实诊断 准确的诊断是制定正确的防疫措施和进一步调查与分析的依据。有些疫病的症状相似，但传播方式、预防方法却完全不同。如果混淆了诊断，会使调查线索不清，防疫措施无效。所以调查时首先必须核实诊断，除临床症状和流行病学诊断外，尚需进行血清学诊断、病原学诊断和病理学诊断。

2. 确定疫源地范围 根据患病动物在传染期内的活动范围，判断疫源地的范围。

3. 查明接触者 通常是将患病动物发病前1～2天或从发病之日到隔离之前这段时间曾经与患病动物有过有效接触的动物和人视为接触者。所谓有效接触，例如，与呼吸道传染病病畜拴系在一起，与肠道传染病病畜同槽饲喂、同槽饮水等均属于有效接触。

4. 查找传染源 通常根据该病的潜伏期来推断传染源。若为个别散发病例，则传染源调查应首先从确定感染日期开始。感染日期计算一般是从发病之日向前推一个潜伏期，在最长潜伏期与最短潜伏期之间，即可能为感染日期。感染日期确定后，再仔细询问畜主，病畜在这几天里所到过的地方、活动场所及使役情况；是否接触过类似的病畜及接触方式。当怀疑某畜是传染源时，可进一步调查登记该畜周围畜群中有无类似的病畜。若发现类似病畜，则该畜为传染源的可能性很大。

若为一次流行或暴发，可根据潜伏期来估计有无共同流行因素存在，以推断传染源。若发病日期集中在该病最短潜伏期之内，说明它们之间不可能是互相传染的，可能来自一个共同的传染源。

一般情况下，临床症状明显、传播途径比较简单的疫病（如狂犬病等），传染源比较容易寻找；可

有些疫病(如结核病、布鲁氏菌病等),因有大量的慢性或隐性感染病畜存在,传染源就比较难以查明。

判定传播途径一般是根据与传染源的接触方式来推断。当传染源不能确定时,可根据可能受感染方式来推断,如钩端螺旋体病可根据有疫水接触史来判断。

调查防疫措施包括了解患病动物的隔离检疫日期、方法,接触的畜禽及死亡畜禽处理情况,有无继发病例,疫源地是否经过消毒,并针对存在的问题采取必要的措施。

(二)流行(或暴发)调查

流行调查是指对某一单位或一定地区某种疫病在短期内突然发生很多病例所进行的调查。流行时,由于病畜数量较多、疫情紧急,当地动物防疫监督机构接到疫情报告后,应尽快派人赶赴现场,及时进行调查。调查一般按如下步骤进行。

1. 初步调查 首先,了解疫情,着重了解本次流行开始发生的日期和逐日发病情况,最先从哪些单位或哪种动物中发生;哪些单位和动物发病最多,哪些单位和动物发病最少,哪些单位和动物没有发病;对比发病与未发病的单位和动物在近期内使役和饲养卫生管理情况等方面有何不同;已经采取的防疫措施;当地居民有无类似疫病发生等。其次,进行初步诊断,根据了解到的情况及在现场对病畜的检查,作出初步诊断,推测流行原因,判断疫情发展趋势。最后,根据本次流行的可能原因及流行趋势,结合传播途径特点,有针对性地提出初步防疫措施。

2. 深入调查 首先对已发生的病例作全部或抽样调查,并按事先设计的流行病学调查表进行登记。调查时应注意寻找最早的病畜及其传染源;查明误诊或漏诊的病例;对疑似传染源的病畜或病原携带者,应多次进行病原学检查;根据实际发病数,了解发病顺序,调查各病例之间的相互传播关系,判断可能的传染源和传播途径。其次,计算各种发病率,根据发病日期绘制时间分布曲线,按病畜单位分布、畜群分布,分别计算发病率,并对比不同组别的发病率,找出相互之间的差异。推测流行(或暴发)的性质是接触传播,还是经污染的饲料、饮水或其他方式传播;是由于一次污染引起,还是长期污染的结果。然后,进行流行因素调查,根据不同的病种及特征,有重点地对流行的有关因素进行详细调查。例如,疑为经水或经饲料传播时,则可对水源或饲料作重点调查,从而可以判断流行(或暴发)的原因。最后,制定进一步的防疫措施,针对流行(或暴发)的原因,采取综合性防疫措施,尽快控制疫情。如果调查分析正确,措施落实后,发病应得到控制,经过该病一个最长潜伏期没有新病例发生。反之,疫情可能继续发展。因此,疫情能否被控制,是验证调查分析是否正确的标志。整个调查过程,必须与防疫措施结合进行,不能只顾调查,不采取措施。

(三)专题调查

在流行病学调查中,有时为了阐明某一个流行病学专题,需要进行深入的调查,以作出明确的结论。例如,常见病、多发病和自然疫源性疾病的调查,某病带菌率的调查,血清学调查等,均属于专题调查。近年来,越来越广泛地将流行病学调查的方法应用于一些病因未明的非传染病的病因研究,这类调查具有更为明显的科学研究性质,因此事先要有严密的科研设计。所用的调查方法分为回顾性调查与前瞻性调查。

1. 回顾性调查 回顾性调查也叫病史调查或病例对照调查,是在病例发生之后进行的调查。个例调查及流行(或暴发)调查均属于回顾性调查。在进行对照调查时,首先要确定病例组与对照组(非病例组),在两组中回顾某些因素与发病有无联系。对照组条件必须与病例组相同。回顾性调查不能直接估计某因素与某病的因果关系,只能提供线索。因此,回顾性调查的作用只是“从果推因”。

2. 前瞻性调查 在疫病未发生之前,为了研究某因素是否与某病的发生或死亡有联系,可先将畜群划分为两组:一组为暴露于某因素组,另一组为非暴露于某因素组。然后在一定时期内跟踪观察两组某病的发病率和死亡率,并进行比较。前瞻性调查是“从因到果”,它可以直接估计某因素与某病的关系。预防接种或某项防疫措施的效果观察也属于前瞻性调查。

二、流行病学调查的方法

Note

调查前,工作人员必须熟悉所要调查疫病的临床症状和流行病学特征及预防措施,明确调查的目的，根据调查目的决定调查方法，拟定调查计划，根据计划、要求设计合理的调查表。调查的方法与步骤如下。

（一）询问、座谈

询问是流行病学调查的一种最简单而又基本的方法，必要时可组织座谈。调查对象主要是畜主。调查结果按照统一的规定和要求记录在调查表上。询问时要耐心细致，态度亲切，边提问边分析，但不要按主观意图进行暗示性提问，力求使调查的结果客观真实。询问时要着重问清：疫病从何处传来？怎样传来？病畜是否有可能传染给了其他健畜。

（二）现场调查

现场调查就是对病畜周围环境进行实地调查。了解病畜发病当时周围环境的卫生状况，以便分析发病原因和传播方式。查看的内容应根据不同疫病的传播途径特点来确定。如：调查肠道疫病时，应着重查看畜舍、水源、饲料等场所的卫生状况，以及防蝇灭蝇措施等；调查呼吸道疫病时，应着重查看畜舍的卫生条件及接触的密切程度（是否拥挤）；调查虫媒疫病时，应着重查看媒介昆虫的种类、密度、孳生场所及防虫灭虫措施等，并分析这些因素对发病的影响。

（三）实验室检查

调查中为了查明可疑的传染源和传播途径，确定病畜周围环境的污染情况及接触畜禽的感染情况等，有条件时可对有关标本作细菌培养、病毒分离及血清学检查等。

（四）收集有关流行病学资料

需要收集的资料包括以下几方面：本地区、本单位历年或近几年本病的逐年、逐月发病率；疫情报告表、门诊登记及过去防治经验总结等；本单位周围的畜禽发病情况、卫生习惯、环境卫生状况等；当地的地理、气候及野生动物、昆虫等。

（五）确定调查范围

普查，即某地区或某单位发生疫病流行时，对其畜群（包括病畜及健康动物）普遍进行调查。如果流行范围不大，普查是较为理想的方法，这样获得的资料比较全面。抽样调查，即从畜群中抽取部分家畜进行调查。通过对部分家畜的调查进而了解某病在全群中的发病情况，以部分估计总体。此法节省人力和时间，运用合适便可以得出较准确的结果。抽样调查的原则：一要保证样本量足够大；二要保证样本的代表性，最简单的随机抽样法就是抽签或将全体畜群按顺序编号，或抽双数或抽单数，或每隔一定数字抽取一个等方法。若为了解疫病在各种群中的发病特点，可用分层抽样，即将全群畜禽按不同的标志，如年龄、性别、使役或放牧等分成不同的组别，再在各组畜禽中进行随机抽样。分层抽样调查所获得的结果比较准确，可以相互比较来研究各组发病率差异的原因。

（六）拟定流行病学调查表

流行病学调查表是进行流行病学分析的原始资料，必须有统一的格式及内容。表格的项目应根据调查的目的和疫病种类而定。要有重点，不宜烦琐，但必要的内容不可遗漏。项目的内容要明确具体，避免因调查者理解不同造成记录混乱而无法归类整理。流行病学调查表通常包括以下内容：一般项目，如单位、年龄、性别、使役或放牧、引入时间等；发病日期、症状、剖检变化、化验、诊断等；既往病史和预防接种史；传染源及传播途径；接触者及其他可能受感染者（包括人在内）；疫源地卫生状况；已采取的防疫措施。

三、流行病学调查分析常用指标

（一）发病率

在一定时间内新发生的某种动物疫病病例数与同期该种动物总数之比，常以百分率表示。“动物总数”是指对该种疫病具有易感性的动物数量，特指者例外。“平均”是指特定期内（如 1 个月或 1

周)存养均数。

$$发病率=\frac{A}{B}\times100\%$$

(二)感染率

在特定时间内,某疫病感染动物的总数在被调查(检查)动物群样本中所占的比例。感染率可比较深入地反映出流行过程,特别是在发生某些慢性传染病(如猪支原体肺炎、结核病、布鲁氏杆菌病、鸡白痢、鼻疽等)时,进行感染率的统计分析,具有重要的实际意义。

$$(某疫病)感染率=\frac{A}{B}\times100\%$$

(三)患病率

患病率又称现患率,表示特定时间内,某地动物群体中存在某病新老病例的频率。

$$(某病)患病率=\frac{A}{B}\times100\%$$

(四)死亡率

某动物群体在一定时间死亡总数与该群体动物的平均总数之比值,以百分率表示。

$$死亡率=\frac{A}{B}\times100\%$$

(五)病死率

一定时间内某病病死的动物数量与同期确诊该病病例动物总数之比,以百分率表示。

$$病死率=\frac{A}{B}\times100\%$$

(六)流行率

调查时,特定地区某病(新老)感染数量占被调查动物总数的百分率。

$$流行率=\frac{A}{B}\times100\%$$

四、流行病学调查分析的方法

1. 综合分析 动物疫病的流行过程受社会因素和自然因素多方面的影响,因此其过程的表现复杂多样。有必然现象,也有偶然现象;有真象,也有假象。所以分析时,应以调查的客观资料为依据,进行全面的综合分析,不能单凭个别现象就片面得出流行病学结论。

2. 对比分析 对比分析是流行病学分析中常用的重要方法。通过对比不同单位、不同时间、不同畜群等之间发病率的差别,找出差别的原因,从而找出流行的主要因素。

3. 逐个排除 逐个排除类似于临床上的鉴别诊断。结合流行特征的分析,先提出引起流行的各种可能因素,再对其逐个深入调查与分析,即可得出结论。

五、流行病学调查分析的内容

1. 流行特征的分析 主要对发病率、发病时间、发病地区和发病畜群分布 4 个方面进行分析。

(1) 发病率的分析:发病率是流行强度的指标。通过对发病率的分析,可以了解流行水平、流行趋势,评价防疫措施的效果和明确防疫工作的重点。例如,从某畜牧场近几年几种主要传染病的年度发病率的升降曲线进行分析,可以看出在当前几种传染病中,对畜群威胁最大的是哪一种,防疫工作的重点应放在哪里。又如,分析某传染病历年发病率的变动情况,可以看出该传染病发病趋势是继续上升,还是趋于下降或稳定状态,以此判断历年所采取的防疫措施的效果,有助于总结经验。

(2) 发病时间的分析:通常是将发病时间按小时或日、周、旬或月、季(年度分析时)为单位进行分组,排列在横坐标上,将发病数、发病率或百分比排列在纵坐标上,制成流行曲线图,这样能一目了然地看出流行的起始时间、升降趋势及流行强度,从中推测流行的原因。一般从以下几个方面进行分析：若短时间内突然出现大批病畜，时间都集中在该病的潜伏期范围以内，说明所有病畜可能是在同一个时间内，由共同因素所感染。围绕感染日期进行调查，可以查明流行或暴发的原因。即使共同的传播因素已被消除，但相互接触传播仍可能存在。所以通常有流行的“拖尾”现象，而食物中毒则无，因病例之间不会相互传播。若一个共同因素（如饲料或水）隔一定时间发生两次污染，则发病曲线可出现两个高峰（双峰型），如钩端螺旋体病的流行即出现两个高峰，这两个高峰与两次降雨时间是一致的，因大雨将含有钩端螺旋体的鼠（或猪）尿冲刷到雨水中，耕畜到稻田耕地而受到感染，若病畜陆续出现，发病时间不集中，流行持续时间较久，超过一个潜伏期，病畜之间有较为明显的相互传播关系，则通常不是由共同原因引起的，可能畜群在日常接触中传播，其发病曲线多呈不规则性。

（3）发病地区分布的分析：将病畜按地区、单位、畜舍等分别进行统计，比较发病率的差别，并绘制点状分布图（图上可标出病畜发病日期）。根据分布的特点（集中或分散），分析发病与周围环境的关系。若病畜在图上呈散在性分布，找不到相互联系，说明可能有多种传播因素同时存在；如果病畜呈集中分布，局限在一定范围内，说明该地区可能存在一个共同传播因素。

（4）发病畜群分布的分析：按病畜的年龄、性别、役别、匹（头）数等，分析某病发病率，可以阐明该病的易感动物和主要患病对象，从而可以确定该病的主要防疫对象。同时结合病畜发病前的使役情况及饲养管理条件可以判断传播途径和流行因素。例如，某单位在一次钩端螺旋体病的流行中，发病的畜群均在3周前有下稻田使役的经历，而未下稻田的畜群中，无一动物发病，说明接触稻田疫水可能是传播途径。

2. 流行因素的分析 将可疑的流行因素，如畜群的饲养管理、卫生条件、使役情况、气象因素（温度、湿度、雨量）、媒介昆虫的消长等，与病畜的发病曲线结合制成曲线图，进行综合分析，可提示两者之间的因果关系，找出流行的因素。

3. 防疫效果的分析 防疫措施的效果，主要表现在发病率和流行规律的变化上。一般来说，若措施有效，发病率应在采取措施后，经过一个潜伏期的时间就开始下降，或表现为流行季节性的消失，流行高峰的削平。如果发病率在采取措施前已开始下降，或措施一开始发病率立即下降，则不能说明这是措施的效果。在评价防疫效果时，还要分析以下几点：对传染源的措施，包括诊断的正确性与及时性、病畜隔离的早晚、继发病例的多少等；对传播途径的措施，包括对疫源地消毒、杀虫的时间、方法和效果的评价；对预防接种效果的分析，可对比接种组与未接种组的发病率，或测定接种前后体内抗体的水平（免疫监测）。通过对防疫措施效果的分析，总结经验，可以找出薄弱环节，不断改进。

知识拓展与链接

人类的第一次流行病学调查

思考与练习

1. 为什么要进行动物疫病流行病学的调查？其方法是什么？

2. 某蛋鸡场发生了鸡传染性法氏囊病，全场15000只鸡发病12000只，其中死亡4800只。请用流行病学调查分析常用知识，计算该鸡场的传染性法氏囊病的感染率、死亡率和病死率。

扫码看课件
1-3

任务三　防疫计划

学习目标

▲**知识目标**

1. 熟悉防疫制度与防疫计划。
2. 熟悉动物疫病防控中平时的预防措施。

▲**技能目标**

1. 会制订养殖场的防疫计划。
2. 会制订养殖场平时的预防措施。

▲**思政目标**

1. 培养团队合作能力和随机应变的创新能力。
2. 培养保护人类和动物健康，控制和消灭动物疫病，维护动物源性食品安全的使命感；具备良好的沟通能力、团队合作意识。
3. 具有从事本专业工作的生物安全意识和自我安全保护意识。

▲**知识点**

1. 防疫制度与防疫计划。
2. 平时的预防措施。
3. 发生疫病时的扑灭措施。
4. 重大动物疫情的扑灭。

一、防疫制度与防疫计划

微课 1-3

（一）动物防疫、动物防疫制度

动物防疫是指预防、控制和扑灭动物疫病的措施，包括平时预防措施和发生疫病时的扑灭措施。

动物防疫制度是为了切断疫病传播的各种途径，必须根据本场、本地区防疫工作的实际情况，建立健全切实可行的卫生防疫制度。对出入场区的人员、动物及其动物产品、各种器具实行严格的卫生管理，对本场动物免疫预防和消毒、灭鼠、杀虫等工作制定出具体明确的规定和要求，使场区卫生管理制度化、规范化。严格执行防疫制度，保证各项防疫措施落实到位，科学管理，这是有效控制各种疫病的重要前提。

（二）防疫计划

防疫计划是根据本场饲养的动物种类与规模、饲养方式、疫病发生情况等制订的具体预防措施。动物防疫计划的主要内容应包括如下几方面。

1. 动物疫病防治的步骤　确定动物疫病检测与诊断手段、疫情报告制度，以及消毒液的种类和浓度、用量、消毒范围，确定疫区、受威胁区和封锁区，处理染疫动物等。

视频：染疫动物的隔离

2. 人员组织及分工　明确各类人员的责任、权限和主要任务。

3. 所需物资　包括疫苗、消毒剂、治疗药品、防护用品、器械等。

4. 统筹考虑防疫接种及消毒　全面考虑防疫接种和消毒的对象、时间、接种的先后顺序等。

（三）防疫工作的基本原则

随着现代化、规模化、集约化动物养殖业的快速发展，市场的不断开放，流通的不断加强，动物疫病日趋复杂化。规模化养殖场实行阶段化生产线生产，饲养密度大，一旦发病，很难控制，常给养殖

场造成巨大的经济损失,因此开展好动物疫病的防疫工作,就要坚持"预防为主,养防结合,防重于治"的方针,就要坚持"加强领导、密切配合,依靠科学、依法防治,群防群控、果断处置"和"常年免疫,全年防控"的指导思想。

生产实践证明,只要做好平时的预防工作,就可以预防很多动物疫病的发生,即使一旦发生动物疫病,也能很快得到控制。

二、预防措施

动物疫病在动物群中蔓延流行必须具备传染源、传播途径、易感动物群三个基本环节,缺失其中的任何一个环节,新的传染就不可能发生,也不可能形成流行。因此,在防疫工作中应针对动物疫病流行的三个基本环节,平时应采取"养、防、检、治"的综合防疫措施,发病时应贯彻"早、快、严、小"的原则。防疫措施可分为平时的预防措施和发生疫病时的扑灭措施。

(一)平时的预防措施

1. 加强饲养管理,提高动物机体的抵抗力 动物分群饲养,防止饲养密度过大;保持圈舍清洁干燥,通风良好;饲喂营养全面和适合不同生长阶段需要的饲料,在加工、运输、储存、饲喂等过程中防止饲料霉变和污染;注意饮水安全,防止饮水污染;夏季做好防暑降温工作,冬季做好防寒保暖工作;加强日常管理,减少和避免各种应激反应。

2. 坚持自繁自养的饲养方式,实行全进全出的饲养制度 执行自繁自养的饲养方式不仅可以降低生产成本,也可以防止由于引进动物、种蛋等而人为地将病原体引入场内;如果必须引进,应从非疫区引进,而且必须经兽医人员检疫合格后方可引入,隔离饲养一定时间后,进行检查,确定无疫病时,方可混群。实行全进全出的饲养制度不仅有利于提高动物群体生产性能,而且有利于采取各种有效措施防治动物疫病。

3. 搞好免疫接种和补种工作,提高动物群整体免疫水平 根据当地疫情和本养殖场饲养动物的种类、规模等,制订切实可行的防疫计划,拟定行之有效的免疫程序,选择合理的免疫接种途径实施免疫,对暂时不适合免疫接种的动物,待适宜接种时再补种,提高动物群整体免疫水平,可有效提高动物疫病的防疫效果。

4. 搞好消毒和定期杀虫、灭鼠工作,进行粪便无害化处理 平时搞好圈舍和厂区环境的定期消毒;做好养殖场人员、外来人员的管理和消毒;做好养殖场内移动车辆和养殖场主要通道口的消毒;做好养殖场内饮水、饮水器、饮水管道、喂料器等的消毒。搞好定期杀虫、灭鼠工作,杀死传播媒介,切断传播途径。定期进行动物预防性驱虫和粪便的无害化处理,以杀死存在于粪便中的病原微生物和寄生虫虫卵等,以防止动物疫病的发生和流行。

视频:养殖场通道口人员消毒

5. 加强检疫,认真贯彻执行相关法规 认真贯彻执行国境检疫、产地检疫、运输检疫、市场检疫、屠宰检疫等各项法规和制度。保障动物和动物产品的流通畅通,阻断动物疫病的发生和蔓延。

6. 各地兽医机构做好平时疫病防控工作 各地兽医机构平时应调查研究本地疫情分布情况,协同邻近地区进行疫病防治,逐步建立无规定动物疫病区。

7. 加强动物防疫的宣传教育工作 加强动物疫病基本知识、动物疫病防疫基本技术、防疫法规和制度等方面的宣传、教育工作,以增强全民的防疫意识。

8. 加强畜牧兽医专业人员的继续教育培训 对从事畜牧、兽医、饲料和兽药等行业的畜牧、兽医专业技术人员,进行职业道德和政策法规、动物疫病防控知识、动物诊疗技术、兽医技术规范、兽医科技发展动态、畜牧生产新技术、畜牧科技发展动态及兽药、饲料生产和检测新技术等方面继续教育培训,以提高专业技术水平和岗位技能。

(二)发生疫病时的扑灭措施

1. 及时发现、诊断并上报疫情 及时发现疫病,尽快作出确切诊断,迅速上报疫情,并通知毗邻单位做好预防工作。

2. 迅速隔离患病动物和同群动物,对污染场地进行紧急消毒 发生危害大的动物疫病应立即

Note

划定疫点、疫区和受威胁区，迅速隔离患病动物和同群动物，对污染场地进行紧急消毒，并对疫区采取封锁等综合措施。

3. 实行紧急免疫接种 对疫区、受威胁区内未感染的易感动物进行紧急免疫接种，并建立免疫带，阻止疫情蔓延。

4. 对患病动物进行合理的处理 对发生一类、二类动物疫病的患病动物和同群动物按要求进行扑杀、无害化处理等，对发生三类动物疫病的患病动物进行隔离和及时合理的治疗，并对其活动场所进行随时消毒。对没有治疗价值的患病动物进行淘汰、扑杀和无害化处理。

5. 合理处理患病动物尸体及其污染物等 对患病动物的尸体、排出的粪尿、污染的饲草料和垫料等进行无害化处理，防止污染环境，引起人和动物发病。

平时的预防措施和发病时的扑灭措施不是截然分开的，而是互相联系、互相配合、互相补充的。

（三）重大动物疫情的扑灭

重大动物疫情是指动物疫病突然发生，迅速传播；发病率高或死亡率高；给养殖业生产造成严重威胁、危害及可能对公众身体健康与生命安全造成危害的情形；包括特别重大动物疫情。

1. 扑灭原则 重大动物疫情的扑灭应掌握“早、快、准、严、小”的原则，即早发现、早报告；快行动，快控制；准确诊断；严封锁、严处理；把疫情控制在最小范围，把损失降低到最低程度。因而必须采取紧急、严厉的隔离、封锁、扑杀、销毁、消毒、紧急免疫接种、限制动物流动等措施，迅速扑灭疫情。

视频：重大动物疫情处置一封锁区域的划分

2. 扑灭措施

（1）疫情报告和诊断：

①疫情报告：任何单位和个人，发现动物群体死亡或群体发病，应立即向当地兽医主管部门、动物卫生监督机构或动物疫病预防控制机构报告。报告内容：疫情发生的时间、地点；动物种类、存栏数、发病数、死亡数；临床症状、病理变化、诊断情况；免疫情况；是否有人员感染；已采取的控制措施；报告单位、单位负责人、报告人、联系方式等。

②疫情诊断：当地有关部门接到报告后，立即赶赴现场核实、诊断。若初步认定属重大动物疫情，须在短时间内逐级上报。

③采集病料：在疫情报告和现场诊断期间，由动物卫生监督机构或动物疫病预防控制机构采取病料，送有关实验室进行诊断。

④调查疫源：分析可能的传染来源和传播途径，为采取防控措施提供依据。

（2）疫情控制遵循“边报告、边调查、边控制”的原则，严防疫情由点到面、由点到线蔓延。

①隔离患病动物：疫情发生时，据现场初步诊断结果，将动物分为三类：a. 患病动物：有明显特征病状。b. 可疑感染动物：无症状，但与病畜有接触（同群、同圈、同牧、同车）。c. 假定健康动物：无症状且与病畜无接触。在疫情报告和诊断的同时，迅速原地隔离患病动物及其同群动物，甚至整个养殖场，使其不能和其他动物接触。

②其他控制措施：限制人员流动，加强消毒，必要时扑杀患病动物及其同群动物。

（3）疫情认定：重大动物疫情由省级兽医主管部门认定，必要时由国务院兽医主管部门认定。

（4）疫情处置：

①划定疫点、疫区、受威胁区。疫情确认后，迅速划疫点、疫区和受威胁区。三者划分的范围，应考虑病种、流行态势和危害程度，还应考虑当地天然屏障（河流、山脉等）、饲养方式、交通因素。放牧动物应适当扩大范围。

视频：染疫动物的扑杀一静脉注射法

a. 疫点：患病动物所在的地点。一般指患病动物所在的养殖场、养殖小区、村庄、草场、屠宰场等；运输中发现时，装载病畜的交通工具为疫点。

b. 疫区：疫点周围一定范围内的区域。一般由疫点边缘向外延伸 3 km 的区域为疫区。

c. 受威胁区：疫区周围一定范围内的区域。通常由疫区边缘向外延伸 5～10 km 的区域为受威胁区。

②封锁疫区。封锁的程序：县级以上兽医主管部门报请同级人民政府封锁疫区→政府在 24 h

内受威胁区发布封锁令→疫区周围设立警示标志，进出路口设立临时检疫消毒站。

③疫点、疫区、受威胁区处置措施：a. 疫点：扑杀并销毁患病动物、易感动物；销毁相关动物产品；对粪便、污染的饲料、垫料进行生物安全处理；严格消毒。b. 疫区：扑杀并销毁患病动物及其同群动物；对易感动物进行圈养、监测、紧急免疫接种，必要时扑杀；销毁相关动物产品；关闭动物及其产品交易市场；禁止动物进出疫区，禁止动物产品运出疫区；对粪便、污染的垫料、饲料进行生物安全处理；严格消毒。c. 受威胁区：对易感动物进行紧急免疫接种和监测；加强消毒。边境地区在受到境外疫情威胁时，要对距边境线一定距离范围的所有易感畜禽进行一次强化免疫。

视频：重大动物疫情处置—封锁措施

（5）解除封锁：

①解除封锁的条件：从疫区内最后一头（只）发病动物及其同群动物按规定处理完毕起，经过一个潜伏期以上的监测未出现新的病例，经彻底消毒，受威胁区完成免疫接种并经验收合格方可解除封锁。

②解除封锁的程序：兽医主管部门向原发布封锁令的人民政府提出申请→政府宣布→解除封锁→撤销疫区警示标志和检疫消毒站。

知识拓展与链接

《国家中长期动物疫病防治规划（2012—2020年）》

思考与练习

1. 防疫计划的概念及内容是什么？
2. 为防止动物疫病的发生，平时的预防措施有哪些？

任务四　动物环境卫生

扫码看课件 1-4

学习目标

▲知识目标

1. 熟悉养殖场外部环境与动物防疫的关系。
2. 熟悉畜禽舍内部环境与动物防疫的关系。
3. 熟悉饲养管理与动物防疫的关系。

▲技能目标

1. 会处理养殖场外部环境与动物防疫的关系。
2. 会处理畜禽舍内部环境与动物防疫的关系。
3. 会处理饲养管理与动物防疫的关系。

▲思政目标

1. 培养团队合作能力和随机应变的创新能力。

Note

2. 培养保护人类和动物健康，控制和消灭动物疫病，维护动物源性食品安全的使命感；具备良好的沟通能力、团队合作意识。

3. 具有从事本专业工作的生物安全意识和自我安全保护意识。

▲**知识点**

1. 养殖场外部环境。

2. 畜禽舍内部环境。

3. 饲养管理。

动物环境卫生是预防疾病的基础，但却最容易被饲养者忽视。诸多环境因素不仅直接影响动物的生长发育和生产力，还直接或间接影响畜禽的抗病力，诱发疾病或加重病情，甚至促成疫病流行。

动物环境主要指畜禽养殖场环境。对畜禽来说，环境的概念更广泛，环境因素更复杂，与畜禽生活和生产有关的一切外界因素，均属动物环境，包括饲养管理环境、生物学环境和理化学环境三方面。

饲养管理环境包括饲料、饮水，饲养方式与饲养密度，以及饲养规模与管理模式等因素。生物学环境包括病原微生物、寄生虫及其虫卵，以及其他有害生物，如鼠类。理化学环境主要指畜舍小气候，即温度、湿度、尘埃、有害气体、通风、噪音和光照；也包括畜舍基本结构，如地面、墙壁等。

一、养殖场外部环境与防疫

养殖场（养殖小区）场址选择、建筑布局、圈（舍）设计、设备等是防疫的“硬件”，圈舍条件是畜禽生产和防疫的关键。养殖场在场址选定时，大气、水、土壤三要素基本确定，以后很难改变。场址选择恰当与否，直接影响畜禽健康。舍饲养羊，羊场如果建在潮湿地带，圈舍则潮湿，再好的饲养管理和防疫，也挡不住疾病不断，导致效益降低。圈舍设计是否标准、合理，影响到以后的排污、消毒、舍内环境控制多方面问题。场址、圈舍的标准化是畜牧业标准化养殖的第一步，是动物防疫的基本要求。

为有效预防控制动物疫病，维护公共卫生安全，我国 2010 年实施的《动物防疫条件审核办法》规定，动物饲养场、养殖小区、动物隔离场所、动物屠宰加工场所以及动物和动物产品无害化处理场所，应当符合该办法规定的动物防疫条件，并取得《动物防疫条件合格证》。经营动物和动物产品的集贸市场应当符合该办法规定的动物防疫条件。

（一）科学选择场址

场址不仅直接影响养殖场和畜禽舍的小气候环境、养殖场和畜禽舍的清洁卫生、畜禽群的健康和生产，也影响养殖场和畜禽舍的消毒管理及养殖场与周边环境的污染和安全。场址的选择应注意以下方面。

1. 总体要求 选择场址应符合本地区农牧业生产发展总体规划、土地利用发展规划、城乡建设发展规划和环境保护规划的要求。选择场址应遵守珍惜和合理利用土地的原则，不应占用基本农田，尽量利用荒地建场。分期建设时，选址应按总体规划需要一次完成，土地随用随征，预留远期工程建设用地。场址应水源充足，排水畅通，供电可靠，交通便利，地质条件能满足工程建设要求。在规定的自然保护区、水源保护区、风景旅游区，受洪水或山洪威胁和泥石流、滑坡等自然灾害多发地带，以及自然环境污染严重的地区或地段不应建场。

畜禽场场区占地面积估算表如表 1-1 所示。

表 1-1 畜禽场场区占地面积估算表

场　别	饲养规模	占地面积/(平方米/头)	备　注
奶牛场	100～400 头成奶牛	160～180	按成奶牛计
肉牛场	年出栏育肥牛 1 万头	16～20	按年出栏量计
种猪场	200～600 头基础母猪	60～80	按基础母猪计
商品猪场	600～3000 头基础母猪	50～60	按基础母猪计
绵羊场	200～500 只母羊	10～15	按成年种羊计
山羊场	200 只母羊	15～20	按成年母羊计
种鸡场	1 万～5 万只种鸡	0.6～1.0	按种鸡计
蛋鸡场	10 万～20 万只产蛋鸡	0.5～0.8	按蛋鸡计
肉鸡场	年出栏肉鸡 100 万只	0.2～0.3	按年出栏量计

2. 地势、地形　场地地势高燥，向阳背风，排水良好。如果场地地势低洼，排水不畅，容易积水。则有利于寄生虫和昆虫如蚊蝇、蜱、螨等的滋生繁殖，养殖场和畜禽舍则易污染，消毒效果差。场地地形要开阔，有利于通风换气，维持场区良好的空气环境。山区建场应选在稍平缓的坡上，坡面向阳，总坡度不超过 25%，建筑区坡度应在 2.5%以内。以便于场内运输和管理。山区建场还要注意地质构造，避开断层、滑坡、塌方的地段，也要避开坡底和谷底及风口，以免受山洪和暴风雪的袭击。

3. 环境　畜禽场新建场址周围应具备就地无害化处理粪尿、污水的足够场地和排污条件，并通过畜禽场建设环境影响评价。同时应满足卫生防疫要求，场区距铁路、高速公路、交通干线不小于 1000 m；距一般道路不小于 500 m；距其他禽畜养殖场、兽医机构、畜禽屠宰厂不小于 2000 m；距居民区不小于 3000 m，并且应位于居民区及公共建筑群常年主导风向的下风处。小型养殖场及养殖户要避开居民污水排放口，远离化工厂、制革厂、屠宰场、畜产品加工厂等易造成环境污染的企业和垃圾场；距离村镇、居民点、河流、工厂、学校以及其他畜禽场 500 m 以上，距离公路 100～300 m。如果周围能够设 1000～2000 m 的空白安全带会更好。

4. 土壤　场地土壤要求透水性、透气性好，容水性及吸湿性小，毛细管作用弱，导热性小，保温良好；不被有机物和病原微生物污染；没有生物地球化学性疾病；地下水位低；非沼泽性土壤。因而，在不被污染的前提下，选择砂壤土建场较理想。若土壤条件差，可通过加强对畜禽舍的设计、施工、使用和管理，弥补当地土壤的缺陷。

5. 水源　养殖场水源要充足，水质良好，并且取用方便、有利防护、便于消毒。自备井应建在畜禽场粪便堆放场等污染源的上方和地下水位的上游，水量丰富，水质良好，取水方便，避免在低洼沼泽或容易积水的地方打井。水井附近 30 m 范围内，不得建有渗水的厕所、渗水坑、粪坑及垃圾堆等污染源。

（二）合理规划布局

1. 总体布局　养殖场布局应本着因地制宜和科学合理的原则。良好的防疫条件和减少对外部环境的污染是现代集约化养殖场规划建设和生产经营面临的首要问题。可根据畜禽场的生产需求，按功能分区布置各个建(构)筑物的位置，为畜禽生产提供一个良好的生产环境。畜禽场一般应划分生活管理区、辅助生产区、生产区和隔离区。充分利用场区原有的地形、地势，保证建筑物具有合理的朝向，满足采光、通风要求，并有足够的防火间距。场区地形复杂或坡度较大时，应作台阶式布置，每个台阶高度应能满足行车坡度要求。场区地面标高除应防止场地被淹外，还应与场外标高相协调。

2. 功能分区 养殖场的功能分区是否合理，各区建筑布局是否得当，不仅影响基建投资、经营管理、生产组织、劳动生产率和经济效益，而且影响场区的环境状况和防疫卫生。因此，认真做好养殖场的分区规划，确保场区各种建筑物的合理布局，十分必要。畜禽场一般应划分生活管理区、辅助生产区、生产区和隔离区。生活管理区和辅助生产区应位于场区常年主导风向的上风和地势较高处，隔离区位于场区常年主导风向的下风处和地势较低处。

(1) 生活管理区：生活管理区是畜禽场进行经营管理与社会联系的场所，一般应位于场区全年主导风向的上风处或侧风处，并且应在紧邻场区大门内侧集中布置。主要布置管理人员办公用房、技术人员业务用房、职工生活用房、人员和车辆消毒设施及门卫用房、大门和场区围墙。主要包括办公室、接待室、会议室、技术资料室、食堂、职工值班宿舍、厕所、传达室、警卫值班室及围墙和大门。在生活管理区入口设置外来人员第一次更衣消毒室和车辆消毒设施等。

(2) 辅助生产区：畜禽场的辅助生产区主要布置供水、供电、供热、设备维修、物资仓库、饲料储存等设施。这些设施应靠近生产区的负荷中心布置，与生活管理区没有严格的界限要求。饲料库可以建在与生产区围墙同一平行线上，便于用饲料车直接将饲料送入料库。要求仓库的卸料口开在辅助生产区内，仓库的取料口开在生产区内，杜绝外来车辆进入生产区，保证生产区内外运料车互不交叉使用。

(3) 生产区：生产区是畜禽生活和生产的场所。应按生产工艺流程顺序排列布置，其朝向、间距合理。该区主要布置各种畜禽舍和相应的挤奶厅、乳品预处理间、孵化厅、蛋库、剪毛间、药浴池、家畜采精室、人工授精室、胚胎移植室、装车台、选种展示厅等。为利于防疫，禽场的孵化厅和奶牛场的乳品加工，应与畜禽圈舍保持一定距离或有明显分区。

生产区应位于全场中心地带，地势应低于管理区，并在其下风处。与其他区之间通过围墙或绿化隔离带严格分开，在生产区入口处设置第二次更衣消毒室和车辆消毒设施。这些设施都应设置两个出入口，分别与生活管理区和生产区相通。生产区的规划必须兼顾将来技术进步和改造的可能性，可按照分阶段、分期、分单元建场的方式进行规划。

生产区内不同年龄段的畜禽要分小区规划。例如，鸡场，育雏区、育成区和产蛋区严格分开，并加以隔离，日龄小的鸡群放在安全地带（上风处、地势高的地方）。一些大型鸡场可以专门设置育雏场、育成场（三段制）或育雏育成场（二段制）和成年鸡场，隔离效果好，更有利于消毒和疾病控制。

(4) 隔离区：隔离区是用来治疗、隔离和处理患病畜禽的场所。为防止疫病传播和蔓延，该区应在生产区的下风处，并在地势最低处，而且应远离生产区。隔离区尽可能与外界隔绝。该区四周应有自然或人工的隔离屏障，设单独的道路与出入口。隔离区主要布置兽医室、隔离舍、尸体解剖室、病尸高压灭菌或焚烧处理设备及养殖场废弃物、粪便和污水储存与处理设施。隔离区应处于全场全年主导风向的下风处和场区地势最低处（图 1-1），并应与生产区之间设置适当的卫生防疫间距和绿化隔离带。隔离区内的粪便、污水设施也应与其他设施保持适当的卫生距离。隔离区与生产区有专用道路相通，与场区外有专用大门和道路相通。

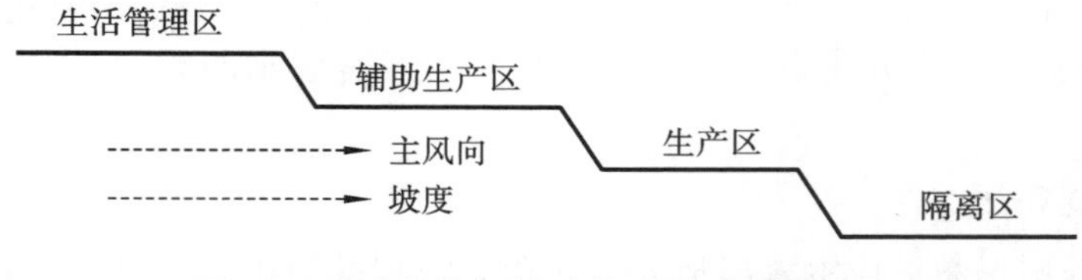

图 1-1 畜禽场各区依地势、风向配置示意图

3. 畜禽舍布置 每相邻两栋长轴平行的畜禽舍间距要求如下：无舍外运动场时，两平行侧墙的间距控制在 8～15 m 为宜；有舍外运动场时，相邻运动场栏杆的间距控制在 5～8 m 为宜。每相邻两栋畜禽舍端墙之间的距离以不小于 15 m 为宜。适宜的畜舍间距应根据采光、通风、防疫和消防几点综合考虑，畜禽舍间距应不小于南面畜禽舍檐高的 3～5 倍。畜禽舍内地面标高应高于舍外地面标高 0.2～0.4 m，并与场区道路标高相协调。

4. 场区道路 养殖场道路包括与外部联系的场外主干道路和场内内部道路。场外主干道路担负着全场的货物、产品和人员的运输，其路面最小宽度应能保证两辆中型运输车辆的顺利错车，为6.0～7.0 m。场内道路不仅用于运输，同时具有卫生防疫作用，因此道路规划和设计要满足分流和分工、路面质量、路面宽度、绿化防疫等要求。

场区道路要求在各种气候条件下都能保证通车，防止扬尘。道路的设置应不妨碍场内排水。路高侧也应有排水沟、绿化。应分别有人员行走和运送饲料的清洁道、供运输粪污和病死畜禽的污物道及供畜禽产品装车外运的专用通道。场区道路设计标高应略高于场外路面标高。清洁道作为场区的主干道，宜用水泥混凝土路面，也可用平整石块或条石路面。

5. 场区绿化 绿色植物不仅能吸收二氧化碳、二氧化硫、氟化氢、氯气、氨和铅等气体，对灰尘和粉尘也有很好的阻挡、过滤和吸附作用，大大减少空气中微生物的数量。因此，养殖场应该大力提倡绿化造林，选择适合当地生长、对人畜无害的花草树木进行场区绿化。绿化率不低于30%，以达到净化场区空气、消除畜禽致病因素的目的。树木与建筑物外墙、围墙、道路边缘及排水明沟边缘的距离应不小于1 m。

6. 粪污处理 粪污处理工程设施是现代集约化养殖场建设必不可少的项目，从建场伊始就要统筹考虑。其规划设计是粪污处理与综合利用工艺设计，主要内容一般应包括粪污收集(清粪)、粪污运输(管道和车辆)、粪污处理工程建筑物(池、坑、塘、井、泵站等)的形式与建设规模。其规划原则如下：首先考虑其作为农田肥料的原则；充分考虑劳动力资源丰富的国情，不要一味追求全部机械化；选址时避免对周围环境的污染。要充分考虑养殖场所处的地理与气候条件，如严寒地区的堆粪时间长，场地较大，且收集设施与输送管道要防冻。粪污处理工程除满足各种家畜每日粪便排泄量外，还需要将全部的污水排放量一并加以考虑。

视频：动物粪污处理

场区实行雨污分流的原则，对场区自然降水有组织地排水。对场区污水应采用暗管排放，集中处理。

养殖场设置粪尿处理区。此区距畜禽舍30～50 m，并在畜禽舍的下风向。储粪场和污水池要进行防渗处理，避免污染水源和土壤。要利用树木等将蓄粪池遮挡起来，建设安全护栏，并为蓄粪池配备永久性的盖罩。

7. 防护设施 养殖场场界要划分明确。规模较大的养殖场，四周应建较高的围墙或较深的防疫沟，以防止场外人员及其他动物进入场区。为了更有效地切断外界的污染因素，必要时往沟内放水。应该指出，用刺网隔离是不能达到安全目的的，最好采用围墙，以防止野生动物侵入。在场内各区域间，也可设较小的防疫沟或围墙，或结合绿化培植隔离林带。不同年龄的畜群最好不集中在一个区域内，并应使它们之间留有足够的卫生防疫距离(100～200 m)。

在养殖场大门及各区域、畜舍的入口处，应设相应的消毒设施，如车辆消毒池、人的脚踏消毒槽或喷雾消毒室、更衣换鞋间等。场区出入口处设置与门同宽、长4 m、深0.3 m以上的消毒池。装设紫外线杀菌灯，应强调安全时间(3～5 min)，通过式(不停留)的紫外线杀菌灯照射达不到安全目的。因此，有些养殖场安装有定时通过指示器(定时打铃)的设备。对养殖场的一切卫生防疫设施，必须建立严格的检查制度，予以保证，否则会流于形式。畜禽场大门应位于场区主干道与场外道路连接处，外来人员或车辆应经过强制性消毒，并经门卫放行才能进场。围墙距一般建筑物的间距不应小于3.5 m；围墙距畜禽舍的间距不应小于6 m。建筑物布局应紧凑以节约用地。

生产区与生活管理区和辅助生产区应设置围墙或树篱严格分开，在生产区入口处设第二次更衣消毒室和车辆消毒设施。这些设施一端的出入口开在生活管理区内，另一端的出入口开在生产区内。

二、畜禽舍内部环境与防疫

(一) 饲养密度

饲养密度是指畜舍内畜禽的密集程度。集约化养殖，饲养空间小，群体数量大，密度也大，其结

Note

果为排泄物和喷出的飞沫多，尘埃、氨气多，畜舍温度、湿度加大。如果管理不良，环境中病原体蓄积速度快，生存和分布机会大，将导致动物发病数量增多，疾病种类增多，还易诱发畜禽恶癖。

（二）空气、环境

在封闭式畜舍，空气成分与大气有明显差异，舍内空气中尘埃、飞沫、有害气体含量均高于舍外，空气质量下降。这是由畜禽活动、人为活动（清扫地面、分发饲料、翻动垫草）产生的尘埃，动物采食、咳嗽、打喷嚏、鸣叫时喷出的飞沫，以及粪、尿等有机物分解产生的氨气、硫化氢等有害气体而造成。

尘埃和飞沫可悬浮于空气中，三者形成相对稳定的分散体系即所谓的“气溶胶”，使微生物附着并生存，畜舍空气中微生物的数量与尘埃和飞沫多少有直接关系，尘埃增加，微生物的含量增加。氨和硫化氢产生刺鼻难闻的气味，常引起眼结膜和上呼吸道炎症，使黏膜充血、水肿、分泌物增多，导致黏膜的局部免疫作用降低。尘埃和有害气体对呼吸道疾病影响最大，在群体密度大和通风条件差的情况下，更容易发生呼吸道传染病。在我国北方地区，有些畜舍冬春靠火炉取暖，动物还可能发生一氧化碳中毒。

（三）养殖废渣和废水

集约化养殖产生大量的养殖废渣（畜禽粪便、舍内垫料、废饲料、散落的羽毛及病死畜禽等固体废物），同时因清洗畜舍及用具、清洗畜体产生大量废水。养殖废渣和废水是养殖场的污染源，它们含有大量病原体，是病原微生物和寄生虫卵的“保护伞”“培养基”，也最容易招惹和滋生蚊、蝇（蚊、蝇能传播许多疫病）。废渣、废水如果不能及时被清除或清除不彻底、处理不得当，易造成场、舍空气污浊，环境中病原体蓄积，不仅使生活在圈舍中的畜禽非常容易接触病原体而受感染，也会污染养殖场周边环境。

（四）湿度

畜禽粪尿中的水分、潮湿地面向空气中蒸发的水分、畜禽呼出的水汽和大气湿度的影响，使圈舍湿度增加。这不仅有利于病原微生物、寄生虫卵发育繁殖，饲料、用具也会受潮发霉，引起消化道疾病。肉鸡平常发生球虫病的重要原因是垫料潮湿，有利于球虫卵囊的发育。阴冷潮湿容易诱发巴氏杆菌病、沙门氏菌病和大肠杆菌病等细菌性传染病。

（五）温度

畜禽舍里温度过低时，动物产生冷应激。冷应激极易造成鸡群产蛋率下降10%以上，同时诱发呼吸道疾病，影响生产性能，若舍温过低，还会冻伤鸡冠、肉垂和鸡爪，严重时甚至造成鸡群停产乃至死亡。畜禽舍温度过高时，动物产生热应激。热应激影响动物采食量和生产性能，甚至会造成中暑等严重后果。

（六）其他

注意通风换气，保持空气清新；保持舍内安静，减少不良应激。为畜禽提供舒适、卫生的生活和生产条件，满足畜禽生理、生产需求。

三、饲养管理与防疫

（一）自繁自养的饲养方式

所谓自繁自养饲养方式，就是畜禽养殖场为了解决本场仔畜禽的来源，根据本场拟饲养商品畜禽的规模，饲养一定数量的母畜禽的养殖方式。执行自繁自养方式不仅可以降低生产成本，减少仔畜禽市场价格影响，也可防止由于引入患病动物及隐性感染动物而人为将病原体带入本场。有条件自行繁殖的养殖场，若不是迫切需要，切勿从外地引进种畜禽、种蛋。如果必须从外地或外场购入时，应从非疫区引进，不要从发病场或发病群或刚刚病愈的动物群引入，而且须经兽医人员检疫合格后方可引入。引入后应先隔离饲养30～45天，经检查确认无任何传染病或寄生虫病时，方可入群。禁止来源不明的动物进入场内。严禁将参加过展览及送往集市或屠宰场后检验为不合格的动物运回本场混群饲养。

（二）全进全出的饲养制度

所谓全进全出，就是指在一个相对独立的饲养单元之内，饲养同样日龄、同样品种和同样生产功能的畜禽。简单地说，就是在一个相对独立的饲养单元之内的所有畜禽，应当同时引入（全进），同时被迁出予以销售、淘汰或转群（全出）。实行全进全出的饲养制度，不仅有利于提高动物群体生产性能，而且有利于采取各种有效措施防治畜禽疫病。因为通过全进全出，使每批动物的生产在时间上有一定的间隔，便于对动物舍栏进行彻底的清扫和消毒处理，便于有效切断疫病的传播途径，防止病原微生物在不同批次群体中形成连续感染或交叉感染。畜禽场中经常有畜禽，则很难做到彻底消毒，也就很难彻底清除病原体，因此常有"老场不如新场"的说法。为便于落实全进全出的养殖制度，实施时可将其分为 3 个层次；一是在一栋动物舍内全进全出；二是在一个饲养户或养殖场的一个区域范围内全进全出；三是整个养殖场实行全进全出。一栋动物舍内全进全出容易做到，以一个饲养户或养殖场的一个区全进全出也不难，但要做到整个场全进全出就很困难，特别是大型养殖场，设计时可考虑分区。做到以区为单位全进全出。在我国目前的条件下，大中型畜禽场可以考虑以建分场和小场大舍的形式，个体或小型畜禽场可以走联合的道路，使畜禽生产不同阶段处于不同场，各自相对独立，保证全进全出的饲养制度得以贯彻。

（三）分区分类饲养制度

所谓分区分类饲养，包含几层含义：一是养殖场应实行专业化生产，即一个养殖场只养一种动物；二是不同生产用途的动物应分场饲养，如种畜禽和商品畜禽应分别养殖在不同场区；三是处于不同生长阶段的同种畜禽应分群饲养。例如，养猪场应分设仔猪舍、育成猪舍、后备猪舍、妊娠母猪舍、哺乳母猪舍等，便于及时分群饲养。由于不同动物对同一种疫病的敏感性及同种动物对同种疫病的敏感性均有不同，在同一畜禽场内，不同用途、不同年龄的动物群体混养时有复杂的相互影响，会给防疫工作带来很大的困难。例如，没有空气过滤设施的孵化厅建在鸡舍附近，孵化室和鸡舍的葡萄球菌、铜绿假单胞菌污染情况就会变得很严重，当育雏舍同育成鸡舍十分接近而隔离措施不严时，鸡群呼吸道疾病和球虫病的感染则难以控制。因此，对于大型畜禽场而言，严格执行分区分类饲养制度是降低防疫工作难度，提高防疫效果的重要措施。

（四）规范日常饲养管理

影响动物疫病发生和流行的饲养管理因素，主要包括饲料营养、饮水质量、饲养密度、通风换气、防暑或保温、粪便和污物处理、环境卫生和消毒、动物圈舍管理、生产管理制度、技术操作规程及患病动物隔离、检疫等内容。这些外界因素常常可通过改变动物群与各种病原体接触的机会，改变动物群对病原体的一般抵抗力及影响动物群产生特异性的免疫应答等作用，使动物机体表现出不同的状态。实践证明，规范化的饲养管理是提高养殖业经济效益和兽医综合性防疫水平的重要手段。在饲养管理制度健全的养殖场中，动物体生长发育良好，抗病能力强，人工免疫的应答能力高，外界病原体侵入的机会少，因而疫病的发病率及其造成的损失相对较小。各种应激因素，如饲喂不及时、饮水不足、过冷、过热、通风不良导致的有害气体浓度升高、免疫接种、噪声、挫伤、疾病等因素长期持续作用或累积相加，达到或超过了动物能够承受的临界点时，会导致机体的免疫应答能力和抵抗力下降而诱发或加重疾病。在规模化养殖场，人们往往将注意力集中到疫病的控制和扑灭措施上，饲养管理条件和应激因素与机体健康的关系常被忽略，从而形成了恶性循环。因此，动物疫病的综合防治工作需要在饲养管理条件和管理制度上进一步完善和加强。

视频：饲料的管理

视频：饮水的管理

1. 科学饲养管理

（1）饲料、饮水卫生：饲料必须优质全价、新鲜无霉变、无毒、无污染，尤其不能被病原微生物污染。不能使用未经高温处理的餐馆、食堂的泔水饲喂畜禽，不能在垃圾场或使用垃圾场的物质饲喂畜禽。饮水清洁，符合生活饮水标准。

（2）科学饲喂：养重于防。根据畜禽各年龄段生长特点和特殊生理要求，定时定量，精心饲喂，使畜禽具有强壮的体质。

(3) 饲养密度合理：根据环境条件和生产能力，保持适中的群体规模、合理的饲养密度并精心管理。

2. 清洁养殖　清洁养殖的中心思想是控制生物环境，降低环境中病原体的含量，防止环境污染。清洁养殖是养殖场生物安全控制的重要措施。

(1) 清污分流：饲养过程中，饲料、畜产品等进出“清洁道”；粪便、垫料等走“污染道”。保持饲料、饮水干净。

(2) 清除养殖废渣：采用干清粪工艺，及时清除畜粪，实现日产日清。清扫(禁止干扫)、清除垃圾，做到地面净、食槽净、畜体净、空气净。保持养殖场环境整洁，保持畜舍和新建时一样干净。

(3) 销毁动物尸体：采取深埋、焚烧等措施，安全处理动物尸体。

(4) 消毒：做好常规预防性消毒。

3. 建立健全各种防疫制度　科学地进行饲养管理、检疫、免疫接种、消毒、疫情报告，明确工作人员岗位责任制度等，实现养殖场防疫工作的规范化管理，保障各种防疫计划和防疫措施落实到位。

知识拓展与链接

《农业部关于加快推进畜禽标准化规模养殖的意见》

《动物防疫条件审查办法》

课程评价与作业

1. 课程评价

通过对动物防疫基本知识的深入讲解，使学生熟练掌握动物疫病的基本特征和发展阶段，掌握动物疫病发生的条件，熟悉动物疫病流行病学调查的内容及方法，熟悉流行病学调查分析常用指标，能够制订养殖场的防疫计划。教师将各种教学方法结合起来，使学生更深入地掌握知识之道，调动学生的学习兴趣。通过多种形式的互动，使课堂学习气氛轻松愉快，真正达到教学目标和要求。

2. 作业

线上评测

思考与练习

1. 畜禽周转为什么要实行“全进全出”制度？
2. 如何做到清洁养殖？

项目二　动物防疫技术

任务一　消毒

扫码看课件
2-1

学习目标

▲知识目标

1. 理解消毒的概念、种类、方法。
2. 掌握常用化学消毒剂的名称和用途。
3. 掌握不同消毒对象的消毒方法。
4. 熟知影响消毒效果的因素。

▲技能目标

1. 根据实际情况选用合适的消毒剂。
2. 能对畜禽场实施消毒。

▲思政目标

1. 培养学生职业操守，遵守防疫制度。
2. 分组完成任务，具备团队协作能力。

▲知识点

1. 消毒的种类、对象、方法。
2. 消毒剂的选择、配制和使用。
3. 不同消毒对象的消毒剂与消毒方法的选择。
4. 影响消毒效果的因素和消毒效果的检查。
5. 兽用消毒剂在实际运用中存在的问题。

一、消毒的概念与种类

微课 2-1

（一）消毒的概念

消毒是指利用各种物理、化学或生物学的方法清除或杀灭外环境中的病原微生物的过程。消毒只能杀死畜禽场环境中大部分病原微生物，如芽孢等微生物很难杀死，因此消毒不能代替灭菌。消毒是所有养殖场中非常重要的预防和控制疾病传播的重要手段之一，其目的如下：①防止病原体在养殖场中播散，引起流行病发生。②防止病畜再被其他病原体感染，出现并发症，发生交叉感染。③同时也保护养殖人员免受人兽共患病感染。

（二）消毒的种类

消毒在实际运用中根据其目的和时机的差别可分为三大类，分别是预防性消毒、临时消毒和终末消毒。

1. 预防性消毒　又称平时消毒，指畜禽场在平时工作中为预防疫病的发生，需要定期或不定期

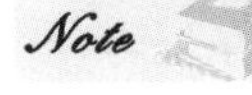

对圈舍、内部环境、饲喂用具、饮水、养殖相关人员、运输工具、屠宰车间等进行消毒。

2. 临时消毒 又称紧急消毒，指在畜禽场中发生疫病时，为了及时消灭从患病畜禽体中排出的病原体而采取的应急性消毒措施。例如，在发生重大疫情时，对畜禽场进行隔离封锁，接着需要对畜禽场动物排出的排泄物、分泌物及污染物进行多次反复的消毒。

3. 终末消毒 指在重大疫情得到控制和扑灭后，经过一个最长潜伏期的监测后，解除封锁之前，为了能完全消除疫区内可能残存的病原体进行最后一次大范围、全面的消毒。只有终末消毒验收合格才能解除疫区的封锁。

二、消毒对象

微课 2-1-1

（一）畜禽场中的消毒对象

在畜禽场中可能与患病动物接触到的所有物品和设施均属于消毒对象，如病死的动物尸体、排泄物、分泌物、圈舍、生活场地、饲喂用具、饲料、饮水、养殖人员、运输工具、屠宰车间、病畜产品等。

微课 2-1-2

（二）动物检疫中的消毒对象

1. 动物产品 除已在畜禽场中进行消毒的动物产品以外其他染疫动物的毛皮、精液、胚胎、种蛋及未经加工的角、绒、骨等。

2. 运载动物及其产品的工具 具体包括装载动物的笼子、栏杆、推车、绳索、车辆等用具和对动物产品进行包装的容器、外包装等。

3. 对动物产品进行加工的相关场所及物品 对动物进行加工的刀具、案板、桌椅；清洗动物加工场所产生的污水。

4. 进行检疫的相关场所及物品 检疫使用的器械；检疫地点，患病或病死动物的隔离场所；用于储存动物产品的仓库。

三、消毒的方法及其选择

根据消毒所使用的设备或药品等可将消毒方法分为物理消毒法、化学消毒法和生物消毒法三类。

1. 物理消毒法 通过物理或者机械等方式对消毒对象中病原体进行清除或杀灭的方法称为物理消毒法。

（1）机械消毒：指用清扫、洗刷、通风和过滤等手段机械清除病原体的方法，该方法需配合其他消毒方式。

①清扫：利用笤帚、扫把等工具清除畜禽场圈舍、场地、环境和道路等地的灰尘、排泄物、分泌物、剩余饲料、垃圾等。清扫工作是最为简单又必需的一种消毒方法，平时的清扫中要做到全面彻底，不留任何死角，不遗漏任何地方。

②洗刷：利用水管、刷子等工具对畜禽场中的笼具、地面、食槽、水槽或动物体表用清水或消毒液进行冲刷。

③通风：利用风扇或通风窗口使圈舍空气流动。通风虽不能直接杀灭病原体，但可排除圈舍内因动物分泌或排泄产生的浊气和水汽，在短时间内使圈舍内空气清洁、减少空气中的病原体数量，改善圈舍内环境，对预防由空气传播的传染病有一定的意义，同时也能保持动物体的免疫力。

④过滤：在畜禽舍的门窗、通风口处安装粉尘、微生物过滤网，阻止粉尘、病原微生物进入舍内，防止传染病的发生。

（2）热力消毒：

①干热消毒

a. 焚烧法：利用火焰对染病动物尸体及受污染的垫料、食物、垃圾、废弃物等物品进行消毒的方式。一般可直接使用焚烧炉对所有物品进行焚烧。此法是消灭所有病原微生物最为有效的一种方式。

Note

b. 烧灼法：利用火焰对耐烧灼的物品进行消毒的方法。一般用于染病场所的墙体、地面或金属笼具，可使用酒精喷灯进行消毒，但需要注意做好防火措施，防止火灾的发生。

c. 热空气消毒法：利用温度较高的干热空气进行消毒的方法，干热消毒通常需要特制的电热干燥箱，干燥箱内温度达到 160 ℃，经 2 h 消毒可杀灭所有病原微生物和芽孢，适用于畜禽场中各种玻璃仪器，如烧杯、试管、培养皿、玻璃棒等。

②湿热消毒

a. 煮沸消毒法：利用煮沸的方式对畜禽场中使用的相关器具进行消毒的方法。煮沸消毒法是畜禽场平时工作中最常用的消毒方法之一。一般装入待消毒器具的水达到 100 ℃后持续煮沸约 30 min 可杀灭大部分病原微生物，包括大多数芽孢也可被杀灭；持续煮沸 1～2 h 可杀灭所有芽孢。煮沸消毒法适用于大多数器械物品，包括玻璃、金属、布料、橡胶等。

因金属器械煮沸后会发生锈蚀，可在煮沸过程中加入 2%碳酸钠以延缓金属的氧化状态，同时因水呈碱性，还能增加灭菌作用；若在水中加入 2%～5%的石炭酸，煮沸 5 min 后即可杀灭炭疽芽胞杆菌。

在煮沸物品时应先将物品按照要求处理好才能进行消毒，如注射针头中不能残留药品、折叠的物品要完全拆开等。煮沸时间应从水完全沸腾后开始计算，各类器械煮沸时间如表 2-1 所示。

表 2-1 各类器械消毒时间

消毒对象	消毒时间/min
玻璃类器械	20～30
橡胶类器械	5～10
金属类器械	5～15
染疫类器械	≥30

b. 高压蒸汽消毒法：利用带有高压的蒸汽进行消毒的方法，通常使用高压蒸汽灭菌器进行消毒。此方法是杀菌效果最好的一种方式，广泛应用于兽用诊疗室、手术室、实验室等。高压蒸汽灭菌器的压力一般可达到 103.4 kPa，温度在 121.3 ℃左右，在此条件下持续 15～30 min 即可杀死所有病原体及芽孢。此法适用于耐热器具，如各种类型的培养基、玻璃类器械、橡胶类器械、手术器械等。

c. 流通蒸汽消毒法：此法又称常压蒸汽消毒法，是利用常压蒸汽进行消毒的方法，通常使用流通蒸汽灭菌器进行消毒。消毒时一般在一个大气压下使用 100 ℃的水蒸气不断流过待消毒器械，此法适用于一些不耐高温高压的器具，如木制品、衣物、金属等。

d. 巴氏消毒法：利用热力杀死物品中的病原微生物及其他细菌的繁殖体，此法不破坏消毒物品本身的营养成分，所以常用于一些饮用液体的消毒，如牛乳、啤酒、葡萄酒等。巴氏消毒法一般有三种方式：第一种是将被消毒液体加热至 63～65 ℃，持续加热 30 min，然后迅速将温度降至 10 ℃以下；第二种是将被消毒液体加热至 71～72 ℃，持续加热 15 min，然后迅速将温度降至 10 ℃以下；第三种是将被消毒液体迅速加热至 132 ℃，持续加热 1～2 s，然后迅速将温度降至 10 ℃以下。

(3) 辐射消毒：辐射消毒指将各种射线照射物体表面，杀灭空气或表面病原微生物的方法。在实践生产过程中应用最多的方法是紫外线消毒法。

①日光照射法：日光光谱中的紫外线有较强的杀菌能力，阳光的灼热和蒸发水分造成的干燥也有杀菌作用。一般病毒和非芽孢性病原菌，在直射的阳光下很快可以被杀死，可用于牧地、草地、畜栏用具和物品。

②紫外线消毒法：利用人工制成的紫外线灯发出的紫外线对空气或物品进行消毒。通常每立方米的空间需要 1.5 W 的紫外线灯，在使用紫外线灯时应注意被照射物品不能有遮挡，否则影响消毒效果，同时应避免直接照射人体。

2. 化学消毒法 使用消毒用的化学药剂杀灭病原微生物的方法。化学消毒剂一般都是通过凝

固病原体的蛋白质、破坏细菌细胞壁或细胞膜、氧化分解细胞成分、干扰破坏病原微生物中酶系统等作用，达到灭菌和杀灭部分寄生虫虫卵的目的。因化学消毒剂对微生物有一定选择性，并受环境温度、湿度、酸碱度的影响，因此，应针对所要杀灭的病原微生物的特点、消毒对象的特点及环境温度、湿度、酸碱度等，选择对病原体消毒力强，对人畜毒性小，不损坏被消毒物体，易溶于水，在消毒环境中比较稳定，价廉易得，使用方便的消毒剂。

3. 生物消毒法 利用微生物对废物、污物、粪尿发酵过程中产生的大量热量杀灭、清除病原微生物的方法。此法一般只能杀灭大部分微生物和寄生虫，不能杀死其中的芽孢，亦不能杀灭炭疽等传染病的病原体，所以在使用过程中应当注意。

(1) 堆粪法：此法适用于干粪较多的畜禽场。其中堆粪的场地一定要远离居住区和圈舍 100～200 m，同时不能有水源流过此地。在进行堆粪时选择一块场地挖一个宽 1.5～2.5 m、深约 20 cm，长度视粪便量的多少而定的浅坑，将粪便堆至坑中后等待一段时间(夏季 3 周，冬季 3 个月)后即可杀灭粪便中的病原体。

(2) 发酵池法：此法适用于稀粪较多的畜禽场。其中堆粪的场地一定要远离居住区和圈舍 200～250 m，同时不能有水源流过此地。根据粪便的多少挖发酵池，然后用水泥将池的四周封好，保证不会泄露粪便。使用时，先在底部铺一层干粪，然后再将稀粪铺在上面，最后在池顶部用水泥盖或者泥土将发酵池封闭完整，等待一段时间(夏季 3 周，冬季 3 个月)后即可杀灭粪便中的病原体。

(3) 沼气池法：此法适用于大型畜禽场，根据畜禽场场地建立沼气池，建立需要较高的技术，所以需要在专业技术人员指导下才能完成。将粪便、干草、污水等物品混合于沼气池中进行发酵即可杀灭粪便中的病原体，同时还能产生能源供畜禽场利用。

四、消毒剂的选择、配制和使用

（一）消毒剂的选择原则

在选择消毒剂时应考虑以下几个方面。

(1) 选用的消毒剂必须有确实的消毒效果，且影响消毒的因素较少。

(2) 选用的消毒剂必须对使用者、人群和畜禽群无不利影响，同时对消毒设备及动物产品无残留、无挥发。

(3) 尽量选择对环境无污染或污染较小的消毒剂。

(4) 价格低廉，使用简便。

（二）消毒剂配制的注意事项

市场上购买的消毒剂一般都需要进行配制或者进行稀释，所以在使用时应注意以下几个问题。

(1) 消毒剂配制时应注意使用浓度及用量，配制前应正确计算药品使用量。

(2) 对于固态消毒剂，最好使用电子天平进行称量，若使用量较大，应使用比较精准的秤进行称量；对于液态消毒剂，要用带有刻度的量筒进行称量。准确称量以后，消毒剂均要缓慢少量地溶于溶液或者清水中，并用适当的器具进行搅拌以混匀药品。

(3) 用于称量和盛取消毒剂的容器应干净、无污染，否则会影响消毒效果。

(4) 消毒剂最好现配现用，没用完的消毒剂应做好适当处理。因为消毒剂长期储存后会与空气中的氧气、二氧化碳等气体发生反应从而会减少消毒剂的含量。配好的消毒剂应做好标记，标好药品名称、配制时间、浓度等信息。

（三）常用的消毒剂及其使用方法

根据消毒剂的性质和结构，可将消毒剂分成以下几类。

1. 碱类 碱类消毒剂主要以 OH^- 的解离作用妨碍菌体代谢，其杀菌力与浓度成正比。

(1)氢氧化钠：又称为苛性钠、火碱。氢氧化钠对细菌、病毒和寄生虫卵有很强的杀灭作用，同时能杀灭细菌芽孢，一般用于畜禽场圈舍的出入口、消毒池、地面、墙壁、运输工具的消毒。使用浓度需根据需要来进行配制，5%～10%浓度可杀灭细菌芽孢；1%～2%浓度可用于一般病原体的消毒。在

使用时应注意高浓度的氢氧化钠应用热水进行溶解并且氢氧化钠有很强的腐蚀性，配制和使用时要防止动物、人员、使用用具的腐蚀和灼伤。因氢氧化钠使用后易发生结晶，残留在消毒物体的表面，所以消毒完毕后须用清水冲洗。

(2) 石灰乳：用于消毒的石灰乳是由氧化钙与水按不同比例混合而成，石灰乳能杀灭部分虫卵和大部分病原体，但对芽孢和结核杆菌无效。石灰乳使用浓度一般控制在10%～20%，可用于墙壁、围栏栏杆、地面、粪便、排水沟等地方的消毒。使用时须注意石灰乳只能现配现用，储存时间过长将导致石灰乳与空气中二氧化碳结合生成碳酸钙而失去消毒作用。

2. 酸类 酸类消毒剂主要以 H^+ 的解离作用妨碍菌体代谢，其杀菌力与浓度成正比。

(1) 无机酸：无机酸消毒剂主要是盐酸和硫酸，这两种消毒剂具有强大的杀菌和杀芽孢作用，但对组织细胞、纺织物品、木质用具和金属制品等具有强烈的刺激和腐蚀作用，所以在使用时应特别注意防护措施。一般此类消毒剂常用于动物产品，尤其是动物皮毛，可用2%盐酸加食盐 15 g 浸泡 40 h 进行消毒。

(2) 有机酸：有机酸消毒剂主要是乳酸和醋酸，这两种消毒剂具有杀菌和抑菌作用，适用于空气消毒。使用乳酸进行蒸气消毒时，应将适量乳酸加水稀释成20%浓度后，在密闭空间内置于器皿中加热蒸发 30～90 min。有时也用食醋来代替乳酸用于空气消毒，但效果不如乳酸。有时也用草酸和甲酸溶液以气溶胶形式消毒口蹄疫或其他传染病病原体污染的房舍。

3. 醇类 醇类消毒剂能去除细菌细胞膜中的脂质并且可使内部的蛋白质凝固与变性，从而使其失活。

乙醇：使用浓度一般为70%～75%，多用于皮肤消毒。乙醇可杀灭一般的病原体，但不能杀死芽孢，对病毒也无显著效果。乙醇可进行长期储存，但是要注意储存容器的密闭性，若密闭不严导致挥发，会降低其浓度，低于70%消毒效果差。

4. 酚类 酚类高浓度时可通过使菌体内部蛋白质变性或凝固达到杀菌的目的，低浓度时能破坏菌体细胞膜的通透性，导致细胞质外漏，达到杀菌的目的。

(1) 苯酚：又称石炭酸，有种特殊的臭味，可杀灭细菌繁殖体，对芽孢无效，对病毒效果不好。2%～5%水溶液可消毒污物、用具、车辆、墙壁、运动场及动物圈舍；忌与碘、溴、高锰酸钾、过氧化氢等合用，不适用于创伤、皮肤的消毒。

(2) 煤酚：又称甲酚，杀菌力比苯酚强 3 倍，能杀灭繁殖体，但对芽孢杀菌效果较差，煤酚与苯酚一样有特殊的臭味。含50%煤酚的皂溶液加水后配制成2%浓度的煤酚可用于皮肤消毒，3%～5%浓度的煤酚可用于器械、物品消毒，5%～10%浓度的煤酚可用于圈舍及排泄物等消毒。

(3) 复合酚：含41%～49%酚和22%～26%醋酸的混合物，又称为农副、菌毒敌。复合酚可用于大部分病原体的消毒，但对芽孢无效，因其稳定性好、安全性高而广泛用于消毒。1%水溶液可用于圈舍、笼具、排泄物等的消毒。但不得与碱性药物或其他消毒液混用。

5. 卤素类 卤素及容易释放出卤素的化合物均有强大的杀菌能力，其作用机理是卤原子易渗入细胞内与菌体蛋白的氨基或其他基团相结合而发挥卤化作用，使其中的有机物分解或丧失功能而呈现杀菌作用。在卤素中以氟、氯的杀菌力最强，其次为溴、碘，但氟和溴一般不用作消毒剂。

(1) 漂白粉：又称为含氯石灰，是一种作用广泛的消毒剂。能杀灭细菌及其芽孢、病毒及真菌等，且在酸性环境中杀菌力强。漂白粉新制时含有效氯 25%～30%，当降低至16%时便失去消毒作用。5%溶液可对圈舍、笼架、饲槽及车辆等进行喷洒消毒；暴发炭疽时用10%～20%乳剂消毒被污染的圈舍、粪池、排泄物、运输车辆及其他场所。

(2) 氯胺-T：又称甲苯磺酰胺钠，是一种含氯化合物，有效氯含量为23%～26%。若露置空气中，会逐渐分解而失去有效氯，因此必须储藏在密封的容器里。其性质较稳定，对细菌、病毒、真菌、芽孢均有杀灭作用。作用原理是溶液产生次氯酸，放出氯，有缓慢而持久的杀菌作用，可溶解坏死组织。在使用时，如按1∶1的比例加入铵盐(氯化铵、硫酸铵)，可加速氯胺的化学反应速率而减少用药量。冲洗创口用1%～2%；黏膜消毒用0.1%～0.2%；用于饮水消毒时，用量为每吨水中加入 2～4

g 氯胺-T;食具消毒用 0.05%～0.1%。3%水溶液用于排泄物的消毒。以 1∶500 的比例配制的消毒液可用于舍内空气、环境、器械、用具消毒。本品水溶液稳定性较差,故宜现配即用,时间过久,则杀菌作用降低。

(3) 二氯异氰尿酸钠:又称优氯净,是一种高效、广谱、新型内吸性杀菌剂,可杀灭各种细菌、真菌和病毒,可用于饮水、饲喂器具、环境的消毒。用 0.5%～1%水溶液进行喷洒、浸泡等可杀灭病原体;5%～10%水溶液可杀灭细菌芽孢。

(4) 碘酊:碘浓度为 2%～5%,可用于手术部位、注射部位的消毒,也用于皮肤霉菌病的治疗。在每升水中加入 5～6 滴 2%的碘酊可杀灭水中病原体与水原虫,15 min 后即可饮用。

(5) 碘伏:碘与非离子表面活性剂、阴离子表面活性剂的络合物,高效广谱、药效持久、性能稳定,对细菌、病毒和霉菌等病原体的杀灭作用强,在酸性环境中的杀菌能力更强。50 mg/L 的水溶液可用于环境、用具的消毒,种蛋的浸洗消毒,孵化器的洗刷消毒和发病动物群的消毒。受污染的水源每升中加入 15～25 mg 可消毒水中病原体。

6. 氧化剂类　该类消毒剂因含有不稳定的结合氧,当与病原菌接触时可与菌体内酶类发生氧化而失活。

(1) 过氧乙酸:又称过醋酸,性质不稳定、易挥发,但氧化作用很强。市售产品浓度为 20%,4～10 ℃密闭避光可储放约 6 个月,稀释后药效能维持 3～7 天。对细菌、病毒、霉菌和芽孢有效,对组织有刺激性和腐蚀性。0.5%用于圈舍、饲槽、车辆等的喷洒消毒;0.04%～0.5%用于污染物品的浸泡消毒;5%可用于实验室、无菌室、动物圈舍、仓库、屠宰车间等的喷雾消毒,用量约为 2.5 mL/m^3。有时也进行熏蒸消毒,即按 1～3 g/m^3,配成 3%～5%溶液加热熏蒸消毒 1～2 h。

(2) 高锰酸钾:高锰酸钾遇有机物或加热、加酸或碱均能放出初生态氧,在酸性溶液中作用增强,具有杀菌、杀病毒、除臭和解毒等作用,高浓度时有刺激和腐蚀作用。0.1%水溶液能杀死细菌繁殖体,2%～5%水溶液能杀死细菌芽孢。常用于皮肤、黏膜及与福尔马林混合进行熏蒸消毒。

(3) 过氧化氢:又称双氧水,对于厌氧菌非常有效果,主要用于动物伤口消毒,但具有一定刺激性,在使用时注意动物的保定。

7. 表面活性剂　表面活性剂主要包含阴离子、阳离子及不电离的表面活性剂三种。该类消毒剂主要通过吸附在病原菌表面,改变菌体细胞膜的通透性,引起细胞质内容物漏出,造成病原菌代谢受阻而失活。

(1) 新洁尔灭:阳离子表面活性剂,兼有杀菌和去污效力,易溶于水,性质稳定。对肠道菌、化脓菌及部分病毒有较好的杀灭作用。0.1%溶液可用于皮肤、黏膜及器械的消毒,也可用于动物圈舍、孵化场、环境的喷雾消毒。但不可用于饮水消毒,同时不能与阴性表面活性剂同用,否则会失去消毒作用。

(2) 消毒净:一种季铵盐类阳性离子表面活性剂,其易溶于水和乙醇,0.05%可用于黏膜冲洗、金属器械消毒;0.1%可用于手和皮肤消毒。

(3) 百毒杀:双链季铵盐类阳离子表面活性剂,能完全杀灭各种细菌、病毒、支原体、霉菌、藻类等致病微生物。0.0025%～0.005%可用于预防水塔、水管、饮水器污染、堵塞及杀霉、除藻、除臭和改善水质。0.015%用于预防传染病发生,如舍内、环境喷洒或设备器具洗涤、浸泡消毒。0.05%用于疫病发生时的瞬间控制消毒。0.005%用于饮水消毒。

8. 挥发性烷化剂　此类消毒剂主要通过其中的烷基替代病原菌体内具有活性的氨基、巯基、羧基等基团的不稳定氢原子,使其发生变性或功能发生变化达到杀菌的目的。

(1) 福尔马林:含 40%甲醛水溶液,为一种活泼的烷化剂,可杀灭各种病原菌。2%～4%水溶液可用于圈舍和水泥地面的消毒;1%溶液可用于动物体表的消毒。另外最常用的消毒方式为与高锰酸钾混合进行熏蒸消毒,一般以 2(福尔马林)∶1(高锰酸钾)比例混合,熏蒸时需注意此品对人与动物均有害,所以应避免误吸。

(2) 环氧乙烷:此品对于各种病原菌均有杀灭作用,同时能杀灭芽孢,适用于精密仪器、医疗器

械、生物制品、皮革、裘皮、羊毛、橡胶、塑料制品、图书、谷物、饲料等忌热、忌湿物品的消毒。消毒在密闭条件下进行，要求环境相对湿度为30%～50%，最适温度为38～54 ℃，但不得低于18 ℃，消毒时间越长效果越好。

9. 染料类 (1) 利凡诺：一种外用杀菌防腐剂，一般浓度为0.1%～0.2%。对革兰氏阳性菌及少数阴性菌有很强的杀灭作用。对于各种皮肤伤口、糜烂、溃烂等均能进行冲洗。

(2) 甲紫：一种外用杀菌剂，使用浓度为1%。此品主要对革兰氏阳性菌有效，主要用于皮肤感染，皮肤损伤、烧伤，以及口腔炎的治疗等。但是，甲紫溶液也会发生一些不良反应，如会出现黏膜刺激或是导致接触性皮炎的发生，因此在使用时须注意。

五、不同消毒对象的消毒方法

（一）畜禽场入口消毒

1. 养殖场入口消毒 需要设置消毒池、消毒室。消毒池一般需要与入口大门宽度一致，长度为4～5 m，深度为0.3 m，可对入场的各种车辆的轮胎进行消毒。消毒池内一般使用1%～2%氢氧化钠或5%～10%来苏尔，冬季可用生石灰。消毒室用于进出人员的消毒，内部需安装紫外线灯以及消毒剂喷洒装置，门口需放置消毒垫。

2. 养殖场生产区入口消毒 需要设置消毒池、消毒室。消毒池与消毒室设置与大门入口设置基本一致，消毒室中应另设置更衣柜、洗手池设备等，以便进出人员更换已消毒的白大褂、鞋帽等物品，有条件的还需加设淋雨设备，以便进出的工作人员进行全身消毒。

3. 各养殖栋舍入口消毒 设置消毒垫或消毒池，以便进出人员对鞋底进行消毒。

（二）场区周边环境消毒

养殖场道路、场地应保持卫生清洁，可选用进行地面消毒的药品进行定期喷洒。

（三）圈舍内部消毒

1. 空圈舍消毒 圈舍在启用之前应先对圈舍内环境进行消毒，需按照以下程序进行。

(1) 机械清扫：首先使用扫把等物品对室内各个方位进行清扫，包括墙壁、天花板、地面、排水沟、围栏等地方，清扫出来的垃圾、粪便、污染物应进行焚烧，保证清除其中的病原体，清扫完毕后地面需要用高压水枪进行冲洗，动物用的水槽、食槽等用消毒剂进行浸泡，再用清水进行冲洗，冲洗过的污水也需要进行消毒。

(2) 进行化学药物消毒：可用5%～8%的来苏尔、0.3%～0.5%的过氧乙酸、84消毒液等消毒地面、墙壁、物品等。

(3) 熏蒸消毒：一般使用高锰酸钾与福尔马林进行熏蒸，但此方法熏蒸的圈舍必须要完全通风后才能使用，所以现在可用过氧乙酸和二氯异氰尿酸钠进行熏蒸消毒，过氧乙酸用量为每立方米15 mL过氧乙酸；二氯异氰尿酸钠烟熏剂用量为每立方米5 g。

2. 带畜消毒 主要使用人畜无害的消毒剂(如0.2%过氧乙酸、0.1%次氯酸钠)进行消毒，同时每天需要对动物用过的食槽、水槽、排水沟等地方进行清理，做到勤换、勤洗、勤消毒。对于动物较多的圈舍应做好通风，保证空气流通正常。

3. 动物体表消毒 正常动物体表，尤其是进行散养的动物体表往往带有很多的病原体。对于经常换毛、脱毛的动物而言，带有病原体的毛发落在地面被其他动物踩到容易引起疾病的发生，所以圈舍内需要做好动物体表的消毒。消毒剂一般选用对动物皮肤、黏膜、伤口等无刺激作用或刺激作用较小的，消毒方式可采用喷洒、涂抹等以保证药物在动物体表停留一段时间，消毒时应注意药物不能让动物舔舐以防止中毒。常用消毒剂包括0.1%新洁尔灭、1%甲紫、0.015%消毒灭、0.2%过氧乙酸等。

4. 粪便消毒 因粪便是疾病传播最主要的媒介之一，所以对动物的粪便应及时、正确地进行处理。主要使用前文中提到的生物消毒法进行处理，若有感染性较强的病原体，可使用焚烧法将染疫的粪便、干草和污染物进行焚烧。

（四）畜禽产品消毒

1. 畜禽产品外包装消毒

(1) 塑料等耐腐蚀外包装的消毒：一般用1%～2%氢氧化钠或0.1%～0.2%过氧乙酸进行消毒。操作时先对外包装进行机械清扫除去灰尘等污物，等完全干燥后再使用消毒剂浸泡15 min，消毒完毕用清水进行冲洗，干燥后备用。对于储存外包装用的仓库也可使用二氯异氰尿酸钠烟熏剂或过氧乙酸进行熏蒸消毒。

(2) 木制品等耐腐蚀性差外包装的消毒：此种包装一般使用熏蒸消毒剂进行熏蒸，消毒效果较好，可使用42 mL/m^3 福尔马林、15 mL/m^3 过氧乙酸或二氯异氰尿酸钠烟熏剂进行，若外包装发生染疫，可延长熏蒸时间，对于价值不高的物品，直接进行焚烧销毁。

(3) 金属制品等耐烧灼外包装的消毒：可先用机械清除法将外包装表面污物清理干净，待干燥后用火焰喷灯或2%～4%的碳酸钠进行清洗消毒，干燥备用。

2. 运载工具消毒 除了畜禽产品外包装需要消毒外，用于运输畜禽产品的运载工具同时也应进行消毒。在使用运载工具装卸货物的前后先将工具上的污物用机械清除法除去，待干燥后用0.0015%百毒杀、0.3%～0.5%过氧乙酸、0.2%～0.3%次氯酸钠、0.1%新洁尔灭等药物对运载工具进行喷洒消毒。若运载工具密闭性较好，可使用福尔马林、二氯异氰尿酸钠烟熏剂和过氧乙酸进行熏蒸消毒。运载过染疫动物产品的工具应反复消毒3～5次，放在阳光下晾晒1～2天后再使用。

（五）养殖、输送人员消毒

对于进出场的养殖人员、输送人员均需要进行消毒，防止外界病原体进行圈舍。消毒方式主要为在消毒室进行淋浴，更换消毒衣物、鞋帽等。换洗的衣物需要进行消毒。

六、影响消毒效果的因素和消毒效果的检查

（一）影响消毒效果的因素

1. 消毒剂的性质、浓度和作用时间 一般浓度越高，杀菌作用越强；时间越长，消毒效果越好。但是其中也有特殊药物不符合一般规律，如乙醇消毒浓度效果最好的为70%～75%，若浓度增加，消毒效果反而不理想，所以使用消毒剂时需注意特殊消毒剂的注意事项。

2. 温湿度 适宜的温湿度对许多消毒剂的作用有显著作用。温度较高，湿度控制在60%～80%时，福尔马林的消毒效果可保持在比较高的水平。

3. 酸碱度(pH) pH可从两方面影响消毒效果：一是对消毒剂的作用，pH变化可改变其溶解度、离解度和分子结构；二是对微生物的影响，病原微生物的适宜pH值在6～8，过高或过低的pH值有利于杀灭病原微生物。新型的消毒剂常含有缓冲剂等成分，可以减少pH对消毒效果的直接影响。

4. 溶解消毒剂用水的水质 非离子表面活性剂和大分子聚合物可以降低季铵盐类消毒剂的作用；阴离子表面活性剂会影响季铵盐类的消毒作用。因此在用表面活性剂消毒时应格外小心。由于水中金属离子(如Ca^{2+}和Mg^{2+})对消毒效果也有影响，所以，在稀释消毒剂时，必须考虑稀释用水的硬度问题。例如，季铵盐类消毒剂在硬水环境中消毒效果不好，最好选用蒸馏水进行稀释。一种好的消毒剂应该能耐受各种不同的水质，不管是硬水还是软水，消毒效果都不受影响。

5. 有机物对消毒效果的影响 消毒现场通常会遇到各种有机物，如血液、血清、培养基成分、分泌物、脓液、饲料残渣、泥土及粪便等，这些有机物的存在会严重干扰消毒剂消毒效果。因为有机物覆盖在病原微生物表面，妨碍消毒剂与病原微生物直接接触而延迟消毒反应，导致病原微生物杀不死、杀不全。部分有机物可与消毒剂发生反应生成溶解度更低或杀菌能力更弱的物质，甚至产生的不溶性物质反过来与其他组分一起对病原微生物起到机械保护作用，阻碍消毒过程的顺利进行。同时有机物消耗部分消毒剂，降低了对病原微生物的作用浓度。例如，蛋白质能消耗大量的酸性或碱性消毒剂，阳离子表面活性剂等易被脂肪、磷脂类有机物所溶解吸收。因此，在消毒前要先清洁再消毒。对大多数消毒剂来说，当有有机物影响时，需要适当加大处理剂量或延长作用时间。

Note

6. 微生物的类型和数量 因每种消毒剂对不同微生物的杀灭效果不同，而且每种消毒剂有各

自的特点，所以进行消毒操作时应根据实际情况科学地选择消毒剂。

（二）消毒效果的检查

因每种消毒剂的消毒差异及消毒剂长期使用后引起微生物的耐药性，使得消毒效果不能达到100%，因此需要进行消毒效果的检查以保证消毒剂使用的合理性。消毒效果检查主要有以下几种方式。

1. 地面、墙面、物品表面的消毒效果检查 在消毒前后分别选择圈舍墙面、地面、物品表面若干个点，每个点取10 cm×10 cm面积，以湿的无菌消毒棉签擦拭1 min，使棉签四周均与划定面积相接触，然后将其放入装有10 mL无菌生理盐水的试管中，再将生理盐水接种至培养基中，培养24～48 h，观察结果；消毒后间隔约1 h，在原采样处以同法方法再次采样，采样后接种至相同培养基中，培养24～48 h，观察结果。最后计算消毒前后菌落数，按下式计算细菌减少率。细菌减少率＝[（消毒前菌落数－消毒后菌落数）/消毒前菌落数]×100%

2. 排泄物检查 在消毒前以湿的无菌消毒棉签伸入动物粪便若干个点中，然后将其放入装有10 mL无菌生理盐水的试管中；消毒后间隔约1 h，在原采样处以同法方法再次采样。将消毒前后所用的生理盐水接种至培养基中培养24～48 h，最后计算消毒前后菌落数以及细菌减少率。

3. 空气消毒效果检查 一般用自然沉降法。消毒前后在消毒的空间不同平面和位置。放置4～5个培养基，暴露5～30 min后盖好，将培养基培育24～48 h观察结果，最后计算消毒前后菌落数以及细菌减少率。

七、兽用消毒剂在实际运用中存在的问题

从畜禽的饲养管理、疾病预防、疫情扑灭，到畜禽的运输、屠宰加工等各个环节，消毒剂的使用几乎伴随着其全过程，若养殖户在实际使用期间对消毒剂使用的重要性、科学性和准确性不甚了解，往往会造成很多问题。

（一）消毒效果不良的问题

（1）因不了解消毒剂性能造成盲目使用。

很多养殖户因教育水平的限制，在使用消毒剂时没有认真阅读说明书及注意事项；或者是新上手的农户，对养殖没有经验，这些养殖人员对消毒剂的性能不能完全掌握，认为只要是消毒剂就能消毒灭菌，导致使用过程中不能完全发挥消毒剂的药效，甚至产生与消毒效果完全相反的结果，最终导致消毒不严格而引起疫病的发生。

（2）因不了解消毒剂的使用方法造成随意使用。

因每种药物都存在一定的使用方法，如酸、碱、酚类等消毒剂大多采用喷洒的方法消毒；氧化剂类消毒剂（如过氧乙酸、高锰酸钾等）、醛类消毒剂等则既可以喷洒，又可以用于熏蒸；而一些消毒剂（如氢氧化钙）还可用于铺撒或涂刷，福尔马林与高锰酸钾混合用于熏蒸消毒。所以养殖人员不了解消毒剂的使用方法就无法达到预期的消毒目的。

（3）不注重消毒效果，滥用消毒剂。

很多养殖者没有做好相关防疫知识的储备，他们往往在畜禽发病时才想到使用消毒剂，因而将消毒效果当成是治疗效果，即将消毒剂当成治疗药。在使用消毒剂时见病畜未见好转导致再使用不同种消毒剂，这样就会引起消毒剂长期停留于病畜身体中，从而引起动物产品的药物残留。

（二）盲目使用后带来的后果

（1）因消毒效果不佳导致同种疫病重复发生。

（2）药物残留直接影响人畜安全。

养殖者使用消毒剂程序不当，且又不注重自身防护，此时消毒剂便会残留在动物体表、动物体内或养殖人员身体中，造成畜禽或人的中毒甚至死亡。若残留浓度不高则会被加工成动物产品流入市场，造成更为严重的后果。

（3）引起耐药株的形成，加大防疫难度。

若长期滥用消毒剂,会引起病原体产生耐药性,导致养殖场使用消毒剂后仍会发生疫病。

(三)对于问题的解决思路

(1)加大科普宣传和技术培训力度。

因养殖人员大多受教育程度低,所以相关市、县兽医主管部门和兽医防疫部门应定期对养殖户进行基础防疫知识的科普和技术培训。这是当前畜牧业发展和经济建设的需要,也是重大动物疫病防控的需要。

(2)合理运用消毒剂。

①使用消毒剂前应仔细阅读使用说明书与注意事项,保证正确使用消毒剂。

②消毒剂应定期更换,防止病原体耐药株的出现。

课程评价与作业

1. 课程评价

通过对消毒知识的深入讲解,使学生熟练掌握消毒相关的基本知识,掌握常用化学消毒剂的名称和用途,能根据实际情况选用合适的消毒剂,能对畜禽场实施消毒。教师将各种教学方法结合起来,调动学生的学习兴趣,使学生深入地掌握知识。通过多种形式的互动,使课堂学习气氛轻松愉快,真正达到教学目标。

2. 作业

线上评测

思考与练习

1. 常用的消毒剂有哪些?
2. 消毒剂水溶液是不是越浓越好?
3. 对于猪场圈舍外环境如何消毒?

扫码看课件 2-2

任务二　免疫接种

学习目标

▲知识目标

1. 掌握常用的免疫接种方法及疫苗使用注意事项。
2. 理解强制免疫和免疫计划的概念。
3. 了解免疫程序的制订过程。
4. 了解影响免疫效果的因素。

▲技能目标

通过学习免疫接种的分类和免疫方法,学会畜禽各种预防免疫接种方法。

▲思政目标

1. 脚踏实地,理论联系实际,爱岗敬业。

2. 多措并举，真学实干。

▲知识点

1. 免疫接种方法及疫苗使用注意事项。
2. 强制免疫和免疫计划的概念。
3. 免疫程序的概念。

一、免疫接种的分类

（一）什么是免疫接种

免疫接种是人为地将免疫原或免疫效应物质输入到动物体内，使被接种动物机体产生或被动获得对某一病原微生物特异性抵抗力的一种方法，也是动物在个体发育过程中产生获得性免疫的安全有效的途径。免疫接种是预防畜禽疫病发生的最有效的手段之一，也是现代畜牧业健康有序发展最可靠的措施。免疫接种分为人工被动免疫和人工主动免疫两种方法。

将含有特异性抗体的血清或细胞因子等制剂，人工输入到动物体内使其被动获得对某种病原体的抵抗力，称为人工被动免疫。

将含有抗原物质的疫苗接种到动物体内，刺激其机体免疫系统发生免疫应答而主动产生的特异性免疫，称为人工主动免疫。

（二）免疫接种的意义

免疫接种是预防动物传染病和某些寄生虫病的有效手段，《中华人民共和国动物防疫法》规定，动物免疫是一项技术性、专业性较强的工作，应由县级以上地方人民政府兽医主管部门组织实施动物疫病强制免疫计划。饲养动物的单位和个人都必须按照兽医主管部门的要求履行强制免疫义务，做好强制免疫工作。

（三）免疫接种的分类

根据不同的免疫接种目的，免疫接种可以分为预防接种、紧急接种和临时接种。

1. 预防接种　为预防疫病的发生，有目的有计划地对健康动物进行的免疫接种，称为预防接种。在经常发生或受到邻近地区某类传染病威胁的地区、有某类传染病潜在的地区，根据免疫接种计划可进行各种动物的预防接种，提高动物群的免疫水平。

2. 紧急接种　发生动物疫病时，为了达到迅速控制和及时阻断传染病流行的目的，对疫点以外的疫区和受威胁区尚未发病动物进行的免疫接种，称为紧急接种。接种顺序是从安全区开始，逐头（只）进行免疫接种，快速形成免疫隔离带，以阻止疫病向外传播。然后是受威胁区，最后再到疫区对假定健康动物进行接种。

3. 临时接种　为避免某些疫病的发生而临时对动物进行的免疫接种，称为临时接种。例如，动物的引进或外出时，根据运输途中和目的地的传染病流行情况，需要对调运动物进行临时性免疫接种。

二、疫苗种类、保存、运送和使用

（一）疫苗种类

1. 弱毒疫苗　用物理、化学、生物的连续传代等人工致弱方法获得的或自然筛选的弱毒株制备的疫苗，是一种病原体致病力减弱但仍具有活力的完整病原疫苗。由于此类疫苗仍然保留完整的抗原性，所以可在免疫动物体内繁殖，具有用量小、免疫原性好、免疫期长、子代可从接种母代获得被动免疫等优点。缺点是存在散毒和造成新疫源的问题。

2. 灭活疫苗　用物理、化学等人工致死方法，获得的使病原微生物丧失感染力或毒力，但仍保

持免疫原性的疫苗。灭活疫苗的优点是使用安全、易于保存、无污染危险、对母源抗体的中和作用不敏感、容易制成联苗或多价苗。缺点是接种剂量大、免疫期短、免疫途径单一。

3. 代谢产物疫苗 用细菌的代谢产物(毒素或酶)制成的疫苗,具有良好的免疫原性,可做成主动免疫制剂。例如,致病性大肠杆菌毒素、破伤风毒素、白喉毒素、肉毒素、多杀性巴氏杆菌毒素、链球菌的扩散因子等都可以用于制作代谢产物疫苗。

4. 亚单位疫苗 用物理化学方法,提取细菌、病毒的有效抗原部分(特殊蛋白质结构,如细菌荚膜、鞭毛、病毒衣壳蛋白等)制备的疫苗(如猪大肠杆菌菌毛疫苗)。亚单位疫苗的优点是安全性高、稳定性好、免疫期长、可实现量产、可诱导细胞免疫。

5. 活载体疫苗 将外源免疫抗原基因插入病毒或细菌(常为疫苗弱毒株)构建成的载体中而制备的活疫苗。活载体疫苗具有活疫苗的免疫效力高、成本低及灭活疫苗的安全性好等优点。

6. 基因缺失疫苗 利用分子生物学技术和基因工程技术,将病毒中的部分或全部毒力基因去除掉,但仍保留其免疫原性,使其成为无毒株或弱毒株之后制成的疫苗。优点是免疫原性好,安全性高,可以鉴别诊断。

7. 单价疫苗 用一种菌(毒)株或一种微生物中的单一血清型菌(毒)株所制备的疫苗。

8. 多价疫苗 用同一种菌(毒)株中若干血清型菌(毒)株所制备的疫苗。

9. 联合疫苗 含有两个或两个以上不同种菌(毒)株的抗原成分的疫苗。接种动物后,能产生对相应疾病的免疫保护,可以达到一针防多病的目的。

(二)疫苗的保存、运送和使用

因各类疫苗的特性与生产工艺的不同,所以在疫苗保存、运送与使用过程中,应严格按照疫苗使用说明书进行规范操作。

1. 疫苗的保存 对于每一类疫苗都应根据其自身特点选择适当的保存方式,总的保存原则是低温、避光及干燥。灭活疫苗和亚单位疫苗等应保存在 2~8 ℃的环境中,防止冻结,如油乳剂疫苗(禽流感灭活疫苗)在冷冻后会出现破乳分层现象,影响其效力。弱毒活疫苗(如真空冻干疫苗)应存放在−15 ℃以下冻结保存,确保其真空度,并配合相应的疫苗稀释液进行配比使用(疫苗稀释液一般存放于阴凉、通风、干燥处)。马立克氏病活疫苗等细胞结合性疫苗必须在液氮中保存。

2. 疫苗的运送 在实际工作中,所有疫苗的运送条件都要求全程冷链运送,即需要冷藏工具如冷藏车、冷藏箱、保温瓶等,购买时要弄清各种疫苗的保存和运输中要求的条件,运输时装入保温、冷藏设备中,购入后立即按规定温度存放,严防在高温和日光下保存和运输。灭活疫苗在运输中也要防止冻结和暴晒。

3. 疫苗的使用 在使用疫苗之前,应认真核对名称、规格、生产日期、使用注意事项等信息,一旦发现外包装瓶破损、瓶盖渗漏、疫苗性状发生改变、有异物、已超有效使用期限等异常情况,应及时放弃使用,并做无害化处理。稀释冻干疫苗时,将装有稀释液的注射器针头扎入冻干疫苗瓶塞后,稀释液在没有外力的作用会被自动抽吸进瓶内,稀释后的冻干疫苗,一般在 2~8 ℃环境下 24 h 内有效,环境温度大于 8 ℃且小于 15 ℃时 12 h 内有效,15~25 ℃环境下必须在 8 h 内用完,25 ℃以上环境时要在 4h 内用完。在使用冻干疫苗的过程中,要注意防止日光照射,采用饮水免疫时要避免水中含有金属离子,在使用疫苗的前后 3 天内不得使用消毒剂及抗菌、抗病毒药物。

三、免疫方法

视频:注射免疫

动物的免疫接种方法有很多,包括注射、点眼、滴鼻、刺种、饮水、拌料、气雾免疫等,根据不同免疫目的选择合理的免疫接种途径,可以大大提高动物机体的免疫应答能力。

(一)注射免疫

注射免疫是灭活疫苗和弱毒疫苗的常用免疫接种方式。根据疫苗注射位置不同,注射免疫可分为皮下注射、皮内注射、肌内注射和静脉注射。

1. 皮下注射 将药液注于皮下组织内,一般经 5~10 min 起作用,适用于毛少、皮肤松弛、皮下

血管少的部位。牛、马等大型家畜宜在颈侧中 1/3 处；猪在耳后或股内侧；犬、羊在股内侧；兔在耳后；禽选取颈背部下 1/3 处，或胸部、翼下。剪毛消毒后，一只手提起皮肤呈三角形，另一只手持注射器，沿三角形凹陷基部快速刺入皮下，刺入注射针头的 2/3，抽动活塞，不见回血，即可推注药液。注完药液后迅速拔出针头，局部以碘酊或酒精棉球按压针孔。

2. 皮内注射 选择皮肤致密、被毛少，不易被摩擦、舔、咬处的皮肤部位。牛、马等大型家畜选择颈中上 1/3 处；猪在耳根；羊在颈侧或耳根部；鸡在肉髯部位。剪毛消毒后，左手将皮肤捏起形成皮褶，右手持注射器，针头与皮肤夹角小于 30°，几乎与注射皮面平行刺入 0.5 cm 左右至皮肤的真皮层，注射药液后注射部位会形成小丘疹，且会随皮肤移动。注射完毕后，用酒精棉球轻压针孔，以免药液外溢。皮内注射接种疫苗的使用剂量小，局部副作用小，相同剂量疫苗产生的免疫力比皮下接种高。皮内注射多用于牛结核菌毒的变态反应试验、绵阳痘预防接种。

3. 肌内注射 选择肌肉丰满部位。牛、马、羊、猪多在臀部及颈部，但猪以耳后、颈侧为宜，鸡在胸部肌肉或翅膀基部。针头与皮肤垂直，直接刺入肌肉，注射药物即可，操作简便，应用广泛，副作用较小，药液吸收快，免疫效果较好。肌内注射多用于弱毒疫苗的接种。

4. 静脉注射 将药物直接注入静脉血管内，主要用于注射免疫血清，进行紧急预防和治疗。牛、马、羊、犬和猫等动物在颈静脉沟上 1/3 与中 1/3 交界处进行注射，犬还可在腕关节以上的内侧或腕关节以下掌中部前内侧的静脉，或跗关节外侧、上方的静脉，或股内侧的静脉注射，猪在耳静脉，鸡在翅下静脉。剪毛消毒，针头与皮肤成 45°角刺入血管，见到回血后，将针头顺血管走向推进约 1 cm，将药液徐徐注入，注射完毕后，以酒精棉球按压针孔止血，迅速拔针即可。

（二）点眼、滴鼻免疫

点眼、滴鼻免疫能确保每只家禽得到准确疫苗量，达到快速免疫的效果。禽类眼部具有哈德氏腺，鼻腔黏膜下有丰富的淋巴样组织，对抗原的刺激能产生很强的免疫应答反应。点眼、滴鼻免疫是弱毒活疫苗常用的接种方法，适用于任何日龄，特别是雏鸡的首次免疫，操作时使用厂家配套的稀释液和滴头吸取疫苗滴于眼内或鼻孔内。点眼时，要等待疫苗扩散后才能放开雏鸡。滴鼻时，可用固定雏鸡的手的食指堵着非滴鼻侧的鼻孔，加速疫苗的吸入。

视频：滴鼻免疫

（三）皮肤刺种免疫

皮肤刺种免疫常用于禽痘、禽脑脊髓炎等疫病的弱毒疫苗接种。在鸡翅膀内侧无毛处，避开血管，用刺种针蘸取疫苗刺入皮下。刺种后，要在 7～10 天后检查免疫的效果。一般说来，正确接种后在接种部位会出现红肿、结痂反应，如无局部反应，则应检查鸡群是否处于免疫阶段，疫苗质量有无问题或接种方法是否有差错，必要时，及时进行补充免疫。

（四）口服免疫

口服免疫即将疫苗均匀地混于饲料或饮水中，动物经口服后而获得免疫，可分为拌料、饮水两种方法。口服免疫效率高、省时省力、操作方便，能使全群动物在同一时间内共同被免疫，对群体的应激反应小，但动物群中抗体滴度往往不均匀，免疫持续期短，免疫效果往往受到其他多种因素的影响。口服免疫时，应按畜禽数量和畜禽平均饮水量及摄食量，准确计算疫苗剂量。免疫前应停饮或停喂一段时间，疫苗混入饮水或饲料后，必须使畜禽迅速口服，保证其在最短的时间内摄入足量疫苗。稀释疫苗的水，应用纯净的冷水，在饮水中最好能加入 0.1%的脱脂奶粉。混有疫苗的饮水及饲料的温度，以不超过室温为宜，应注意避免疫苗暴露在阳光下。用于口服的疫苗必须是高效价的活苗，可增加疫苗用量，一般为注射剂量的 2～5 倍。

（五）气雾免疫

将稀释的疫苗通过气雾发生器喷射出去，使疫苗形成直径 5～10 μm 的雾化粒子，均匀地浮游于空气中，动物随着呼吸运动，将疫苗吸入而达到免疫。气雾免疫分为气溶胶免疫和喷雾免疫两种形式，其中气溶胶免疫最为常见。气雾免疫法不但省力，而且对少数疫苗特别有效，适用于大群动物的免疫。进行气雾免疫时，将动物赶入圈舍，关闭门窗，尽量减少空气流动，喷雾完毕后，使动物在圈内

Note

停留 20～30 min 即可放出。

四、免疫接种的反应及疫苗的联合使用

（一）影响动物免疫接种反应的原因

影响免疫接种反应的因素很多，如疫苗本身的质量，免疫器械使用及消毒情况，动物个体差异，动物健康状态等因素。主要表现为疫苗保存不当，接种途径错误，操作不规范，注射疫苗剂量过大，部位不准确，疫苗储藏、运输等不当，疫苗质量不好，接种对象错误，忽视品种和个体差异或过早接种疫苗。

（二）免疫接种反应的三种类型及处理

动物免疫接种后会出现一些不良反应，按照反应的强度和性质可分为三种类型。

1. 一般反应 动物接种疫苗以后，出现一过性的精神不振、食欲稍减、注射部位轻微炎症等局部性或全身性异常表现。此类反应属于疫苗在体内正常的特异性反应，一般不作处理，可自行恢复正常。

2. 异常反应 动物接种疫苗以后，出现呼吸加快、体温升高、母畜流产、产蛋量下降等不同于一般反应和临床表现，需要紧急处理时，要注意分析和及时对症治疗及抢救。

3. 严重反应 动物接种疫苗以后，出现严重变态反应，轻则呼吸困难、发抖、体温升高、黏膜发绀、皮肤出现丘疹等；重则全身淤血、鼻盘青紫、呼吸困难、口吐白沫或血沫、四肢抽搐、肌肉震颤、腹泻，最后循环衰竭导致猝死。主要与疫苗的性质和动物本身体质有关，仅发生于个别动物，需用抗过敏药物和激素疗法及时救治，如有全身感染，可配合抗生素治疗。

（三）疫苗的联合使用

1. 联合疫苗 含有两种或两种以上不同抗原或同种抗原的不同血清型，由生产者采用物理或化学的方法联合配制而成的混合制剂，可用于预防多种疾病或同种疾病的不同血清型，包括多种疫苗和多价疫苗。联合疫苗可达到免疫一次就可预防多种疾病的效果，同时减少了疫苗的接种次数，减少低了疫苗的不良反应。

2. 联合使用 对动物体分部位、分点，同时进行预防不同疾病的疫苗免疫。在实际生产生活中，有时为了节省人力和时间，可在同一个动物体上的不同部位、用不同途径使用两种或两种以上疫苗，如猪瘟与口蹄疫两种疫苗的联合使用、猪繁殖与呼吸综合征与口蹄疫两种疫苗的联合使用、猪瘟、猪繁殖与呼吸综合征及口蹄疫三种疫苗的联合使用等。

五、强制免疫和免疫计划

（一）强制免疫的动物疫病

在《国家动物疫病强制免疫指导意见（2022—2025 年）》中，规定强制免疫的动物疫病主要有高致病性禽流感、口蹄疫、小反刍兽疫、布鲁氏菌病、包虫病等。除此之外，省级农业农村部门可根据辖区内动物疫病流行情况，对猪瘟、新城疫、猪繁殖与呼吸综合征、牛结节性皮肤病、羊痘、狂犬病、炭疽等疫病实施强制免疫。

1. 高致病性禽流感

(1)对全国所有鸡、鸭、鹅、鹌鹑等人工饲养的禽类，根据当地实际情况，在科学评估的基础上选择适宜疫苗，进行 H5 亚型和(或)H7 亚型高致病性禽流感免疫。

(2) 对供研究和疫苗生产用的家禽、进口国(地区)明确要求不得实施高致病性禽流感免疫的出口家禽，以及因其他特殊原因不免疫的，有关养殖场(户)逐级报省级农业农村部门同意后，可不实施免疫。

2. 口蹄疫

(1) 对全国有关畜种，根据当地实际情况，在科学评估的基础上选择适宜疫苗，进行 O 型和(或) A 型口蹄疫免疫。

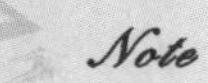

(2) 对全国所有牛、羊、骆驼、鹿进行 O 型和 A 型口蹄疫免疫，对全国所有猪进行 O 型口蹄疫免

疫，各地根据评估结果确定是否对猪实施A型口蹄疫免疫。

3. 小反刍兽疫

(1) 对全国所有羊进行小反刍兽疫免疫。

(2) 开展非免疫无疫区建设的区域，经省级农业农村部门同意后，可不实施免疫。

4. 布鲁氏菌病

(1) 对种畜以外的牛羊进行布鲁氏菌病免疫，种畜禁止免疫。

(2) 各省份根据评估情况，原则上以县为单位确定本省份的免疫区和非免疫区。免疫区内不实施免疫的、非免疫区实施免疫的，养殖场(户)应逐级报省级农业农村部门同意后实施。

(3) 各省份根据评估结果，自行确定是否对奶畜免疫。确需免疫者，养殖场(户)应逐级报省级农业农村部门同意后实施。免疫区域划分和奶畜免疫等标准由省级农业农村部门确定。

5. 包虫病

(1) 内蒙古、四川、西藏、甘肃、青海、宁夏、新疆和新疆生产建设兵团等重点疫区对羊进行免疫。

(2) 四川、西藏、青海等省(自治区、直辖市)可使用5倍剂量的羊棘球蚴病基因工程亚单位疫苗开展牦牛免疫，免疫范围由各省(自治区、直辖市)自行确定。

(二) 免疫计划

1. 调查研究 对本辖区内以往常见动物疫病进行流行病学调查，结合养殖场(户)饲养环境及相邻行政区常见动物疫病的流行特点，对可能会出现的动物疫病进行预判。

2. 制订方案 县级以上人民政府兽医主管部门，结合流调结果制订适用于本地区的免疫计划实施方案，并制定相关的制度和办法。

3. 人员配备 对基层动物防疫人员定期进行防疫培训，保证持证上岗，保障个人安全防护，熟练掌握各种免疫接种技术、免疫程序，具备应激反应处置能力。

4. 免疫监测 通过日常监测和集中监测掌握免疫动物群体的抗体水平，确定免疫时间，适时开展补免措施。

六、免疫程序

免疫程序是指在实际生产中根据本地区的常见疫病流行情况，对畜禽从出生到出栏或屠宰全过程的各个阶段，进行的预防接种计划。由于畜禽种类、年龄，饲养管理水平，以及各种动物疫病的性质、流行病学、母源抗体水平等因素的影响，免疫程序不是固定不变的，应根据应用的实际效果随时进行合理的调整，血清学抗体监测是重要的参考依据。

肉鸡免疫参考程序见表2-1。

表2-1 肉鸡免疫参考程序

日龄	疫苗名称	接种途径	每只接种剂量	备注
1	马立克疫苗	皮下注射	1羽份	出壳 24 h内
4	新城疫-传支(H120)二联苗	滴鼻	1～2滴	—
7	传染性法氏囊病疫苗	滴鼻	1～2滴	—
8	新城疫Ⅳ系苗	口服或滴鼻、点眼	1.5倍量饮水或 滴鼻、点眼1～2滴	—
15	H5型禽流感灭活疫苗	颈部皮下或胸部肌内注射	0.3 mL	—
28	新城疫Ⅳ系苗	口服免疫	加倍量	—
35～40	H5型禽流感灭活疫苗	颈部皮下或胸部肌内注射	0.3 mL	—

蛋鸡免疫参考程序见表2-2。

表 2-2　蛋鸡免疫参考程序

日龄	疫苗名称	接种途径	每只接种剂量	备注
1	马立克疫苗	皮下注射	1 羽份	出壳 24 h 内
4	新城疫-传支(H120)二联苗	滴鼻	1～2 滴	—
7	传染性法氏囊病疫苗	滴鼻	1～2 滴	—
8	新城疫Ⅳ系苗	口服或滴鼻、点眼	1.5 倍量饮水或滴鼻、点眼 1～2 滴	—
15	H5 型禽流感灭活疫苗	颈部皮下或胸部肌内注射	0.3 mL	—
17	中毒株法氏囊病疫苗	口服免疫	加倍量	—
20～25	禽霍乱油乳苗	肌内注射	0.5 mL	—
28	新城疫Ⅳ系苗	口服免疫	加倍量	—
35	H5 型禽流感灭活疫苗	颈部皮下或胸部肌内注射	0.5 mL	—
40～45	新城疫-传支(H52)二联苗	滴鼻	1～2 滴	—
60	鸡传染性喉气管炎活疫苗	滴鼻或点眼	1～2 滴	没有发生的鸡场不用
70～80	新城疫-传支(H52)二联苗	滴鼻	1～2 滴	—
100	H5 型禽流感灭活疫苗	颈部皮下或胸部肌内注射	0.5 mL	—
120	新城疫Ⅰ系苗	皮下或胸部肌内注射	1 mL	点眼为 0.05～0.1 mL，也可刺种或饮水
130	减蛋综合征油乳剂灭活疫苗	肌内注射	0.5mL	—

七、影响免疫效果的因素和免疫效果的评估

（一）影响免疫效果的因素

生产实践中造成免疫失败的原因是多方面的，各种因素可通过不同的机制干扰动物免疫的产生。归纳起来，造成免疫失败的因素主要有以下几个方面。

1. 疫苗因素　包括疫苗生产质量、含有强毒或效价很低、储存条件、使用方法、接种途径、接种时间、多种疫苗联合使用等因素。

2. 畜禽个体因素　包括遗传因素、母源抗体干扰、健康状况、微量元素等因素。

3. 其他因素　包括病原体的血清型和变异性、免疫接种程序、饲养管理、生存环境等因素。

（二）免疫效果的评估

免疫接种的目的是将易感动物群转变为非易感动物群，从而降低疫病带来的损失。因此，评估某一免疫程序对特定动物群是否合理并达到了降低群体发病率的作用，需要定期对接种对象的实际

发病率和实际抗体水平进行分析和评价。免疫效果评估的方法主要包括流行病学方法、血清学方法和人工攻毒试验。

1. 流行病学方法 用流行病学调查的方法获得免疫动物群和非免疫动物群发病率、死亡率等指标，可以比较并评价不同疫苗或免疫程序的保护效果。保护率越高，免疫效果越好。

$$免疫指数=\frac{对照组患病率}{免疫组患病率}$$

$$保护率=\frac{对照组患病率-免疫组患病率}{免疫组患病率}\times 100\%$$

2. 血清学方法 一般是通过测定免疫动物群血清抗体的几何平均滴度，比较接种前后滴度升高的幅度及其持续时间来评价疫苗的免疫效果。血清学方法有琼脂扩散试验、血凝与血凝抑制试验、正相间接血凝试验、酶联免疫吸附试验等。例如，用血凝与血凝抑制试验检测禽流感、新城疫免疫鸡血清中抗体滴度，当禽流感抗体滴度大于 2^4，新城疫抗体滴度大于 2^5 时，判定为免疫合格；当群体免疫合格率大于70%时，判定为全群免疫合格。

视频：病毒的血凝试验

3. 人工攻毒试验 通过对免疫动物的人工攻毒试验，确定疫苗的免疫保护率、开始产生免疫力的时间、免疫持续和保护性抗体临界值等指标。

视频：病毒的血凝抑制试验

知识拓展与链接

《动物免疫标识管理办法》

各省份动物疫病强制免疫计划

课程评价与作业

1. 课程评价

通过对免疫接种方法、疫苗使用注意事项、强制免疫和免疫计划的概念、免疫程序的制订和影响免疫效果的因素等知识的深入讲解，使学生熟练掌握动物免疫方面的相关基本知识，掌握动物免疫技术方法，掌握疫苗储存方法和注意事项，了解影响免疫效果的因素。教师将各种教学方法结合起来，调动学生的学习兴趣，使学生更深入地掌握知识。通过多种形式的互动，使课堂学习气氛轻松愉快，真正达到教学目标。

2. 作业

线上评测

思考与练习

1. 试述免疫接种的概念和意义。
2. 常用的免疫接种分哪几类？
3. 简要分析免疫失败的原因及解决办法。

4. 大型养殖场在日常生产过程中，怎样做到低成本预防常见畜禽疾病？

扫码看课件
2-3

任务三　药物预防

学习目标

▲知识目标

1. 掌握药物预防的概念。
2. 掌握选择预防用药原则。
3. 掌握预防用药的给药方法。

▲技能目标

通过药物预防相关知识的学习，掌握基本药物预防给药方法。

▲思政目标

1. 预防为主，治疗为辅。
2. 主动思考问题，解决问题。

▲知识点

1. 药物预防的概念和原则。
2. 给药方法。

一、药物预防的概念

在正常的饲养管理中，养殖者为了调节动物机体代谢，防止病原体侵入，增强机体抵抗力和预防或减少易感动物常见多种疾病的发生，通常将化学药物、抗生素、微生态制剂等加入饲料或饮水中，这种方法叫作药物预防。应在不影响动物产品的品质，不影响人的健康的前提下使用药物预防。参照中华人民共和国原农业部公布的《饲料药物添加剂使用规范》的要求进行。

二、选择药物预防的原则

（一）对症下药

由于不同种属的动物对药物的敏感性不同，病原体对药物的敏感性和耐药性也不同，所以在使用药物之前或使用药物的过程当中，应进行必要的药物敏感试验，以选择出最敏感的或抗菌谱广的药物，使后期收到良好的预防效果。一般在实际生产过程中，为了防止药物在动物体内残留过多，对人体造成不良影响，在畜禽出栏前一段时间要适时停药。同时，为了避免产生耐药性，也要适时更换预防药物。

（二）药物的正确使用

选对预防药物，再配合正确的给药途径和最低的有效剂量，才能收到应有的预防效果。因此，要按说明书规定的剂量，根据畜禽实际采食和饮水状况，选择合适的给药途径，均匀地拌入饲料或完全溶解于饮水中。如禽类饮食欠佳，可采用喷雾方式进行投药。

（三）注意配伍禁忌

有时为了获得更好的预防效果，常将两种或两种以上药物配合使用。但如果配合不当，就会产生理化性质改变，使药物产生沉淀或分解、失效甚至产生毒性。例如，磺胺类药（钠盐）与抗生素（硫酸盐或盐酸盐）混合产生中和作用，药效会降低。维生素 B1、维生素 C 属酸性，遇碱性药物即分解失效。在进行药物预防时，一定要注意配伍禁忌的问题。

三、预防性药物的给药方法

根据动物种属不同、给药时间不同、药物的性质不同，确定不同的给药方法。正确的给药方法可以提高药物的吸收速度，增加药物利用率，延长药物的有效作用时间。为了节约人力和时间，药物预防一般采用群体给药法，将药物混合在饲料中或溶解到水中，有时也会采用气雾法给药。

（一）拌料给药

拌料给药是将药物均匀地混入饲料中，让健康畜禽自由采食。此法操作简单，省时省力，应激小。主要适用于长期预防性给药、不溶于水的药物及饮水内适口性差的药物。但对于食欲下降的患病畜禽、颗粒料，则不适用此法。

拌料给药应该注意投药剂量要准确，严格按说明书进行配比。药量过小起不到作用，药量过大导致畜禽中毒。与饲料混合要均匀，通常采用分级混合法，即把全部用量的药物加到少量饲料中，充分混合后再加到一定量饲料中，再充分混匀拌入到计算所需的全部饲料中。大批量饲料拌药则需要多次分级扩充，以达到充分混匀的目的。切勿将全部药量一次性加到所需全部饲料中随意简单混合，否则会造成药物在饲料中分布不均匀，导致部分畜禽药物中毒，而大部分畜禽吃不到药物，达不到防治疫病的目的。注意配伍禁忌，如有些药物混入饲料后，可与饲料中的某些成分发生拮抗作用。如饲料中长期混合磺胺类药物，就容易引起鸡维生素 B 或维生素 K 缺乏。应密切注意并及时纠正不良反应。

（二）饮水给药

饮水给药就是把药物溶于饮水中让动物自由饮用，是一般禽用药物最适宜、最方便的给药方法。此法适用于短期投药和紧急治疗投药，特别有利于发病后采食量下降的动物群体。

饮水给药应该注意：饮水给药的药物必须是水溶性的，同时，饮水要清洁，含氯的自来水应先露天放置 1～2 天以去除余氯，有条件的可以使用凉白开，以免药物效果受到影响。药物与水要按比例充分溶解并搅拌均匀，一般以在 1 h 内饮完为好，可提前给动物群体断水 2～4 h，以保证绝大部分动物在一定时间内喝到一定量。

（三）气雾给药

气雾给药是指使用药物气雾器械将药物弥散到空气中，让畜禽通过呼吸道、皮肤及黏膜吸收药物的一种给药方法。家禽的气囊可以增大药物扩散面积，从而增大药物吸收量，所以气雾给药是家禽有效给药途径之一。

气雾给药应注意使用气雾途径给药的药物应无刺激性，易溶解于水。若使药物作用于肺部，应选用吸湿性较差的药物；若使药物作用于上呼吸道，则应选择吸湿性较强的药物。气雾给药的剂量一般以每立方米用多少药物来计，先计算出畜禽舍的体积，然后再计算出药物的用量。雾粒直径大小与用药效果有直接关系，使药物主要作用于上呼吸道，进入肺部的微粒直径以 0.5～5 μm 为宜。

（四）体表用药

体表用药是指用于去除畜禽体表寄生虫、微生物所进行的药物防治方法，主要包括喷洒、喷雾、熏蒸、涂擦和药浴等方法。

（五）注射给药

注射给药通过皮下或肌内注射给药，是给牛、羊、猪等大动物驱除体内寄生虫的重要途径。皮下注射多一般选在皮肤松弛、皮下血管少、皮肤较薄而皮下疏松易移动、活动性较小的部位，大家畜宜在颈侧中 1/3 处，猪在耳根后，犬、羊在股内侧。肌内注射应选择肌肉丰满、远离神经干的部位，大家畜宜在臀部或颈部，猪在耳根后、颈部，羊宜在颈部。

Note

课程评价与作业

1. 课程评价

通过对药物预防的概念、选择药物预防的原则、常用给药方法等知识的深入讲解，使学生掌握药物预防的相关基本知识，了解药物预防的目的，掌握给药方法。教师将各种教学方法结合起来，调动学生的学习兴趣，使学生更深入地掌握知识。通过多种形式的互动，使课堂学习气氛轻松愉快，真正达到教学目标。

2. 作业

线上评测

思考与练习

1. 简述药物预防的概念。
2. 简述择药原则和注意事项。
3. 举例说明预防性药物的给药方法。

扫码看课件
2-4

任务四　动物疫病监测与净化技术

学习目标

▲知识目标

1. 掌握动物疫病监测管理、病原学监测、免疫抗体监测的主要工作内容。
2. 掌握动物疫病净化的概念及主要畜禽养殖场的动物疫病净化措施。

▲技能目标

1. 能够针对性地开展动物疫病监测中的采样、病原体检测、抗体检测等工作。
2. 能够运用统计学方法整理分析动物疫病监测数据，形成有效防疫信息，为动物疫病防控提供依据。

▲思政目标

1. 体会防控人兽共患病、保护动物源性食品安全的重要性。
2. 具备强农兴农的责任意识，以动物科学养殖服务农业生态发展。

▲知识点

1. 动物疫病监测的基本原则、意义、监测对象、监测内容及监测程序。
2. 动物疫病监测中采样技术、细菌学监测技术、病毒学监测技术、寄生虫学监测技术及免疫抗体监测技术。
3. 动物疫病净化的概念及主要畜禽场的动物疫病净化措施。

微课 2-4

一、动物疫病监测管理

动物疫病监测是指连续地、系统地和完整地收集动物疫病的有关资料，经过分析、解释后反馈和利用信息，并制订有效防治对策的过程。动物疫病监测工作是动物疫病综合防控体系中的重要一

环，高效的动物疫病监测，能够为实际生产、免疫程序调整及动物疫病疫情防控提出科学依据。

（一）动物疫病监测的基本原则

根据各地动物疫病的流行特点、防控现状和实际生产等情况，在动物疫病监测过程中要遵循四个结合，即主动监测与被动监测相结合、疫情监测与流行病学调查相结合、调查监测与区域化管理相结合及病原体监测与抗体监测相结合。确保动物疫病监测过程中数据采集、分析和报告的规范性、系统性和科学性，并加强对动物疫病监测和流行病学调查数据的利用。

（二）动物疫病监测的意义

建立健全国家动物疫病监测体系是动物疫病防控工作中的一项重要内容，可为国家建立动物疫病综合防控体系提供科学依据。动物疫病监测不仅是掌握动物疫病分布特征、发展趋势及评价动物疫病防控效果的重要方法，同时也是国家调整动物疫病防控策略和计划、制订动物疫病消灭方案的基础。通过制订科学、全面的动物疫病监测计划，可以正确评估动物环境卫生状况、动物免疫效果及环境消毒效果，为及时调整免疫程序或药物应用提供科学依据。

（三）动物疫病监测体系

动物疫病监测体系由中央、省、县三级相关机构及技术支撑单位组成，即国家动物疫病预防控制中心、省级动物疫病预防控制中心、县级动物卫生防疫站和边境动物疫情监测站；技术支撑单位包括国家动物卫生与流行病学中心、农业部兽医诊断中心及相关国家动物疫病诊断实验室。标准的动物疫病监测系统通常由动物疫病监测中心、诊断实验室和分布各地的监测点等组成。

（四）动物疫病监测对象和内容

我国现将各种法定报告的动物传染病和外来动物疫病作为重点监测对象，主要包括非洲猪瘟、口蹄疫、高致病性禽流感、布鲁氏菌病、马鼻疽和马传染性贫血等优先防治病种及非洲马瘟等重点外来动物疫病。

动物疫病监测主要内容如下：①动物的群体特性及动物疫病发生和流行的社会影响因素；②动物疫病的发病、死亡及其分布特征；③动物群体的免疫水平；④病原体的型别、毒力和耐药性等；⑤野生动物、传播媒介及其种类、分布；⑥动物群体的病原体携带状况；⑦动物疫病的防治措施及其效果等；⑧动物疫病的流行规律。对某种具体动物疫病进行监测时，应综合考虑其特点和预防措施的实施所需要的人力、物力、财力等方面的实际条件，适当选择上述内容进行监测。

畜禽养殖场应依照《中华人民共和国动物防疫法》及其配套法规，以及当地兽医行政管理部门有关要求，并结合当地动物疫病流行的实际情况，制订动物疫病监测方案并实施，监测结果及时报告当地兽医行政管理部门。同时，畜禽饲养场应接受并配合当地动物防疫监督机构进行定期或不定期的疫病监督抽查、普查及监测等工作。

（五）动物疫病监测程序

动物疫病监测程序主要包括资料的收集、整理和分析，疫情信息的表达、解释和发送等。

1. 资料的收集、整理和分析 动物疫病监测资料收集时应注意完整性、连续性和系统性，资料来源的渠道应广泛。收集的资料通常包括动物疫病流行或暴发后的发病及死亡情况；血清学、病原学分析情况或病原体分离鉴定情况；现场调查或其他流行病学方法调查的资料；药物和疫苗使用资料；动物群体及其环境卫生方面的资料等。在对动物疫病监测资料收集后应及时进行整理和分析，将原始数据加工成有参考价值的信息，主要包括将收集的原始资料认真核对、整理，同时了解其来源和收集方法，选择符合质量要求的资料录入动物疫病信息管理系统供分析使用；利用统计学方法将各种数据转换为有关的指标并解释不同指标说明的问题。

2. 疫情信息的表达、解释和发送 将疫情信息转化为不同指标后，要经统计学方法检验，并考虑各种影响监测结果的因素，最后对所获得的信息作出准确合理的解释。运转正常的动物疫病监测系统，能够将整理和分析的动物疫病监测资料以及对监测问题的解释和评价迅速发送给有关的机构

或个人。这些机构或个人主要包括提供基本资料的机构或个人、需要知道有关信息或参与动物疫病防治行动的机构或个人及一定范围内的公众。监测信息的发送应采取定期发送和紧急情况下及时发送相结合的方式进行。

（六）动物疫病监测的计划与具体实施

1. 制定动物疫病监测的计划

《中华人民共和国动物防疫法》第十五条规定，国务院农业农村主管部门根据国内外动物疫情以及保护养殖业生产和人体健康的需要，及时会同国务院卫生健康等有关部门对动物疫病进行风险评估，并制定、公布动物疫病预防、控制、净化、消灭措施和技术规范。省、自治区、直辖市人民政府农业农村主管部门会同本级人民政府卫生健康等有关部门开展本行政区域的动物疫病风险评估，并落实动物疫病预防、控制、净化、消灭措施。

2. 动物疫病监测的具体实施

国家农业农村部发布的《国家动物疫病监测与流行病学调查计划（2021—2025年）》要求中国动物疫病预防控制中心、中国兽医药品监察所、中国动物卫生与流行病学中心、国家兽医实验室要按照职责分工，密切配合，共同做好动物疫病监测与流行病学调查工作。

具体职责分工如下：中国动物疫病预防控制中心组织实施全国动物疫病监测，承担动物疫病监测的技术指导与培训工作；中国兽医药品监察所组织实施口蹄疫、高致病性禽流感、布鲁氏菌病等优先防治病种疫苗质量监管和评价工作，并组织开展相关诊断制品标准化和质量监管工作；中国动物卫生与流行病学中心制定流行病学调查实施方案，组织协调各分中心、各有关单位开展专项和紧急流行病学调查，以及外来动物疫病监测与流行病学调查工作；各国家兽医实验室做好动物疫病监测诊断与相关流行病学研究工作，配合各省份和计划单列市做好动物疫病监测和流行病学调查工作，及时向农业农村部畜牧兽医局提出相关防控政策建议。

此外，各省份和计划单列市农业农村部门要结合本辖区动物养殖情况、流通模式、动物疫病流行特点和自然环境等因素，制定本辖区动物疫病监测和流行病学调查方案，省级和计划单列市动物疫病预防控制机构负责组织实施。

（七）动物疫病的预测预报

动物疫病预测是根据动物疫病发生发展的规律及其影响因素，用分析判断和数学模型等方法对动物疫病流行的可能性和强度作出预测。结合动物疫病或传染源的分布和消长情况、动物群易感性的变化、传播媒介的消长规律、病原体的分析结果、某些影响动物疫病流行的因素以及以往动物疫病传播的资料对在重点区域、重点场所、重点环节的动物疫病传播作出科学的预测，并根据疫情分析结果，完善相应防控对策和措施，及时向社会发布疫情预警信息。

二、动物疫病病原学监测技术

（一）动物疫病监测的采样技术

在动物疫病监测中，采样方法、采样部位、采样数量和样品质量直接决定监测结果的准确性和监测结论的科学性。因此，对采样人员的采样方法、技术都有特定的要求。

1. 采样的一般原则

(1) 凡是血液凝固不良、天然孔流血的病死动物，应耳尖采血涂片，排除炭疽后方可继续检查，因炭疽病死的动物严禁剖检并应及时上报处理。

(2) 采样时应从胸腔到腹腔，先采实质性脏器，尽量做到无菌，避免外源性污染；最后采腔肠器官等内容物。

(3) 采取的病料必须有代表性，采取的脏器组织应为病变明显部位。取材时应根据不同疫病或检验目的，采其相应血样、活体组织、脏器、肠内容物、分泌物、排泄物或其他材料。肉眼难以判定病因时，应全面系统采集病料。

(4) 最好在使用治疗药物前采取病料，用药会影响病料中病原微生物的检出。死亡动物的内脏

病料采取，最迟不超过死后 6 h(尤其在夏季)，否则会因尸体腐败而难以采到合格的病料。

(5) 血液样品在采集前一般禁食 8 h。采集血样时，应根据采样对象、检验目的及所需血量确定采血方法与采血部位。

(6) 采样时应考虑动物和环境的影响，防止环境污染和疫病传播，做好环境消毒和废弃物的处理，同时做好个人防护，预防人兽共患病感染。

2. 采样前准备

(1) 剖检场地：剖检场地应选择便于消毒和防止病原体扩散的地方，最好在专设的解剖室内剖检。条件不足时，应选择距离畜禽舍、道路和水源较远，地势较高的地方剖检。在剖检前先挖 2 m 左右的深坑(或利用废土坑)，坑内撒上石灰，坑旁铺上垫草或塑料布，便于剖检。剖检结束后，把尸体及其污染物掩埋在坑内，并做好消毒工作，防止病原体扩散。

(2) 血清、全血采集器材：5 mL、10 mL 一次性注射器或无菌封闭性好的试管(最好使用负压采血管或带螺口盖的塑料管)、15 mL 离心管、1.5 mL EP 管、抗凝剂(0.1%肝素、阿氏液、枸橼酸钠)、采样箱、保温箱、冰袋等。

(3) 组织样品采集器材：

①灭菌的解剖器械：剪刀、镊子、手术刀、斧头等。

②样品容器：灭菌试管、平皿或自封袋、载玻片、15 mL 离心管、1.5 mL EP 管、保温箱、冰袋等。

③保存液：营养肉汤、30%甘油盐水缓冲液、加入抗生素的 PBS(病毒保存液)、50%甘油磷酸盐缓冲液。

④采样记录用品：不干胶标签、记号笔、签字笔、采样单和采样登记表等。

⑤消毒用品：酒精灯、75%酒精棉球、碘酒棉球、消毒剂等。

⑥人员防护用具：防护服、乳胶手套、防护口罩、一次性手套、胶靴、防护镜等。

3. 采样的种类和时间

采样前，必须考虑采样目的，应根据检验项目和要求的不同，选择适当的样本和采样时机。

(1)进行疫病诊断时：采集病死动物的有病变的脏器组织、血清和抗凝血。采集样品的大小及数量要满足诊断的需要，以及必要的复检和留样备份。

①一般情况下，对于采集的常规病料，有临诊症状需要做病原体分离的，样品必须在病初的发热期或症状典型时采样，病死的动物，应立即采样。

②采集血液样品：如果是用于病毒检验，在动物发病初体温升高期间采集；对于没有症状的带毒动物，一般在进入隔离场后一周以前采样；用于免疫动物血清学诊断时，需采集双份血清监测比较抗体效价变化的，第一份血清采于发病初期并作冻结保存，第二份血清采于第一份血清后 3～4 周，双份血清同时送实验室。

③用于寄生虫检验的样品：不同的血液寄生虫在血液中出现的时机及部位各不相同，因此，需要根据各种血液寄生虫的特点，在相应时机取相应部位的血制成血涂片和抗凝血，送实验室检测。

(2)进行免疫效果监测时：动物免疫 2～3 周后，随机采集同群动物血清样品 30 份。

(3)进行疫情监测或流行病学调查时：根据区域内养殖场户数量和分布，按一定比例随机抽取养殖场户名单，然后每个养殖场户按估算的感染率，计算采样数量，随机采集。

4. 活畜样品的采集

(1) 血清样品的采集：对采血部位的皮肤先剃(拔)毛，先用碘酊消毒，再使用 75%的酒精脱碘，待干燥后采血。采血方法推行生猪站立式耳缘静脉或前腔静脉采血(站立保定、仰卧保定)；牛羊站立式颈静脉、牛尾静脉或乳房静脉采血；禽类翅静脉采血。采血过程严格无菌操作。

(2) 全血样品的采集：全血采集后应直接注入盛有抗凝剂的试管中，立即摇动，充分混合。

(3) 猪咽拭子的采集：采集咽拭子时，应将其仰卧保定，固定头部并将脖子伸长，用适当的器械(例如止血钳等)夹住拭子，用拭子刮取咽部和口腔后部黏液样品后，立即将拭子浸入含有适量细胞培养液或磷酸缓冲液的试管中，密封低温保存。

(4) 牛、羊O-P液(咽食道分泌物)的采集:被检动物在采集前禁食(可饮少量水)12 h,以免胃内容物反流污染O-P液。采样探杯在使用前应在装有0.2%柠檬酸或1%~2%氢氧化钠溶液的塑料桶中浸泡5 min,再用与动物体温一致的清水冲洗后使用,每采完一头动物,探杯要重复进行消毒并充分清洗。采样时动物应站立保定,将探杯随吞咽动作送入食管上部10~15 cm处,轻轻来回抽动2~3次,然后将探杯拉出。取出8~10 mL O-P液,倒入含有等量细胞培养液或磷酸缓冲液的灭菌广口瓶中,充分摇匀后加盖封口,放冷藏箱,及时送检,未能及时送检时应置于-30 ℃冷冻保存。

(5) 活禽样品的采集:①咽喉拭子的采集,将无菌棉签插入喉头口及上颚裂处来回刮3~5次取咽喉分泌液;②泄殖腔拭子的采集,将棉签插入泄殖腔转2~3圈并蘸取少量粪便。咽喉拭子、泄殖腔拭子采集完后分别放入装有0.8~1.0 mL加有抗生素PBS的EP管中,剪去露出部分,盖紧瓶盖,做好标记。

5. 病死(屠宰)畜禽样品的采集

(1) 解剖前检查:急性死亡的牛、羊、猪、马等动物,解剖之前应作临床检查,疑似炭疽病的应采血、镜检,排除炭疽病后方可剖检。动物死亡后应在6 h进行剖检,解剖人员要做好自我防护工作。

(2) 心、肝、脾、肾、肺、淋巴结等实质性器官的采集:

①先采集小的实质性脏器如脾、肾、淋巴结,小的实质性器官可以完整地采集,置于自封袋中。大的实质性器官如心、肝、肺等,在有病变的部位各采取1 cm×1 cm×2 cm左右大小的小方块,分别置于灭菌的试管或平皿中,要采集病变和健康组织交界处。

②用于细菌分离样品的采集:可用烧红的刀片烫烙脏器表面,在烧烙部位刺一孔,用灭菌后的铂金耳伸入孔内,取少量组织或液体,作涂片镜检或划线接种于适合的固体培养基上。

③用于病毒分离样品的采集:必须无菌采集,可用一套已消毒的器械切取所需脏器组织块,样品采集过程中注意防止组织间相互污染。

(3) 脑、脊髓样品的采集:取1 cm×1 cm×2 cm左右大小的脑、脊髓组织块浸入30%甘油盐水缓冲液中或将整个头部(猪、牛、马除外)割下,用消毒纱布包裹,置于不漏水的容器中。

(4) 肠、肠内容物及粪便样品的采集:

①肠样品的采集:应选择病变最严重的部分,将其中的内容物弃去,用灭菌的生理盐水轻轻冲洗后,置于试管中。

②肠内容物样品的采集:烧烙肠壁表面,用吸管扎穿肠壁,从肠腔内吸取肠内容物,放入30%甘油盐水缓冲液中或者直接将带有粪便的肠管两端结扎,从两端剪断。

③粪便样品的采集:用棉签拭子插到直肠黏膜表面采集粪便,然后将棉签拭子放入盛有30%甘油盐水缓冲液的EP管中。

(5) 死(屠宰)禽样品的采集:除上述采集方法外,还可将整个死禽装入不透水塑料薄膜袋或自封袋中或其他容器内。

6. 组织样品采集完后的无害化处理 活畜禽、病死畜禽组织样品采集完后,应做好样品外包装和环境消毒以及病死畜禽及其产品的无害化处理。

7. 监测样品的保存运送

(1) 血清:血液在室温下倾斜放置2~4 h后(防止暴晒),待血液凝固自然析出血清,或用无菌针剥离血凝块,然后放入4 ℃冰箱放置4~8 h后,待大量血清析出时,吸出血清。必要时经离心机3000 r/min、30 min离心,吸出血清。分离的血清,一般不加防腐剂。血清若在1~2周内即可检验,可放在4 ℃冰箱内保存;如果保存时间较长,应放在-80~-20 ℃冰箱内保存。运送血清时可将血清放在盛有冰块的保温箱中运送。

(2) 全血:采集好的全血转入盛血试管,斜面存放,室温凝固后直接放在盛有冰块的保温箱,送实验室。从全血采出到血清分出的时间不超过10 h。全血样品只能4 ℃低温保存运送,保存时间不超过1周。

Note

(3) 其他病原体分离样品:将所采集的病原体分离样品置于4 ℃左右保温容器中在24 h内送到

实验室。若 24 h 内不能送到，可将采集的样品放入样品保存剂中置于 −80～ −20 ℃冰箱内冻存（做细菌分离的样品不宜冻存），样品不宜反复冻融。

（二）细菌学监测技术

1. 细菌形态学检测方法 细菌体形体积微小，大多为无色半透明状，将其染色后可借助光学显微镜观察其大小、形态、排列方式等特点。直接涂片染色镜检简便快速，对具有特殊形态的细菌检测较为适用，例如链球菌、结核分枝杆菌等。直接涂片镜检的检测方式速度较快，能够对于形态特殊的细菌进行直观的检查，不需要特殊的仪器和设备，在基层实验室里仍然是十分重要的细菌检测手段。

2. 培养性状检查 各种细菌在培养基上培养时，表现出一定的生长特征，可作为鉴别细菌种属的重要依据。

（1）固体培养基上菌落性状的检查：细菌在固体培养基上培养，长出肉眼可见的细菌菌落。其菌落大小、形状、边缘特征、色泽、表面性状和透明度等菌落特征因不同菌种而异，可作为鉴别细菌种类的重要依据。

（2）液体培养基性状观察：细菌在液体培养基中生长可使液体出现混浊、沉淀、液面形成菌膜以及变色、产气等现象。在普通肉汤中，大肠杆菌生长旺盛使培养基均匀混浊，培养基表面形成菌膜，管底有黏液性沉淀，并常有特殊粪臭气味；而巴氏杆菌则使肉汤轻度混浊，管底有黏稠沉淀，形成菌环；铜绿假单胞菌生长旺盛，肉汤呈草绿色混浊，液面形成很厚的菌膜。

3. 生化试验 生化试验是利用生物化学的方法，检测细菌在人工培养繁殖过程中是否产生某种新陈代谢产物，是一种定性检测。不同的细菌，新陈代谢产物各异，表现出不同的生化性状，这些性状对细菌种属鉴别有重要价值。生化试验的项目很多，可据监测目的适当选择。常用的生化反应有糖发酵试验、靛基质试验、V-P 试验、甲基红试验、硫化氢试验等。

此外，基于生化试验的方法有快速酶触反应及细菌代谢产物的检测。快速酶触反应是根据细菌在其生长繁殖过程中可合成和释放某些特异性的酶，按酶的特性，选用相应的底物和指示剂，将其配制在相关的培养基中。根据细菌反应后出现的明显的颜色变化，确定待分离的可疑菌株，反应的测定结果有助于细菌的快速诊断。

（三）病毒学监测技术

常用的监测方法有病毒形态学检测、病毒的分离培养、病毒的血清学检测、分子生物学检测等。

1. 病毒形态学检测

（1）电子显微镜：可观察各种病毒的形态特点，优点在于可以直观观察到病毒粒子形态特点，缺点在于设备贵、操作复杂、应用受限。

（2）光学显微镜：可观察体积较大的病毒（如痘病毒）和包涵体，对一般病毒检测意义不大。

2. 病毒的分离培养 将采集的病料接种动物、禽胚或组织细胞，可进行病毒的分离培养。供接种或培养的病料应作除菌处理。常见除菌方法有滤器除菌、高速离心除菌和利用抗生素除菌 3 种方法。根据病毒的特点，合理选用动物接种、禽胚接种、细胞培养等方法来进行培养。病毒的禽胚培养法主要有 4 种接种途径，即尿囊腔、绒毛尿囊膜、羊膜腔和卵黄囊，不同的病毒应选择各自适宜的接种途径，并根据接种途径确定禽胚的孵育日龄。病毒细胞培养的类型有原代细胞培养、二倍体细胞培养和传代细胞培养；细胞培养的方法有静置培养、旋转培养、悬浮培养和微载体培养等。

3. 病毒的血清学检测 病毒血清学检查的常用方法有病毒中和试验、血凝试验及血凝抑制试验、免疫扩散试验等。病毒中和试验具有高度的特异性和敏感性，常用于口蹄疫、猪水疱病、蓝舌病、鸡传染性喉气管炎、鸭瘟、鸭病毒性肝炎等动物疫病的检测。血凝试验和血凝抑制试验在临床上常用于新城疫和禽流感等动物疫病的监测。免疫扩散试验操作简便，特异性与敏感性均较高，常用于马立克氏病、传染性法氏囊病等的诊断。

4. 分子生物学检测

(1) 核酸杂交技术:用于病毒检测的常见核酸杂交技术主要有核酸原位杂交和膜上印迹杂交等。核酸原位杂交是一种应用标记探针与组织细胞中的待测核酸杂交,再应用标记物相关的检测系统,在核酸原有的位置将其显示出来的一种检测技术。膜上印迹杂交是指将病毒核酸分离出后,将其进行纯化后与固相支持物相结合,然后与核酸探针进行杂交。核酸杂交技术具有操作方便、快速的优点,而且适用于敏感、特异的病原微生物。

视频:聚合酶链反应PCR

(2) 核酸扩增法:常用的核酸扩增法有聚合酶链式反应(polymerase chain reaction,PCR)、逆转录聚合酶链式反应(reverse transcription PCR,RT-PCR)、实时荧光定量PCR、实时荧光定量RT-PCR以及核酸等温PCR等。其大致原理是在体外用已知寡核苷酸引物引导未知片段中微量待测基因片段并进行扩增的技术。核酸扩增法由于特异性强、灵敏度高等特点,适用于病毒感染早期的诊断,但是如果引物特异性不强,可能会造成假阳性的出现。

(3) 基因芯片技术:通过微阵列技术将高密度DNA片段以一定的顺序或排列方式使其附着在如膜、玻璃片等固相表面,以同位素或荧光标记的DNA探针,借助碱基互补原理,进行大量基因表达的技术。将基因芯片技术应用到病毒感染的诊断中,可明显缩短诊断时间。

(四) 寄生虫学监测技术

1. 虫卵检查

(1) 直接涂片镜检:用以检查蠕虫卵、原虫的包囊和滋养体。滴1滴生理盐水于洁净的载玻片,用棉签棍或牙签挑取绿豆大小的粪便块,在生理盐水中涂抹均匀;涂片的厚度以透过涂片约可辨认书上的字迹为宜。一般在低倍镜下检查,如用高倍镜观察,需加盖片。但在粪便中虫卵较少时,此法检出率不高。

(2) 集卵法检查:利用不同比重的液体对粪便进行处理,使粪便中的虫卵下沉或上浮而被集中起来,再进行镜检,从而提高检出率。其方法有水洗沉淀法和饱和盐水漂浮法。

视频:水洗沉淀法检查寄生虫虫卵

①水洗沉淀法:取5~10 g被检粪便放入烧杯或其他容器捣碎,加清水150 mL搅拌,过滤,滤液静置沉淀30 min,弃去上清液,保留沉渣。再加水,再沉淀,如此反复直到上清液透明,弃去上清液,取沉渣涂片镜检。注意,此法适合比重较大的吸虫卵和棘头虫卵的检查。

②饱和盐水漂浮法:取5~10 g被检粪便捣碎,加饱和食盐100 mL充分混合过滤,滤液静置45 min后,取滤液表面的液膜镜检。注意,此法适用于线虫卵和绦虫卵的检查。

2. 虫体检查

视频:饱和盐水漂浮法检查寄生虫虫卵

(1) 蠕虫虫体检查法:绝大多数蠕虫的成虫较大,用肉眼观察其形态特征即可诊断。幼虫检查法主要用于非消化道寄生虫和通过虫卵不易鉴定的寄生虫检查。肺线虫的幼虫用贝尔曼氏幼虫分离法(漏斗幼虫分离法)和平皿法。丝状线虫的幼虫常采取血液制成压滴标本或涂片标本,在显微镜下检查;血吸虫的幼虫需用毛蚴孵化法来检查;旋毛虫、住肉孢子虫则需进行肌肉压片镜检。

(2) 原虫虫体检查法:原虫大多为单细胞寄生虫,肉眼不可见,须借助于显微镜检查。

①血液原虫检查法:血液涂片检查法(梨形虫的检查)、血液压滴标本检查法(伊氏锥虫的检查)、淋巴结穿刺涂片检查法(牛环形泰勒虫的检查)。

②泌尿生殖器官原虫检查法:将采集的病料放于载玻片,并防止材料干燥,高倍镜、暗视野下镜检,能发现活动的虫体。也可将病料涂片后用甲醇固定,吉姆萨染色后镜检。

③球虫卵囊检查法:同蠕虫虫卵检查的方法,可直接涂片,亦可用饱和盐水漂浮。若尸体剖检,家兔可取肝脏坏死病灶涂片,鸡可用盲肠黏膜涂片,染色后镜检。

④弓形虫虫体检查法:活体采样,可取腹水、血液或淋巴结穿刺液涂片,吉姆萨染色后镜检,观察细胞内外有无滋养体、包囊。尸体剖检,可取脑、肺、淋巴结等组织作触片,染色镜检,检查其中的包囊、滋养体。亦常取死亡动物的肺、肝、淋巴结或急性病例的腹水、血液作为病料,于小白鼠腹腔接种,观察其临床表现并分离虫体。

3. 免疫学检查方法 免疫荧光法(immunofluorescence method)是借抗原抗体反应进行特异荧

光染色的诊断技术，最常用的荧光素为异硫氰酸荧光素(fluorescein isothiocyanate，FITC)。常用于寄生虫感染的荧光抗体染色有直接法与间接法。直接法：用于检测抗原，其缺点是每查一种抗原必须制备与其相应的荧光标记的抗体。间接法：也称间接荧光抗体法(indirect fluorescent antibody method，IFA)，将抗原与未标记的特异性抗体结合，然后使之与荧光标记的抗免疫球蛋白抗体(抗抗体)结合，三者的复合物可发出荧光。本法的优点是制备一种荧光标记的抗体，可以用于多种抗原、抗体系统的检查，既可用来测定抗原，也可用来测定抗体。IFA 的抗原可用虫体或含虫体的组织切片或涂片，经充分干燥后低温长期保存备用。

视频：直接免疫荧光法检测狂犬病病毒

酶联免疫吸附试验(ELISA)，已广泛用于多种寄生虫感染的宿主体液(血清、脑脊液等)以及排泄分泌物(尿、乳、粪便等)内特异抗体或抗原微粒的检测。根据检测要求，试验可分多种类型，常用的为检测抗体的间接法、检测 IgM 的双夹心法、检测抗原的双抗体夹心法、以固相抗体检测抗原的竞争法以及竞争抑制法等。

视频：间接免疫荧光法检测猪瘟病毒

三、动物疫病免疫学监测技术

免疫学检测技术已在医学和生物学研究领域被广泛应用。在临床医学中，免疫学检测可用于探讨免疫相关疾病的发病机制及其诊断、病情监测与疗效评价等，也可用于评价实验动物的免疫功能状态。免疫学检测技术包括血清学试验、变态反应和免疫抗体监测三大类。

（一）血清学试验

血清学试验是抗原抗体在体外出现可见反应的总称，故又称抗原抗体反应。它可以用已知抗体检测未知抗原，也可用已知抗原检测血清中的相应抗体及其效价。血清学试验有中和试验、凝集试验、沉淀试验、补体结合试验、免疫荧光试验等。

（二）变态反应

动物患某些疫病(主要是慢性传染病)后，可对该病病原体或其产物(某种抗原物质)的再次进入产生强烈反应。能引起变态反应的物质(病原微生物、病原微生物产物或抽提物)称为变态原，如结核菌素、鼻疽菌素等，采用一定的方法将其注入患病动物时，可引起局部或全身反应。

（三）免疫抗体监测

1. 免疫抗体监测的概念 免疫抗体监测就是通过监测动物血清抗体水平，了解疫苗的免疫效果，掌握动物群体在免疫后其体内相应抗体的消长规律，发布免疫预警信息，科学指导养殖场(户)制订动物疫病免疫程序，正确把握动物疫病免疫时间，合理有效地开展动物疫病免疫工作。

因此，免疫抗体监测具有评价疫苗质量、评估免疫质量、预警重大疫病和认证重大动物疫病防控成效的作用。免疫抗体监测的病种既包括国家规定强制免疫的病种如高致病性禽流感、新城疫、口蹄疫、猪瘟等疫病，还包括各地特殊要求进行抗体监测的病种。

2. 免疫抗体监测的类型 免疫抗体监测分为集中监测和日常监测。集中监测指春防和秋防结束后，对免疫 21 天以后的家畜和家禽进行高致病性禽流感、新城疫、口蹄疫、猪瘟等国家强制性免疫的疾病的免疫抗体监测。日常监测指除集中监测外，每个月进行的强制性免疫的动物疫病和非强制性免疫的动物疫病的监测。

3. 常见动物疫病免疫抗体检测方法 常见动物疫病免疫抗体检测标准及方法，详见表 2-3。

表 2-3 常见动物疫病免疫抗体检测标准及方法

动物疫病种类	执行标准	检测方法
高致病性禽流感	GB/T 18936—2020	血凝-血凝抑制试验(HA-HI)
新城疫	GB/T 16550—2020	血凝-血凝抑制试验(HA-HI)
口蹄疫	GB/T 18935—2018	液相阻断酶联免疫吸附试验

视频：液相阻断酶联免疫吸附试验

续表

动物疫病种类	执行标准	检测方法
猪瘟	GB/T 16551—2020	中和试验、阻断 ELISA 抗体检测方法、间接 ELISA 检测方法、化学发光抗体检测方法
非洲猪瘟	GB/T 18648—2020	间接 ELISA 抗体检测方法、阻断 ELISA 抗体检测方法、夹心 ELISA 抗体检测方法
小反刍兽疫	GB/T 27982—2011	间接酶联免疫吸附试验
布鲁氏菌病	GB/T 18646—2018	竞争酶联免疫吸附试验、间接酶联免疫吸附试验

视频：间接酶联免疫吸附试验

四、动物疫病净化技术

（一）动物疫病净化

动物疫病净化是指在特定区域或场所对某种或某些重点动物疫病实施有计划的消灭过程，使该范围内个体不发病和无感染，其目的是消灭和清除传染源。净化是一个过程，也是一个结果，是从动物疫病控制到消除再到根除。

动物疫病净化的标准一般有 3 种：一是非免疫动物群某病血清学和病原学监测阴性，免疫动物群某病病原学监测阴性；二是某病血清学阳性率控制在一定范围内；三是某病发病率控制在一定范围内。某病净化的具体标准按照国家或各省要求执行。

实施动物疫病病原学及血清学的检测，及时隔病、淘汰患病动物和血清学阳性动物是疫病净化的根本措施。加强饲养管理，严格执行消毒、免疫、检疫、病害动物及其产品的无害化处理等制度是净化养殖场动物疫病的重要基础。

国家规定的动物疫病的净化制度包括：①制订动物疫病净化实施方案；②加强动物防疫条件监管；③强化检疫监督执法；④依法开展自主检测；⑤做好阳性家畜淘汰/扑杀工作；⑥完善疫病净化档案。

（二）动物疫病净化措施

随着我国畜牧业生产规模不断扩大，养殖密度不断增加，畜禽感染病原体机会增多，病原体变异概率加大，禽流感、口蹄疫等多种烈性传染病仍然严重威胁着畜牧业安全和公共卫生安全。以动物疫病净化工作为抓手，提高动物疫病防控的基础能力，从根本上做好我国的动物疫病防控工作，成为新阶段我国动物疫病防控的重大任务。根据我国国情，从养殖场入手，逐场推进，建立动物疫病净化大联盟，形成动物疫病净化的长效机制是做好动物疫病净化工作的有效途径。

动物疫病净化工作是一项系统工程，把养殖场作为动物疫病净化的基本单位，开展动物疫病净化工作是最佳切入点。养殖场作为动物疫病净化的主体在整个动物疫病净化过程中处于特殊地位，扮演着关键角色。首先，净化了养殖场也就净化了许多动物疫病传播的源头。其次，在养殖场开展净化工作从根本上提高了我国养殖场生物安全管理水平。最后，养殖场既是动物疫病净化技术应用的核心区，也是动物疫病净化技术推广的辐射带动区。

动物疫病净化技术具有综合性和层次性的特点。①综合性：动物疫病净化技术的应用是基础，管理措施是保障。必须将二者综合集成一个有机整体。既要加强免疫预防、监测、诊断、应急扑杀等应用技术，逐级建立净化核心群、繁殖群、生产群，也要加强执行及时淘汰、消毒灭源、无害化处理、检疫隔离、可追溯管理、生物安全管理等制度措施，逐步扩大净化范围，巩固净化成果，实现区域性或全国性动物疫病的净化。②层次性：在国家层面组织专家分动物、分病种集成制定一批单病种净化技术基本操作规程；在地方层面，各级疫控部门要结合各养殖场实际情况制订具体个性化净化技术操作方案，做到每场一册。

1. 种猪场动物疫病净化技术

(1) 动物疫病净化前的准备:

①淘汰隔离场的准备:为减少淘汰损失和防止交叉感染,必须有一个单独的距离养猪场 500 m 以上的隔离场,以隔离阳性猪。

②人员及技术准备:种猪场种猪基数大,采样及检测工作量大,需要有经验丰富的采样人员和检测人员。

③动物疫病抗原检测:通过采样检测种猪动物疫病抗原阳性率,预测需要隔离或淘汰的数量,计划场地及设施,评估经济效益,制订净化方案。

④了解种猪免疫状况:如净化猪伪狂犬病,种猪如果没有使用疫苗或使用了 gE 基因缺失的疫苗,则可着手净化;如果使用全基因疫苗(如常规灭活苗),则必须换成 gE 基因缺失的疫苗。半年后方可着手净化。

(2) 种猪疫病净化的主要措施:

①开展血清学检测:种猪场要在 2～3 天内完成猪的采血和血清分离工作,所有的血清置于 −20 ℃冰冻保存(3 天内能测完的可放于 2～8 ℃冷藏保存),采血过程及样品要防止污染并正规标记。对检测阳性猪进行扑杀或淘汰处理。

②加强仔猪选育:实行早期断奶技术,保育期间对留种用的仔猪做一次野毒感染检测,野毒感染抗体阴性的仔猪作种用,对阳性仔猪则淘汰。

③加强种公猪和后备种母猪监测:为建立阴性、健康的种猪群,后备猪群混群前应严格检测,检疫合格的后备猪才可进入猪场。每年定期检测,对阳性猪扑杀或淘汰。

④对引种严格把关:引进的种猪必须来自非疫区猪场,要有种畜禽生产合格证和检疫合格证明,引进后隔离饲养 30～60 天,经检疫合格后方可混群饲养。

⑤做好疫苗免疫效果评价:种猪群分胎次、仔猪分周龄按一定比例抽样检测疫苗抗体,评价疫苗的免疫效果,若免疫抗体合格率达不到要求,应分析是疫苗原因还是猪自身原因,若是疫苗质量原因,可更换疫苗,加强免疫一次,若是猪自身原因,可加强免疫一次,仍不合格,淘汰免疫抗体阴性猪。

⑥重视环境卫生消毒:建立种猪场、生猪人工授精站和周边环境的消毒制度,减少环境中的致病微生物数量。及时清理和处理种猪场、生猪人工授精站的粪尿,对猪场的死胎、流产物、弱仔猪高温处理,及时清除猪场存在的传染源。

⑦制订寄生虫控制计划,选择高效、安全、广谱的抗寄生虫药:首次执行寄生虫控制程序的猪场,应首先对全场猪进行彻底的驱虫。对怀孕母猪于产前 1～4 周内用一次抗寄生虫药。对公猪每年至少用药 2 次。对体外寄生虫感染严重的猪场,每年应用药 4～6 次。所有仔猪在转群时用药 1 次。后备母猪在配种前用药 1 次。对新进的猪驱虫两次(每次间隔 10～14 天),并隔离饲养至少 30 天才能和其他猪并群。

2. 种鸡场疫病净化技术

种鸡的疫病净化是指有些传染病如鸡白痢、霉形体病和淋巴性白血病等不仅能够经种蛋传递给下一代,还会严重影响鸡的生长发育和产蛋,需要进行净化以消除危害。种鸡场疫病净化工作的关键措施有以下几点。

(1) 做到合理布局,全进全出:种鸡场应建立在地势高燥、排水方便、水源充足、水质良好处,与公路、河流、居民区、工厂、学校和其他畜禽场的直线距离要符合国家标准的规定。特别是与畜禽屠宰厂、肉类和畜禽产品加工厂、垃圾站等距离要更远一些。并做好场内合理布局,饲养时做到全进全出。

(2) 重视饲料质量和饮水卫生:鸡的饮水应清洁、无病原菌。种鸡场应定期对本场的水质进行检测。为保持鸡饮水的清洁卫生,可在鸡舍的进水管上安装消毒系统,按比例向水中加入消毒剂。

(3) 重视鸡舍环境的治理:在重视外环境治理的同时,还应注意鸡舍内环境的控制。鸡舍的温度、湿度、光照、通风、粉尘及微生物的含量等都会影响鸡的生长发育和产蛋。特别是鸡舍的氨气超

过限量时，对鸡的生长发育甚至免疫都不利，还容易诱发传染性鼻炎等呼吸道疾病。因此，应定期对鸡舍内环境进行监测，发现问题，及时采取措施解决。

(4) 重视人工授精、种蛋和孵化过程中的消毒工作：为防止鸡白痢、霉形体病、淋巴性白血病、大肠杆菌病、葡萄球菌病等传染病的传播，首先要保持产蛋箱的清洁卫生，定期消毒，减少种蛋的污染。窝外蛋、破蛋、脏蛋一律不得作为种蛋入孵，被选蛋放入种蛋消毒柜内消毒，然后送入孵化室定期进行清洗消毒。兽医人员对种蛋和孵化过程中的每个环节定期采样监测消毒效果。采用人工授精的种鸡场要特别注意人工授精所用器具一定要严格消毒，输精时要做到一鸡一管，不能混用。

(5) 做好种鸡群的免疫工作：种鸡和商品鸡在免疫方面有相同的地方，也有不同之处。对种鸡的免疫不仅要使种鸡得到保护，还要使下一代雏鸡对一些主要传染病具有高且相同水平的母源抗体，使雏鸡对一些主要传染病有抵抗力。这对于提高雏鸡的成活率有重要意义。

知识拓展与链接

《国家动物疫病监测与流行病学调查计划(2021—2025 年)》

课程评价与作业

1. 课程评价

通过对动物疫病监测管理、病原学监测以及动物疫病净化等内容的深入讲解，使学生熟练掌握动物疫病监测与净化技术相关的基本知识，熟悉各种动物疫病监测与净化的方法及原理。教师将各种教学方法结合起来，使学生具备能够开展动物疫病监测及净化各项工作的理论基础和素质要求。

2. 作业

线上评测

思考与练习

1. 分析疫苗免疫失败的原因。针对这些原因应采取哪些措施？
2. 分析动物疫病监测对动物源性食品安全的意义。
3. 如何预防和扑灭猪口蹄疫？

项目三　重大动物疫情处理技术

任务一　重大动物疫情应急管理

扫码看课件 3

学习目标

▲知识目标

1. 理解重大动物疫情应急预案的主要内容。
2. 掌握重大动物疫情报告程序。

▲技能目标

能够开展突发重大动物疫情应急知识的普及，宣传动物防疫科普知识。

▲思政目标

1. 树立不怕脏、不怕累的观念，积极参与师生互动，踊跃回答问题，勤学好问，养成良好的学习习惯。
2. 具有较强的自我管控能力和团队协作能力，有较强的责任感和科学认真的工作态度。

▲知识点

1. 重大动物疫情的概念。
2. 重大动物疫情分级。

一、重大动物疫情的概念

微课 3-1

重大动物疫情，是指动物疫病突然发生，迅速传播；发病率高或死亡率高；给养殖业生产安全造成严重威胁、危害，以及可能对公众身体健康与生命安全造成危害的情形；包括特别重大动物疫情。

重大动物疫情应急工作按照属地管理的原则，实行政府统一领导、部门分工负责，逐级建立责任制。县级以上人民政府兽医主管部门具体负责组织重大动物疫情的监测、调查、控制、扑灭等应急工作。县级以上人民政府林业主管部门、兽医主管部门按照职责分工，加强对陆生、野生动物疫源疫病的监测。县级以上人民政府其他有关部门在各自的职责范围内，做好重大动物疫情的应急工作。

二、重大动物疫情应急预案

为了及时有效地预防、控制和扑灭突发重大动物疫情，最大限度地减轻突发重大动物疫情对畜牧业及公众健康造成的危害，保持经济持续稳定健康发展，保障人民身体健康安全，依据《中华人民共和国动物防疫法》《中华人民共和国进出境动植物检疫法》和《国家突发公共事件总体应急预案》，国务院兽医主管部门应当制定全国重大动物疫情应急预案，报国务院批准，并按照不同动物疫病病种及其流行特点和危害程度，分别制订实施方案，报国务院备案。县级以上地方人民政府根据本地区的实际情况，制订本行政区域的重大动物疫情应急预案，报上一级人民政府兽医主管部门备案。县级以上地方人民政府兽医主管部门，应当按照不同动物疫病病种及其流行特点和危害程度，分别制订实施方案。重大动物疫情应急预案及其实施方案应当根据疫情的发展变化和实施情况，及时修改、完善。

Note

（一）重大动物疫情应急预案的主要内容

(1) 应急指挥部的职责、组成以及成员单位的分工。

(2) 重大动物疫情的监测、信息收集、报告和通报。

(3) 动物疫病的确认、重大动物疫情的分级和相应的应急处理工作方案。

(4) 重大动物疫情疫源的追踪和流行病学调查分析。

(5) 预防、控制、扑灭重大动物疫情所需资金的来源、物资和技术的储备与调度。

(6) 重大动物疫情应急处理设施和专业队伍建设。

（二）突发重大动物疫情分级

根据突发重大动物疫情的性质、危害程度、涉及范围，将突发重大动物疫情划分为特别重大（Ⅰ级）、重大（Ⅱ级）、较大（Ⅲ级）和一般（Ⅳ级）四级。

（三）重大动物疫情应急预案的适用范围

重大动物疫情应急预案适用于突然发生，造成或者可能造成畜牧业生产严重损失和社会公众健康严重损害的重大动物疫情的应急处理工作。

（四）工作原则

(1) 统一领导，分级管理。各级人民政府统一领导和指挥突发重大动物疫情应急处理工作；疫情应急处理工作实行属地管理；地方各级人民政府负责扑灭本行政区域内的突发重大动物疫情，各有关部门按照预案规定，在各自的职责范围内做好疫情应急处理的有关工作。根据突发重大动物疫情的范围、性质和危害程度，对突发重大动物疫情实行分级管理。

(2) 快速反应，高效运转。各级人民政府和兽医行政管理部门要依照有关法律、法规，建立和完善突发重大动物疫情应急体系、应急反应机制和应急处置制度，提高突发重大动物疫情应急处理能力；发生突发重大动物疫情时，各级人民政府要迅速作出反应，采取果断措施，及时控制和扑灭突发重大动物疫情。

(3) 预防为主，群防群控。贯彻预防为主的方针，加强防疫知识的宣传，增强全社会防范突发重大动物疫情的意识；落实各项防范措施，做好人员、技术、物资和设备的应急储备工作，并根据需要定期开展技术培训和应急演练；开展疫情监测和预警预报，对各类可能引发突发重大动物疫情的情况要及时分析、预警，做到疫情早发现、快行动、严处理。突发重大动物疫情应急处理工作要依靠群众，实现全民防疫，动员一切资源，做到群防群控。

（五）应急指挥机构

农业农村部在国务院统一领导下，负责组织、协调全国突发重大动物疫情应急处理工作。

县级以上地方人民政府兽医行政管理部门在本级人民政府统一领导下，负责组织、协调本行政区域内突发重大动物疫情应急处理工作。

国务院和县级以上地方人民政府根据本级人民政府兽医行政管理部门的建议和实际工作需要，决定是否成立全国和地方应急指挥部。

1. 全国突发重大动物疫情应急指挥部的职责　国务院主管领导担任全国突发重大动物疫情应急指挥部总指挥，国务院办公厅负责人、农业农村部部长担任副总指挥，全国突发重大动物疫情应急指挥部负责对特别重大突发动物疫情应急处理的统一领导、统一指挥，作出处理突发重大动物疫情的重大决策。指挥部成员单位根据突发重大动物疫情的性质和应急处理的需要确定。

指挥部下设办公室，设在农业农村部。负责按照指挥部要求，具体制定防治政策，部署扑灭重大动物疫情工作，并督促各地各有关部门按要求落实各项防治措施。

2. 省级突发重大动物疫情应急指挥部的职责　省级突发重大动物疫情应急指挥部由省级人民政府有关部门组成，省级人民政府主管领导担任总指挥。省级突发重大动物疫情应急指挥部统一负责对本行政区域内突发重大动物疫情应急处理的指挥，作出处理本行政区域内突发重大动物疫情的

决策,决定要采取的措施。

(六) 日常管理机构

农业农村部负责全国突发重大动物疫情应急处理的日常管理工作。

省级人民政府兽医行政管理部门负责本行政区域内突发重大动物疫情应急的协调、管理工作。

市(地)级、县级人民政府兽医行政管理部门负责本行政区域内突发重大动物疫情应急处置的日常管理工作。

(七) 应急处理机构

(1) 动物防疫监督机构:主要负责突发重大动物疫情报告,现场流行病学调查,开展现场临床诊断和实验室检测,加强疫病监测,对封锁、隔离、紧急免疫、扑杀、无害化处理、消毒等措施的实施进行指导、落实和监督。

(2) 出入境检验检疫机构:负责加强对出入境动物及动物产品的检验检疫、疫情报告、消毒处理、流行病学调查和宣传教育等。

三、突发重大动物疫情的监测与预警

(一) 监测

国家建立突发重大动物疫情监测、报告网络体系。农业农村部和地方各级人民政府兽医行政管理部门要加强对监测工作的管理和监督,保证监测质量。

动物防疫监督机构负责重大动物疫情的监测,饲养、经营动物和生产、经营动物产品的单位和个人应当配合,不得拒绝和阻碍。

(二) 预警

各级人民政府兽医行政管理部门根据动物防疫监督机构提供的监测信息,按照重大动物疫情的发生、发展规律和特点,分析其危害程度、可能的发展趋势,及时做出相应级别的预警,依次用红色、橙色、黄色和蓝色表示特别严重、严重、较重和一般四个预警级别。

四、重大动物疫情应急管理环节

发生突发重大动物疫情时,事发地的县级、市(地)级、省级人民政府及其有关部门按照分级响应的原则作出应急响应。同时,要遵循突发重大动物疫情发生发展的客观规律,结合实际情况和预防控制工作的需要,及时调整预警和响应级别。要根据不同动物疫病的性质和特点,注重分析疫情的发展趋势,对势态和影响不断扩大的疫情,应及时升级预警和响应级别;对范围局限、不会进一步扩散的疫情,应相应降低响应级别,及时撤销预警。

突发重大动物疫情应急处理要采取边调查、边处理、边核实的方式,有效控制疫情发展。

未发生突发重大动物疫情的地方,当地人民政府兽医行政管理部门接到疫情通报后,要组织做好人员、物资等应急准备工作,采取必要的预防控制措施,防止突发重大动物疫情在本行政区域内发生,并服从上一级人民政府兽医行政管理部门的统一指挥,支援突发重大动物疫情发生地的应急处理工作。

(一) 特别重大突发动物疫情(Ⅰ级)的应急响应

确认特别重大突发动物疫情后,按程序启动本预案。

1. 县级以上地方各级人民政府

(1) 组织协调有关部门参与突发重大动物疫情的处理。

(2) 根据突发重大动物疫情处理需要调集本行政区域内各类人员、物资、交通工具和相关设施、设备参加应急处理工作。

(3) 发布封锁令,对疫区实施封锁。

(4) 在本行政区域内采取限制或者停止动物及动物产品交易,扑杀染疫或相关动物,临时征用房屋、场所、交通工具,封闭被动物疫病病原体污染的公共饮用水源等紧急措施。

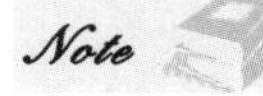

(5) 组织铁路、交通、民航、质检等部门依法在交通站点设置临时动物防疫监督检查站，对进出疫区、出入境的交通工具进行检查和消毒。

(6) 按国家规定做好信息发布工作。

(7) 组织乡镇、街道、社区以及居委会、村委会，开展群防群控。

(8) 组织有关部门保障商品供应，平抑物价，严厉打击造谣传谣、制假售假等违法犯罪和扰乱社会治安的行为，维护社会稳定。

必要时，可请求中央予以支持，保证应急处理工作顺利进行。

2. 兽医行政管理部门

(1) 组织动物防疫监督机构开展突发重大动物疫情的调查与处理；划定疫点、疫区、受威胁区。

(2) 组织突发重大动物疫情专家委员会对突发重大动物疫情进行评估，提出启动突发重大动物疫情应急响应的级别。

(3) 根据需要组织开展紧急免疫和预防用药。

(4) 县级以上人民政府兽医行政管理部门负责对本行政区域内应急处理工作的督导和检查。

(5) 对新发现的动物疫病，及时按照国家规定，开展有关技术标准和规范的培训工作。

(6) 有针对性地开展动物防疫知识宣教，增强群众防控意识和提高自我防护能力。

(7) 组织专家对突发重大动物疫情的处理情况进行综合评估。

3. 动物防疫监督机构

(1) 县级以上动物防疫监督机构做好突发重大动物疫情的信息收集、报告与分析工作。

(2) 组织疫病诊断和流行病学调查。

(3) 按规定采集病料，送省级实验室或国家参考实验室确诊。

(4) 承担突发重大动物疫情应急处理人员的技术培训。

4. 出入境检验检疫机构

(1) 境外发生重大动物疫情时，会同有关部门停止从疫区国家或地区输入相关动物及其产品；加强对来自疫区运输工具的检疫和防疫消毒；参与打击非法走私入境动物或动物产品等违法活动。

(2) 境内发生重大动物疫情时，加强出口货物的查验，会同有关部门停止疫区和受威胁区的相关动物及其产品的出口；暂停使用位于疫区内的依法设立的出入境相关动物临时隔离检疫场。

(3) 出入境检验检疫工作中发现重大动物疫情或者疑似重大动物疫情时，立即向当地兽医行政管理部门报告，并协助当地动物防疫监督机构做好疫情控制和扑灭工作。

(二) 重大突发动物疫情（Ⅱ级）的应急响应

确认重大突发动物疫情后，按程序启动省级疫情应急响应机制。

1. 省级人民政府 省级人民政府根据省级人民政府兽医行政管理部门的建议，启动应急预案，统一领导和指挥本行政区域内突发重大动物疫情应急处理工作。组织有关部门和人员扑疫；紧急调集各种应急处理物资、交通工具和相关设施设备；发布或督导发布封锁令，对疫区实施封锁；依法设置临时动物防疫监督检查站查堵疫源；限制或停止动物及动物产品交易，扑杀染疫或相关动物；封锁被动物疫源污染的公共饮用水源等；按国家规定做好信息发布工作；组织乡镇、街道、社区及居委会、村委会，开展群防群控；组织有关部门保障商品供应，平抑物价，维护社会稳定。必要时，可请求中央予以支持，保证应急处理工作顺利进行。

2. 省级人民政府兽医行政管理部门 重大突发动物疫情确认后，向农业农村部报告疫情。必要时，提出省级人民政府启动应急预案的建议。同时，迅速组织有关单位开展疫情应急处置工作。组织开展突发重大动物疫情的调查与处理；划定疫点、疫区、受威胁区；组织对突发重大动物疫情应急处理的评估；负责对本行政区域内应急处理工作的督导和检查；开展有关技术培训工作；有针对性地开展动物防疫知识宣教，增强群众防控意识和提高自我防护能力。

3. 省级以下地方人民政府 疫情发生地人民政府及有关部门在省级人民政府或省级突发重大动物疫情应急指挥部的统一指挥下，按照要求认真履行职责，落实有关控制措施。具体组织实施突发重大动物疫情应急处理工作。

4. 农业农村部 加强对省级兽医行政管理部门应急处理突发重大动物疫情工作的督导，根据需要组织有关专家协助疫情应急处置；并及时向有关省份通报情况。必要时，建议国务院协调有关部门给予必要的技术和物资支持。

（三）较大突发动物疫情（Ⅲ级）的应急响应

1. 市(地)级人民政府 根据本级人民政府兽医行政管理部门的建议，启动应急预案，采取相应的综合应急措施。必要时，可向上级人民政府申请资金、物资和技术援助。

2. 市(地)级人民政府兽医行政管理部门 对较大突发动物疫情进行确认，并按照规定向当地人民政府、省级兽医行政管理部门和农业农村部报告调查处理情况。

3. 省级人民政府兽医行政管理部门 省级兽医行政管理部门要加强对疫情发生地疫情应急处理工作的督导，及时组织专家对地方疫情应急处理工作提供技术指导和支持，并向本省有关地区发出通报，及时采取预防控制措施，防止疫情扩散蔓延。

（四）一般突发动物疫情（Ⅳ级）的应急响应

县级地方人民政府根据本级人民政府兽医行政管理部门的建议，启动应急预案，组织有关部门开展疫情应急处置工作。

县级人民政府兽医行政管理部门对一般突发重大动物疫情进行确认，并按照规定向本级人民政府和上一级兽医行政管理部门报告。

市(地)级人民政府兽医行政管理部门应组织专家对疫情应急处理进行技术指导。

省级人民政府兽医行政管理部门应根据需要提供技术支持。

（五）非突发重大动物疫情发生地区的应急响应

应根据发生疫情地区的疫情性质、特点、发生区域和发展趋势，分析本地区受波及的可能性和程度，重点做好以下工作：密切保持与疫情发生地的联系，及时获取相关信息；组织做好本区域应急处理所需的人员与物资准备；开展对养殖、运输、屠宰和市场环节的动物疫情监测和防控工作，防止疫病的发生、传入和扩散；开展动物防疫知识宣传，增强公众防护能力和意识；按规定做好公路、铁路、航空、水运交通的检疫监督工作。

（六）应急处理人员的安全防护

要确保参与疫情应急处理人员的安全。针对不同的重大动物疫病，特别是一些重大人兽共患病，应急处理人员应采取特殊的防护措施。

（七）突发重大动物疫情应急响应的终止

突发重大动物疫情应急响应的终止需符合以下条件：疫区内所有的动物及其产品按规定处理后，经过该疫病的至少一个最长潜伏期无新的病例出现。

1. 特别重大突发动物疫情 由农业农村部对疫情控制情况进行评估，提出终止应急措施的建议，按程序报批宣布。

2. 重大突发动物疫情 由省级人民政府兽医行政管理部门对疫情控制情况进行评估，提出终止应急措施的建议，按程序报批宣布，并向农业农村部报告。

3. 较大突发动物疫情 由市(地)级人民政府兽医行政管理部门对疫情控制情况进行评估，提出终止应急措施的建议，按程序报批宣布，并向省级人民政府兽医行政管理部门报告。

4. 一般突发动物疫情 由县级人民政府兽医行政管理部门对疫情控制情况进行评估，提出终止应急措施的建议，按程序报批宣布，并向上一级和省级人民政府兽医行政管理部门报告。

上级人民政府兽医行政管理部门及时组织专家对突发重大动物疫情应急措施终止的评估提供技术指导和支持。

五、突发重大动物疫情应急处置的保障

突发重大动物疫情发生后，县级以上地方人民政府应积极协调有关部门，做好突发重大动物疫

情处理的应急保障工作。

（一）通信与信息保障

县级以上指挥部应将车载电台、对讲机等通信工具纳入紧急防疫物资储备范畴，按照规定做好储备保养工作。

根据国家有关法规对紧急情况下的电话、电报、传真、通信频率等予以优先待遇。

（二）应急资源与装备保障

1. 应急队伍保障 县级以上各级人民政府要建立突发重大动物疫情应急处理预备队伍，具体实施扑杀、消毒、无害化处理等疫情处理工作。

2. 交通运输保障 运输部门要优先安排紧急防疫物资的调运。

3. 医疗卫生保障 卫生部门负责开展重大动物疫病（人兽共患病）的人间疫情监测，做好有关预防保障工作。各级兽医行政管理部门在做好疫情处理的同时应及时通报疫情，积极配合卫生部门开展工作。

4. 治安保障 公安部门、武警部队要协助做好疫区封锁和强制扑杀工作，做好疫区安全保卫和社会治安管理。

5. 物资保障 各级兽医行政管理部门应按照计划建立紧急防疫物资储备库，储备足够的药品、疫苗、诊断试剂、器械、防护用品、交通及通信工具等。

6. 经费保障 各级财政部门为突发重大动物疫病防治工作提供合理而充足的资金保障。各级财政在保证防疫经费及时、足额到位的同时，要加强对防疫经费使用的管理和监督。各级政府应积极通过国际、国内等多渠道筹集资金，用于突发重大动物疫情应急处理工作。

（三）技术储备与保障

建立重大动物疫病防治专家委员会，负责疫病防控策略和方法的咨询，参与防控技术方案的策划、制定和执行。

设置重大动物疫病的国家参考实验室，开展动物疫病诊断技术、防治药物、疫苗等的研究，做好技术和相关储备工作。

（四）培训和演习

各级兽医行政管理部门要对重大动物疫情处理预备队成员进行系统培训。

在没有发生突发重大动物疫情状态下，农业农村部每年要有计划地选择部分地区举行演练，确保预备队扑灭疫情的应急能力。地方政府可根据资金和实际需要的情况，组织训练。

（五）社会公众的宣传教育

县级以上地方人民政府应组织有关部门利用广播、影视、报刊、互联网、手册等多种形式对社会公众广泛开展突发重大动物疫情应急知识的普及教育，宣传动物防疫科普知识，指导群众以科学的行为和方式对待突发重大动物疫情。要充分发挥有关社会团体在普及动物防疫应急知识、科普知识方面的作用。

知识拓展与链接

《重大动物疫情应急条例》

《进出境重大动物疫情应急处置预案》

课程评价与作业

1. 课程评价

通过对重大动物疫情应急预案的内容、应用范围、工作原则、应急响应的深入讲解，使学生熟练掌握重大动物疫情应急相关的基本知识，掌握《重大动物疫情应急条例》，学会运用法律知识处理重大动物疫情应急工作。教师将各种教学方法结合起来，调动学生的学习兴趣，使学生更深入地掌握知识。通过多种形式的互动，使课堂学习气氛轻松愉快，真正达到教学目标。

2. 作业

线上评测

思考与练习

1. 什么是重大动物疫情？
2. 重大动物疫情应急预案的主要内容包括哪些？
3. 特别重大突发动物疫情（Ⅰ级）的应急响应机制是什么？
4. 突发重大动物疫情应急响应的终止需要符合什么条件？

任务二 疫情报告

微课 3-2

学习目标

▲知识目标

1. 了解动物疫情的概念。
2. 掌握动物疫情报告的制度和时限。
3. 掌握动物疫情报告的形式和要求。

▲技能目标

能够根据《中华人民共和国动物防疫法》的要求及时、准确地汇报疫情。

▲思政目标

1. 自觉践行社会主义核心价值观，为实现自己的人生目标而努力奋斗。

2. 借助已学的动物疫情报告的知识，明确人与自然和谐共生的重要性，增强人类共同发展进步的历史担当。

▲知识点

1. 疫情报告责任人。
2. 疫情报告时限。

一、疫情报告制度

动物疫情是指动物疫病发生、发展的情况。《中华人民共和国动物防疫法》第三十一条规定："从事动物疫病监测、检测、检验检疫、研究、诊疗以及动物饲养、屠宰、经营、隔离、运输等活动的单位和个人，发现动物染疫或者疑似染疫的，应当立即向所在地农业农村主管部门或者动物疫病预防控制

Note

机构报告,并迅速采取隔离等控制措施,防止动物疫情扩散。其他单位和个人发现动物染疫或者疑似染疫的,应当及时报告。接到动物疫情报告的单位,应当及时采取临时隔离控制等必要措施,防止延误防控时机,并及时按照国家规定的程序上报。"

(一)疫情责任报告人

任何单位和个人有权向各级人民政府及其有关部门报告突发重大动物疫情及其隐患,有权向上级政府部门举报不履行或者不按照规定履行突发重大动物疫情应急处理职责的部门、单位及个人。动物疫情责任报告的主体主要指以下的单位和个人。

1. 从事动物疫情监测的单位和个人 从事动物疫情监测的各级动物疫病预防控制机构及其工作人员,接受兽医主管部门及动物疫病预防控制机构委托,从事动物疫情监测的单位及其工作人员,对特定出口动物单位进行动物疫情监测的进出境动物检疫部门及其工作人员。

2. 从事检验检疫的单位和个人 动物卫生监督机构及其检疫人员,也包括从事进出境动物检疫的单位及其工作人员。

3. 从事动物疫病研究的单位和个人 从事动物疫病研究的科研单位和大专院校等。

4. 从事动物诊疗的单位和个人 主要是指动物诊所、动物医院和执业兽医等。

5. 从事动物饲养的单位和个人 包括养殖场、养殖小区、农村散养户以及饲养实验动物等各种动物的饲养单位和个人。

6. 从事动物屠宰的单位和个人 各种动物的屠宰厂及其工作人员。

7. 从事动物经营的单位和个人 在集市等场所从事动物经营的单位和个人。

8. 从事动物隔离的单位和个人 开办出入境动物隔离场的经营人员。有的地方建有专门的外引动物隔离场,提供场地、设施、饲养,有食宿等服务,例如奶牛隔离场。隔离期内没有异常,检疫合格,畜主才能将奶牛运至自家饲养场。

9. 从事动物运输的单位和个人 包括公路、水路、铁路、航空等从事动物运输的单位和个人。

10. 责任报告人以外的其他单位和个人 责任报告人以外的其他单位和个人发现动物染疫或者疑似染疫的,也有报告动物疫情的义务,但该义务与责任报告人的义务不同,性质上属于举报,他们不承担不报告动物疫情的法律责任。

明确疫情报告责任人的意义。首先,它是由动物疫情的重要性决定的。动物疫情报告绝不仅仅是养殖者等从业者的事情,它关系到社会公共利益和公众安全,一旦发现,必须报告。其次,它是由动物疫情报告的重要性决定的。动物疫情报告制度是动物疫情防控的首要环节,而责任报告人又是动物疫情报告的关键环节。只有首先明确责任报告人才能尽快发现疫情,从而及时采取科学的、有力的控制措施,将疫情带来的危害降到最低。再次,规定责任报告人使动物疫情报告更具有可操作性,因为这些主体直接接触动物。他们会在第一时间发现动物的异常情况,与其他人相比,他们最清楚动物的发病情况,只有他们及时报告,才能尽早发现动物疫情。因此,明确疫情报告责任人有利于督促当事人增强动物疫情报告意识和责任意识,也有利于追究违法行为人的法律责任。

(二)疫情报告管理

国务院畜牧兽医行政管理部门主管全国动物疫情报告、通报和公布工作。县级以上地方人民政府兽医主管部门主管本行政区域内的动物疫情报告和通报工作。县级以上人民政府按照国务院的规定,根据统筹规划、合理布局、综合设置的原则建立动物疫病预防控制机构。动物疫病预防控制机构承担动物疫情信息的收集、分析、预警和报告工作。中国动物卫生与流行病学中心负责收集境外动物疫情信息,开展动物疫病预警分析工作。国家兽医参考实验室和专业实验室承担相关动物疫病确诊、分析和报告等工作。

二、动物疫情报告的时限和内容

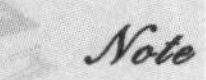

动物疫情报告实行逐级上报制度,按照时限可分为快报、月报和年报。

（一）快报

所谓快报，就是在发现某些重大传染病或紧急疫情时，应以最快的速度向有关部门报告，以便迅速启动应急机制，将疫情控制在最小的范围，最大限度地减少疫病造成的经济损失，保护人畜健康。

有下列情形之一的，应当进行快报：发生口蹄疫、高致病性禽流感、小反刍兽疫等重大动物疫情；发生新发动物疫病或新传入动物疫病；无规定动物疫病区、无规定动物疫病小区发生规定动物疫病；二、三类动物疫病呈暴发流行；动物疫病的寄主范围、致病性以及病原学特征等发生重大变化；动物发生不明原因急性发病、大量死亡；国务院畜牧兽医行政管理部门规定需要快报的其他情形。

符合快报规定情形的，县级动物疫病预防控制机构应当在 2 小时内将情况逐级报至省级动物疫病预防控制机构，并同时报所在地人民政府兽医主管部门。省级动物疫病预防控制机构应当在接到报告后 1 小时内，报本级人民政府兽医主管部门确认后报至中国动物疫病预防控制中心。中国动物疫病预防控制中心应当在接到报告后 1 小时内报至国务院畜牧兽医行政管理部门。

快报应当包括基础信息、疫情概况、疫点情况、疫区及受威胁区情况、流行病学信息、控制措施、诊断方法及结果、疫点位置及经纬度、疫情处置进展以及其他需要说明的信息等内容。

进行快报后，县级动物疫病预防控制机构应当每周进行后续报告；疫情被排除或解除封锁、撤销疫区，应当进行最终报告。后续报告和最终报告按快报程序上报。

（二）月报和年报

县级以上地方动物疫病预防控制机构应当每月对本行政区域内动物疫情进行汇总，经同级人民政府农业农村主管部门审核后，在次月 5 日前通过动物疫情信息管理系统将上月汇总的动物疫情逐级上报至中国动物疫病预防控制中心。中国动物疫病预防控制中心应当在每月 15 日前将上月汇总分析结果报国务院畜牧兽医行政管理部门。中国动物疫病预防控制中心应当于当年 2 月 15 日前将上年度汇总分析结果报国务院畜牧兽医行政管理部门。

月报、年报包括动物种类、疫病名称、疫情县数、疫点数，以及疫区内易感动物存栏数、发病数、病死数、扑杀与无害化处理数、急宰数、紧急免疫数、治疗数等内容。

三、疫情的认定与公布

（一）疫情的认定

疑似发生口蹄疫、高致病性禽流感和小反刍兽疫等重大动物疫情的，由县级动物疫病预防控制机构负责采集或接收病料及其相关样品，并按要求将病料样品送至省级动物疫病预防控制机构。省级动物疫病预防控制机构应当按有关防治技术规范进行诊断，无法确诊的，应当将病料样品送相关国家兽医参考实验室进行确诊；能够确诊的，应当将病料样品送相关国家兽医参考实验室作进一步病原分析和研究。疑似发生新发动物疫病或新传入动物疫病，动物出现不明原因急性发病、大量死亡，省级动物疫病预防控制机构无法确诊的，送中国动物疫病预防控制中心进行确诊，或者由中国动物疫病预防控制中心组织相关兽医实验室进行确诊。

动物疫情由县级以上人民政府农业农村主管部门认定，其中重大动物疫情由省、自治区、直辖市人民政府农业农村主管部门认定。新发动物疫病、新传入动物疫病疫情以及省、自治区、直辖市人民政府农业农村主管部门无法认定的动物疫情，由国务院农业农村主管部门认定。认定为疑似重大动物疫情的应立即按要求采集病料样品送省级动物疫病预防控制机构实验室确诊，省级动物疫病预防控制机构不能确诊的，送国家兽医参考实验室确诊。确诊结果应立即报国务院农业农村主管部门，并抄送省、自治区、直辖市人民政府农业农村主管部门。

（二）疫情的公布

国务院畜牧兽医行政管理部门统一公布动物疫情。省级人民政府兽医主管部门可以根据国务院畜牧兽医行政管理部门的授权公布本行政区域内的动物疫情。未经授权，其他任何单位和个人不

得以任何方式公布动物疫情。

知识拓展与链接

《农业农村部关于做好动物疫情报告等有关工作的通知》

课程评价与作业

1. 课程评价

通过对动物疫情报告有关制度的深入讲解，使学生熟练掌握动物疫情报告相关的基本知识。教师将各种教学方法结合起来，调动学生的学习兴趣。通过多种形式的互动，使课堂学习气氛轻松愉快，真正达到教学目标。

2. 作业

线上评测

思考与练习

1. 动物疫情报告人有哪些？
2. 快报应当包括哪些信息？
3. 有权公布动物疫情的部门是哪些？

任务三　隔离与封锁

学习目标

▲知识目标

1. 了解隔离、患病动物、可疑感染动物和假定健康动物的概念。
2. 了解封锁、疫点、疫区、受威胁区和非疫区的概念。
3. 理解动物隔离的目的和意义并掌握动物隔离的对象和方法。
4. 理解封锁区划分的依据和方法。
5. 掌握解除封锁的条件。

▲技能目标

1. 能根据受检动物种类给出正确隔离措施。

2. 能根据要求准确划分封锁区。

3. 能合理进行封锁区内疫病控制。

▲思政目标

借助已学的动物隔离和封锁的知识，培养辩证思维能力，用全面、发展观点对待个人利益与集体利益关系。

▲知识点

1. 隔离。
2. 患病动物。
3. 可疑感染动物。
4. 假定健康动物。
5. 疫点。
6. 疫区。
7. 受威胁区。

一、隔离

（一）隔离的概念和意义

微课 3-3

1. 隔离 隔离是指将病畜和可疑感染的病畜与健康家畜分别隔离管理，并采取必要措施切断传播途径，防止病原体扩散传播，将疫情控制在最小范围内加以就地扑灭的措施。

2. 隔离的意义 隔离便于管理、消毒，中断流行过程，防止健康畜群继续受到传染，以便将疫情控制在最小范围内就地扑灭，是控制、扑灭疫情的重要措施之一。因此，在发生动物疫病流行时首先要求迅速摸清疫病流行情况，查明疫病在畜群中蔓延的程度，包括感染的动物种类、数量及造成的经济损失等，其次运用临场诊断方法或进行必要的实验室诊断对发病动物进行检疫。

（二）隔离的对象和方法

根据检疫结果，将全部受检动物分为患病动物、可疑感染动物和假定健康动物三类，以便区别对待。

1. 患病动物 患病动物包括在检疫中有典型症状、有类似症状或其他特殊检查呈阳性的动物。它们是危险性最大的传染源，随时可将病原体排出体外而污染外界环境（包括地面、空气、饲料甚至水源等）。应把这些发病动物隔离于不易散布病原体且便于消毒的地方，如果患病动物的数量过多，可以在原房舍进行隔离。通过专人饲养和管理，加强护理，严格对污染的环境和污染物消毒，搞好畜舍卫生，同时在隔离场所内禁止闲杂人员出入。隔离场所内的用具、饲料、粪便等未经消毒不能运出。隔离时间依据该病的传染期而定。对隔离区内的动物，可根据其疫病情况对发病动物进行治疗或扑杀。

2. 可疑感染动物 可疑感染动物是指在检疫中未发现任何临床症状，但与病畜或其污染的环境有过密切接触的动物，如与病畜同群、同圈、同槽、同牧、同用具的动物等。这些可疑感染动物有可能处于疫病的潜伏期，具有向体外排出病原体的可能性。因此，对可疑感染动物，应经消毒后另选地方隔离，限制活动，详细观察，及时再分类。出现症状者立即按发病动物处理；经过该病一个最长潜伏期仍无症状者，可及时取消限制，并转为假定健康动物群。隔离期间，检疫人员在密切观察被检动物的同时，要做好防疫工作，如对人员出入隔离场要严格控制，防止因检疫而扩散疫情。

3. 假定健康动物 假定健康动物指虽然处于疫区，但无任何症状又与发病动物无明显接触的易感动物。疫区内除患病动物和可疑感染动物这两类外，其他易感动物都属于此类。对这类动物应限制其活动范围并采取保护措施，严格与上述两类动物分开饲养管理，并进行紧急免疫接种或药物预防，同时注意加强防疫卫生消毒措施，如定期对养殖场畜舍及养殖场周边环境进行消毒，在出入养

Note

殖场门口处设置消毒池(槽)等。

二、封锁

(一) 封锁的对象与程序

封锁是指当发生严重危害人与动物健康的动物疫病时,在隔离的基础上,由有权实施封锁的人民政府针对疫源地采取的封闭措施,禁止染疫、疑似染疫和易感染动物以及相关人员、车辆等物品随意出入,以切断动物疫病的传播途径。封锁是防止疫病由疫区向安全区扩散的一项严厉的行政措施。

《中华人民共和国动物防疫法》第四章规定,封锁只适用于以下情况:发生一类动物疫病时;二类、三类动物疫病呈暴发性流行时。除上述情况外,不得随意采取封锁措施。因此,发生一类动物疫病,或二类、三类动物疫病暴发性流行时必须进行封锁。

封锁的程序原则上由所在地县级以上地方人民政府农业农村主管部门立即派人到现场,划定疫点、疫区、受威胁区,调查疫源,及时报请本级人民政府对疫区实行封锁。疫区范围涉及两个以上行政区域的,由有关行政区域共同的上一级人民政府对疫区实行封锁,或者由各有关行政区域的上一级人民政府共同对疫区实行封锁。必要时,上级人民政府可以责成下级人民政府对疫区实行封锁。

(二) 封锁区的划分

为扑灭疫病采取封锁措施而划出的一定区域,称为封锁区。封锁区的划分,应根据该病的流行规律、当时的流行特点、动物分布、地理环境、居民点以及交通条件等具体情况来确定疫点、疫区和受威胁区。疫点、疫区、受威胁区的范围,由所在地县级以上地方人民政府农业农村主管部门根据规定和扑灭疫情的实际需要划定,其他任何单位和个人均无此权力。

1. 疫点 疫点指经国家指定的检测部门检测并确诊发病的畜禽所在地点,如发生了一类传染病疫情的养殖场(户)、养殖小区或其他有关的屠宰加工、经营单位。如果为农村散养,则应将病畜禽所在的自然村划为疫点;放牧的动物以患病动物所在的牧场及其活动场所为疫点;动物在运输过程中发生疫情,以运载动物的车、船、飞行器等为疫点;在市场发生疫情,以患病动物所在市场为疫点;在屠宰加工过程中发生疫情,以屠宰加工场所为疫点。

2. 疫区 疫区是指以疫点为中心,向外延伸 3 km 内的区域,其范围除病畜禽所在的畜牧场、自然村外,还包括病畜禽发病前(在该病的最长潜伏期内)后所活动的区域。疫区划分时应注意考虑当地饲养环境和天然屏障(如河流、山脉等)和交通因素。

3. 受威胁区 受威胁区是指疫区外一定范围内的区域。一类动物疫病中不同的动物疫病病种,其划定的受威胁区范围也不相同,如高致病性禽流感、猪瘟和新城疫应划定的受威胁区为从疫区边缘向外延伸 5 km 的区域,而口蹄疫的外延半径则为 10 km。

4. 非疫区 经动物防疫部门实行严格的疫病监测,有定期的疫情报告,确认在 3~5 km 半径内至少 21 天未发生国家规定的重大动物疫病,则该区域可认定为非疫区。

5. 调查疫源 调查疫源是指兽医技术人员到疫点实地调查所发生疫病的传染来源、传播方式以及传播途径。

6. 封锁区的划分 封锁区是为扑灭疫病采取封锁措施而划出的一定区域。应根据该病流行规律、当时流行特点、动物分布、地理环境、居民点以及交通条件等具体情况确定疫点、疫区和受威胁区。

(三) 封锁的实施

1. 封锁采取的措施 封锁区的边缘设立明显标记,指明绕道路线,设置监督哨卡,禁止易感动物通过封锁线,在必要的交通路口设立检疫消毒站,对必须通过的车辆、人员和非易感动物进行消毒。

2. 疫点内应采取的措施

(1) 扑杀疫点内所有的患病动物(高致病性禽流感为疫点内所有禽只,口蹄疫为疫点内所有病

畜及同群易感动物，猪瘟为所有病猪和带毒猪，新城疫为所有的病禽和同群禽只)，销毁所有病死动物、被扑杀动物及其产品。

(2) 对动物的排泄物以及被污染饲料、垫料、污水等进行无害化处理。

(3) 对被污染的物品、交通工具、用具、饲养场所、场地等进行彻底消毒。

(4) 对发病期间及发病前一定时间内(高致病性禽流感为发病前 21 天，口蹄疫为发病前 14 天)售出的动物及易感动物进行追踪，并做扑杀和无害化处理。

3. 封锁疫区内应采取的措施

(1) 在疫区周围设置警示标志，在出入疫区的交通路口设置动物检疫消毒站，执行监督检查任务，对出入车辆和有关物品进行消毒。

(2) 所有易感动物进行紧急强制免疫，建立完整的免疫档案，但发生高致病性禽流感时，疫区内的禽只不得进行免疫，所有家禽必须扑杀，并进行无害化处理，同时销毁相应的禽类产品；其他一类动物疫病发生后，必要时可对疫区内所有易感动物进行扑杀和无害化处理。

(3) 关闭动物及其产品交易市场，禁止活动物进出疫区及其产品运出疫区。发生高致病性禽流感时，要关闭疫点及周边 13 km 内所有家禽及其产品交易市场。

(4) 对所有与患病动物、易感动物接触过的物品、交通工具、畜禽舍及用具、场地进行彻底消毒。

(5) 对易感染动物进行疫情监测，及时掌握疫情动态。

(6) 对动物圈舍、动物排泄物、垫料、污水和其他可能受污染的物品、场地，进行消毒或无害化处理。

4. 受威胁区内应采取的措施 对受威胁区主要是以预防为主，主要措施包括以下两个方面。

(1) 对所有易感动物进行紧急强制免疫，建立完善的免疫档案。易感动物不进入疫区，禁止饮用疫区流出的水等。

(2) 加强疫情监测和免疫效果监测，掌握疫情动态。

(四) 解除封锁

《中华人民共和国动物防疫法》第四十条规定："疫点、疫区、受威胁区的撤销和疫区封锁的解除，按照国务院农业农村主管部门规定的标准和程序评估后，由原决定机关决定并宣布。"

一般而言，疫区(点)内最后一头患病动物扑杀或痊愈后，经过该病一个最长潜伏期的观察、检测，未再出现患病动物时，经过终末消毒，由上级或当地动物卫生监督机构和动物疫病预防控制机构评估审验合格后，由当地兽医主管部门提出解除封锁的申请，由原发布封锁令的人民政府宣布解除封锁，同时通报毗邻地区和有关部门。疫点、疫区、受威胁区的撤销，由当地兽医主管部门按照国务院农业农村主管部门规定的条件和程序执行。疫区解除封锁后，要继续对该区域进行疫情监测，如高致病性禽流感疫区解除封锁后 6 个月内未发现新病例，即可宣布该次疫情被扑灭。

知识拓展与链接

《中华人民共和国动物防疫法》

课程评价与作业

1. 课程评价

通过对隔离和封锁有关制度的深入讲解，使学生熟练掌握动物隔离和封锁相关的基本知识。教

师将各种教学方法结合起来，调动学生的学习兴趣。通过多种形式的互动，使课堂学习气氛轻松愉快，真正达到教学目标。

2. 作业

线上评测

思考与练习

1. 简述隔离的对象和方法。
2. 封锁的程序是什么？
3. 什么是疫点、疫区和受威胁区？
4. 解除封锁的条件是什么？

任务四　动物扑杀和生物安全处理

学习目标

▲知识目标

1. 了解扑杀、无害化处理的概念。
2. 了解扑杀方法选择的依据。
3. 了解常用扑杀方法的种类及其适用性。
4. 掌握各种扑杀及无害化处理的具体措施。

▲技能目标

1. 能够根据染疫动物的具体情况选择合适的扑杀方法，或者无害化处理的方法。
2. 能灵活运用各种扑杀方法。

▲思政目标

借助已学的知识，培养以辩证唯物主义的世界观和方法论分析专业问题的能力。

▲知识点

1. 扑杀。
2. 无害化处理。

一、动物扑杀

扑杀是指将感染疫病的动物(有时包括可疑感染动物)人为地致死并予以无害化处理以彻底消灭传染源和切断传染途径。决定采取扑杀措施的主体，是发布封锁令的地方人民政府。扑杀病畜和可疑病畜是迅速、彻底地消灭传染源的一种有效手段。

（一）扑杀的原则

能够及时、彻底地消灭传染源的有效手段是扑杀发病动物和可疑感染动物，但不是把检疫中发现的传染病病畜禽全都扑杀，而是遵循一定的原则。

(1) 检疫中发现的危害较大、过去没有发生过、新的传染病病畜禽，应予扑杀。

(2) 对周围人畜有严重威胁的烈性传染病病畜禽，应予扑杀。

(3) 该传染病和病畜禽无有效疗法,予以扑杀;对畜禽的治疗、运输等有关费用,超出畜禽本身价值者,予以扑杀。

(4) 在对发病动物或对可疑感染动物进行治疗或隔离观察期间,周围环境或其他易感动物都易受到其传染威胁的病畜禽,应予扑杀。

(5) 在疫区解除封锁前,或某地区、某国消灭某种传染病时,为了尽快拔除疫点,也可将带病原体的或检疫呈阳性的动物进行扑杀。

(二) 扑杀的方法

在动物检疫工作中,应该选择简单易行、干净彻底、低成本的无血扑杀方法。

1. 扑杀方法的选择 根据动物的种类和疫病诊断的需要选择合适的扑杀方法。例如,对于患狂犬病、疑似狂犬病以及疑似患海绵状脑病或痒病的动物,应当采用枪击心脏的方法扑杀,以保护大脑的完整性,便于后续进行病理诊断。

扑杀方法选择不当会影响染疫动物处理的速度。活体染疫动物因未及时扑杀会继续产生和散播病原体,从而增加疫病传播的机会。

2. 扑杀的方法

(1) 钝击法:费时费力,污染性大,不宜采用。

(2) 放血法:对猪、羊比较适用,但要做好血液处理工作,防止造成污染。

(3) 毒药灌服法:既可以杀死病畜又可以杀灭病菌,但使用的药物毒性较大,要固定专人保管。

(4) 注射法:保定比较困难,要有专业的人员操作,如心脏注射氯化钾等。

(5) 电击法:比较经济适用,特别是对保定困难的大动物,但该方法具有危险性,需要操作人员注意自身保护。

(6) 轻武器击毙法:具有潜在危险,不适于在现场人多的情况下使用。在实际工作中,应根据具体情况具体对待。

(7) 扭颈法:针对家禽扑杀量较小时采用。根据禽只大小,一只手握住头部,另一只手握住体部,朝相反方向扭转拉伸。

(8) 窒息法(二氧化碳法):二氧化碳致死疫禽是世界动物卫生组织推荐的人道扑杀方法。先将待扑杀禽装入袋中,置入密封车或其他密封容器,再通入二氧化碳使其窒息死亡;或将禽装入密封袋中,通入二氧化碳致死。该方法具有安全、无二次污染、劳动量小、成本低廉等特点,在禽流感防控工作中是非常有效的。

(三) 扑杀的补助

国家在预防、控制和扑灭动物疫病过程中,对被强制扑杀动物的所有者给予补偿。目前纳入强制扑杀中央财政补助范围的疫病种类包括口蹄疫、高致病性禽流感、H7N9 流感、小反刍兽疫、布鲁氏菌病、结核病、包虫病、马鼻疽和马传染性贫血病。强制扑杀补助经费由中央财政和地方财政共同承担。

1. 补助畜禽种类

口蹄疫:猪、牛、羊等。

高致病性禽流感、H7N9 流感:鸡、鸭、鹅、鸽子、鹌鹑等家禽。

小反刍兽疫:羊。

布鲁氏菌病、结核病和包虫病:牛、羊等。

马鼻疽、马传染性贫血病:马等。

2. 补助经费测算 强制扑杀中央财政补助经费根据实际扑杀畜禽数量、补助测算标准和中央财政补助比例测算。

扑杀补助平均测算标准为禽 15 元/羽、猪 800 元/头、奶牛 6000 元/头、肉牛 3000 元/头、羊 500

元/只、马 12000 元/匹，其他畜禽补助测算标准参照执行。各省(区、市)可根据畜禽大小、品种等因素细化补助测算标准。

中央财政对东、中、西部地区的补助比例分别为 40%、60%、80%，对新疆生产建设兵团和中央直属垦区的补助比例为 100%。

东部地区包括北京、天津、辽宁、上海、江苏、浙江、福建、山东、广东、大连、宁波、厦门、青岛、深圳；中部地区包括河北、山西、吉林、黑龙江、安徽、江西、河南、湖北(不含恩施州)、湖南(不含湘西州)、海南；西部地区包括内蒙古、广西、重庆、四川、贵州、云南、西藏、陕西、甘肃、青海、宁夏、新疆、湖北恩施州、湖南湘西州。

3. 补助经费申请 每年 3 月 15 日前，各省(区、市)兽医主管部门会同财政部门向农业农村部、财政部报送上一年度 3 月 1 日至当年 2 月 28 日(29 日)期间中央财政强制扑杀实施情况，应详细说明强制扑杀畜禽的品种、数量、时间、地点以及各级财政补助经费的测算。

二、生物安全处理

生物安全处理是指通过用焚烧、化制、掩埋或其他物理、化学、生物学等方法将病害动物尸体和病害动物产品或附属物进行处理，以彻底消灭其所携带的病原体，达到消除病害因素，保障人畜健康安全的目的。发生动物疫情后，所有染疫动物及其产品，病死、毒死或者死因不明的动物尸体，经检验对人体健康有害的动物和病害动物产品以及国家规定的其他应该进行生物安全处理的动物和动物产品，都必须进行生物安全处理。

(一) 运送

运送动物尸体和病害动物产品应采用密闭、不渗水的容器，装前卸后必须消毒。

(二) 销毁

1. 适用对象 确认为口蹄疫、猪水疱病、猪瘟、非洲猪瘟、非洲马瘟、牛瘟、牛传染性胸膜肺炎、牛海绵状脑病、痒病、绵羊梅迪/维斯那病、蓝舌病、小反刍兽疫、绵羊痘和山羊痘、山羊关节炎脑炎、高致病性禽流感、鸡新城疫、炭疽、鼻疽、狂犬病、羊快疫、羊肠毒血症、肉毒梭菌中毒症、羊猝狙、马传染性贫血病、猪密螺旋体痢疾、猪囊尾蚴、急性猪丹毒、钩端螺旋体病(已黄染肉尸)、布鲁氏菌病、结核病、鸭瘟、免病毒性出血症、野兔热的染疫动物以及其他严重危害人畜健康的病害动物及其产品，应予以销毁。

此外，病死、毒死或不明死因动物的尸体；经检验对人畜有毒有害的、需销毁的病害动物和病害动物产品；从动物体割除下来的病变部分；人工接种病原微生物或进行药物试验的病害动物和病害动物产品以及国家规定的其他应该销毁的动物和动物产品，应予以销毁。

2. 操作方法

(1) 焚毁：将病害动物尸体、病害动物产品投入焚化炉或用其他方式烧毁碳化。

(2) 掩埋：掩埋地应远离学校、公共场所、居民住宅区、村庄、动物饲养场和屠宰场所、饮用水源、河流等地区；掩埋前应对需要掩埋的病害动物尸体和病害动物产品实施焚烧处理并在掩埋坑底铺 2 cm 厚生石灰；掩埋后需将掩埋土夯实，病害动物尸体和病害动物产品上层应距地表 1.5 cm 以上；焚烧后的病害动物尸体和病害动物产品表面，以及掩埋后的地表环境应使用有效消毒剂喷、洒消毒。值得注意的是，本方法不适用于患有炭疽等芽孢杆菌类疫病，以及牛海绵状脑病、痒病的染疫动物及其产品、组织的处理。

(三) 无害化处理

视频：焚烧法

1. 焚烧法 焚烧法是指在焚烧容器内，使动物尸体及相关动物产品在富氧或无氧条件下进行氧化反应或热解反应的方法。

(1) 直接焚烧法：可视情况对动物尸体及相关动物产品进行破碎预处理。将动物尸体及相关动物产品或破碎产物，投至焚烧炉本体燃烧室，经充分氧化、热解，产生的高温烟气进入二次燃烧室继

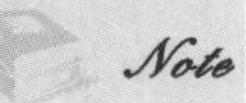

续燃烧，产生的炉渣经出渣机排出。燃烧室温度应大于或等于 850 ℃。二次燃烧室出口烟气经余热利用系统、烟气净化系统处理后达标排放。焚烧炉渣与除尘设备收集的焚烧飞灰应分别收集、储存和运输。焚烧炉渣按一般固体废物处理；焚烧飞灰和其他尾气净化装置收集的固体废物如属于危险废物，则按危险废物处理。操作时注意严格控制焚烧进料频率和重量，使物料能够充分与空气接触，保证完全燃烧。燃烧室内应保持负压状态，避免焚烧过程中发生烟气泄露。燃烧所产生的烟气从最后的助燃空气喷射口或燃烧器出口到换热面或烟道冷风引射口之间的停留时间应大于或等于 2 s。二次燃烧室顶部设紧急排放烟囱，应急时开启。应配备充分的烟气净化系统，包括喷淋塔、活性炭喷射吸附、除尘器、冷却塔、引风机和烟囱等，焚烧炉出口烟气中氧含量应为 6%～10%（干气）。

（2）炭化焚烧法：将动物尸体及相关动物产品投至热解炭化室，在无氧情况下经充分热解，产生的热解烟气进入二次燃烧室继续燃烧，产生的固体炭化物残渣经热解炭化室排出。热解温度应大于或等于 600 ℃，二次燃烧室温度大于或等于 850 ℃，焚烧后烟气在 850 ℃以上停留时间大于或等于 2 s。烟气经过热解炭化室热能回收后，降至 600 ℃左右，进入排烟管道。烟气经过湿式冷却塔进行“急冷”和“脱酸”后进入活性炭吸附和除尘器，最后达标后排放。操作时注意检查热解炭化系统的炉门密封性，以保证热解炭化室的隔氧状态。应定期检查和清理热解气输出管道，以免发生阻塞。热解炭化室顶部需设置与大气相连的防爆口，热解炭化室内压力过大时可自动开启泄压。应根据处理物种类、体积等严格控制热解的温度、升温速度及物料在热解炭化室里的停留时间。

2. 化制法 化制法是指在密闭的高压容器内，通过向容器夹层或容器通入高温饱和蒸汽，在干热、压力或高温、压力的作用下，处理动物尸体及相关动物产品的方法。

视频：化制法

（1）干化法：可视情况对动物尸体及相关动物产品进行破碎预处理，然后将动物尸体及相关动物产品或破碎产物输送入高温高压容器。处理物中心温度≥140 ℃，压力≥0.5 MPa（绝对压力），时间≥4 h（具体处理时间随需处理动物尸体或破碎产物种类和体积大小而设定）。加热烘干产生的热蒸汽经废气处理系统后排出。加热烘干产生的动物尸体残渣传输至压榨系统处理。操作时注意搅拌系统的工作时间应以烘干剩余物基本不含水分为宜，根据处理物量的多少，适当延长或缩短搅拌时间。应使用合理的污水处理系统，有效去除有机物、氨氮，达到国家规定的排放要求。应使用合理的废气处理系统，有效吸收处理过程中动物尸体腐败产生的恶臭气体，使废气排放符合国家相关标准。高温高压容器操作人员应符合相关专业要求。处理结束后，需对墙面、地面及其相关工具进行彻底清洗消毒。

（2）湿化法：可视情况对动物尸体及相关动物产品进行破碎预处理。将动物尸体及相关动物产品或破碎产物送入高温高压容器，总质量不得超过容器总承受力的五分之四。处理物中心温度≥135 ℃，压力≥0.3 MPa（绝对压力），处理时间≥30 min（具体处理时间随需处理动物尸体或破碎产物种类和体积大小而设定）。高温高压结束后，对处理物进行初次固液分离。固体物经破碎处理后，送入烘干系统；液体部分送入油水分离系统处理。操作时注意高温高压容器操作人员应符合相关专业要求。处理结束后，需对墙面、地面及其相关工具进行彻底清洗消毒。冷凝排放水应冷却后排放，产生的废水应经污水处理系统处理达标后排放。处理车间废气应通过安装自动喷淋消毒系统、排风系统和高效微粒空气过滤器（HEPA 过滤器）等进行处理，达标后排放。

3. 掩埋法 掩埋法是指按照相关规定，将动物尸体及相关动物产品投入化尸窖或掩埋坑中并覆盖、消毒、发酵或分解动物尸体及相关动物产品的方法。

视频：掩埋法

（1）直接掩埋法：选择地势高燥、处于下风向的地点。远离动物饲养厂（饲养小区）、动物屠宰加工场所、动物隔离场所、动物诊疗场所、动物和动物产品集贸市场、生活饮用水源地。远离城镇居民区、文化教育科研等人口集中区域、主要河流及公路、铁路等主要交通干线。掩埋坑体容积以实际处理动物尸体及相关动物产品数量确定。掩埋坑底应高出地下水位 1.5 m 以上，要防渗、防漏。坑底撒一层厚度为 2～5 cm 的生石灰或漂白粉等消毒剂。将动物尸体及相关动物产品投入坑内，最上层距离地表 1.5 m 以上。同时用生石灰或漂白粉等消毒剂消毒。覆盖距地表 20～30 cm，厚度不少于

1 m的覆土。注意掩埋覆土不要太实，以免腐败产气造成气泡冒出和液体渗漏。掩埋后，在掩埋处设置警示标识。掩埋后，第一周内应每日巡查1次，第二周起应每周巡查1次，连续巡查3个月，掩埋坑塌陷处应及时加盖覆土。掩埋后，立即用氯制剂、漂白粉或生石灰等消毒剂对掩埋场所进行1次彻底消毒。第一周内应每日消毒1次，第二周起应每周消毒1次，连续消毒三周以上。

(2) 化尸窖：畜禽养殖场的化尸窖应结合本场地形特点，宜建在下风向。乡镇、村的化尸窖选址应选择地势较高、处于下风向的地点。应远离动物饲养厂(饲养小区)、动物屠宰加工场所、动物隔离场所、动物诊疗场所、动物和动物产品集贸市场、泄洪区、生活饮用水源地；应远离居民区、公共场所、主要河流及公路、铁路等主要交通干线。化尸窖应为砖和混凝土，或者钢筋和混凝土密封结构，应防渗防漏。在顶部设置投置口，并加盖密封，加双锁；设置异味吸附、过滤等除味装置。投放前，应在化尸窖底部铺撒或洒一定量的生石灰或消毒液。投放后，投置口密封加盖加锁，并对投置口、化尸窖及周边环境进行消毒。当化尸窖内动物尸体达到容积的四分之三时，应停止使用并密封。注意化尸窖周围应设置围栏，设立醒目警示标志以及专业管理人员姓名和联系电话公示牌，应实行专人管理。应注意化尸窖维护，发现化尸窖破损、渗漏，应及时处理。当封闭化尸窖内的动物尸体完全分解后，应当对残留物进行清理，清理出的残留物进行焚烧或者掩埋处理，化尸窖池进行彻底消毒后，方可重新启用。

4. 发酵法 发酵法是指将动物尸体及相关动物产品与稻糠、木屑等辅料按要求摆放，利用动物尸体及相关动物产品产生的生物热或加入特定生物制剂，发酵或分解动物尸体及相关动物产品的方法。

发酵堆体结构形式主要分为条垛式和发酵池式。处理前，在指定场地或发酵池底铺设20 cm厚辅料。辅料上平铺动物尸体或相关动物产品，厚度≤20 cm。再覆盖20 cm辅料，确保动物尸体或相关动物产品全部被覆盖。堆体厚度随需处理动物尸体和相关动物产品数量而定，一般控制在2～3 m。堆肥发酵堆内部温度≥54 ℃，一周后翻堆，3周后完成。辅料为稻糠、木屑、秸秆、玉米芯等混合物，或为在稻糠、木屑等混合物中加入特定生物制剂预发酵后产物。注意，因重大动物疫病及人兽共患病死亡的动物尸体和相关动物产品不得使用此种方式进行处理。发酵过程中，应做好防雨措施。条垛式堆肥发酵应选择平整、防渗地面。应使用合理的废气处理系统，有效吸收处理过程中动物尸体和相关动物产品腐败产生的恶臭气体，使废气排放符合国家相关标准。

5. 消毒 消毒适用于除应予以销毁的动物疫病以外的其他疫病的染疫动物的生皮、原毛以及未经加工的蹄、骨、角、绒。

(1) 高温处理法：适用于染疫动物蹄、骨和角的处理。将肉尸作高温处理时剔出的骨、蹄、角放入高压锅内蒸煮至骨脱胶或脱脂时止。

(2) 盐酸食盐溶液消毒法：适用于被病原微生物污染或可疑被污染和一般染疫动物的皮毛消毒。用2.5%盐酸溶液和15%食盐水溶液等量混合，将皮张浸渍泡在此溶液中，并使溶液温度保持在30 ℃左右，浸泡40 h，1 m^2的皮张用10 L消毒液，浸泡后捞出沥干，放入2%氢氧化钠溶液中，以中和皮张上的酸，再用水冲洗后晾干。也可按100 mL 25%食盐水溶液中加入盐酸1 mL配制消毒液，在室温15 ℃条件下浸泡48 h，皮张与消毒液之比为1∶4。浸泡后捞出沥干，再放入1%氢氧化钠溶液中浸泡，以中和皮张上的酸，再用水冲洗后晾干。

(3) 过氧乙酸消毒法：适用于任何染疫动物的皮毛消毒。将皮毛放入新鲜配制的2%过氧乙酸溶液中浸泡30 min，捞出，用水冲洗后晾干。

(4) 碱盐液浸泡消毒法：适用于被病原微生物污染的皮毛消毒。将皮毛浸入5%碱盐液(饱和盐水内加5%氢氧化钠)中，室温(18～25 ℃)浸泡24 h，并随时加以搅拌，然后取出挂起，待碱盐液流净，放入5%盐酸液内浸泡，使皮上的酸碱中和，捞出，用水冲洗后晾干。

(5) 煮沸消毒法：适用于染疫动物鬃毛的处理。将鬃毛于沸水中煮沸2～2.5 h。

知识拓展与链接

《病害动物和病害动物产品生物安全处理规程》

《病死及死因不明动物处置办法(试行)》

课程评价与作业

1. 课程评价

通过对动物扑杀和生物安全处理的深入讲解,使学生熟练掌握动物扑杀和生物安全处理的相关的基本知识。教师通过多种形式的教学手段,使课堂学习气氛轻松愉快,真正达到教学目标。

2. 作业

线上评测

思考与练习

1. 简述动物扑杀的原则。
2. 简述销毁的注意事项。

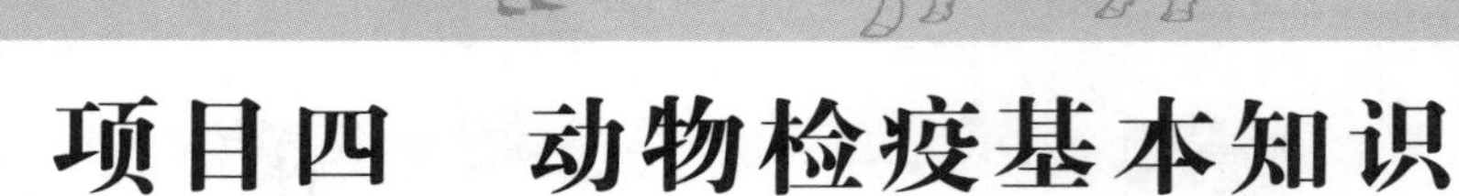

项目四　动物检疫基本知识

扫码看课件

4-1

任务一　动物检疫的范围、管理、对象和分类

学习目标

▲知识目标

1. 掌握动物检疫的范围、分类和对象。

2. 熟悉动物检疫管理办法。

▲技能目标

1. 通过掌握动物检疫的相关知识和技能，明确动物检疫技术的理论基础，能够掌握动物检疫的基本知识。

2. 学会运用法律知识处理检疫工作。

▲思政目标

1. 明礼守法，办事公道，爱岗敬业，诚信友善。

2. 树立崇高的职业理想。

▲知识点

1. 动物检疫的范围、分类和对象。

2.《动物检疫管理办法》。

一、动物检疫的范围

微课 4-1

（一）概念

动物检疫范围是指动物检疫的责任界限。按照我国动物防疫检疫的有关规定，凡在国内生产、流通或进出境的动物及其产品、运载工具，均属动物检疫的范围。

（二）动物检疫的实物范围

依据检疫的实物不同可将动物检疫分为国内动物检疫、进出境动物检疫和动物及其产品运载工具的检疫。

1. 国内动物检疫的范围　动物和动物产品。

（1）动物：指家畜、家禽和人工饲养、捕获的其他动物。

（2）动物产品：指动物的肉、生皮、原毛、绒、脏器、脂、血液、精液、卵、胚胎、骨、蹄、头、角、筋以及可能传播动物疫病的奶、蛋等。

2. 进出境动物检疫的范围

（1）动物、动物产品、其他检疫物。

①动物是指饲养、野生的活动物，如畜、禽、兽、蛇、龟、鱼、虾、蟹、贝、蚕、蜂等。

②动物产品是指来源于动物，未经加工或虽经加工但仍有可能传播疫病的产品，如生皮张、毛

Note

类、肉类、脏器、油脂、动物水产品、奶制品、蛋类、血液、精液、胚胎、骨、蹄、角等。

③其他检疫物是指动物疫苗、血清、诊断液、动物性废弃物。

(2) 装载动物、动物产品和其他检疫物的装载容器、包装物。

(3) 来自动物疫区的运输工具。

3. 动物及其产品运载工具 包括车、船、飞机、包装物、饲料和铺垫材料、饲养工具等。

(三) 动物检疫的性质范围

依据检疫的性质不同可将动物检疫分为生产性、贸易性、非贸易性、观赏性、过境性检疫等几种性质的检疫。

1. 生产性检疫 包括农场、牧场、部队、集体、个人饲养的动物的检疫。

2. 贸易性检疫 包括进出境、市场贸易、运输、屠宰的动物及其产品的检疫。

3. 非贸易性检疫 包括国际邮包、展品、援助、交换、赠送、旅客携带的动物及其产品的检疫。

4. 观赏性检疫 包括动物园的观赏动物、艺术团的演艺动物等的检疫。

5. 过境性检疫 包括通过国境的列车、汽车、飞机等运载的动物及其产品的检疫。

二、动物检疫的管理

《动物检疫管理办法》是中华人民共和国农业部于 2010 年 1 月 21 日发布，于 2010 年 3 月 1 日实施的部门法规。2019 年 4 月 25 日农业农村部令 2019 年第 2 号修改。

(一) 对动物和动物产品的检疫监督

动物防疫监督机构对动物和动物产品的产地检疫和屠宰检疫情况进行监督。

对经营依法应当检疫而没有检疫证明的动物、动物产品，由动物防疫监督机构责令停止经营，没收违法所得。

对尚未出售的动物、动物产品，未经检疫或者无检疫合格证明的依法实施补检；证物不符、检疫合格证明失效的，依法实施重检。

对补检或者重检合格的动物、动物产品，出具检疫合格证明。

对检疫不合格或者疑似染疫的，按照《动物检疫管理办法》进行无害化处理，未按照规定处理的，依照《中华人民共和国动物防疫法》第九十八条第七项的规定予以处罚。

对伪造、转让检疫证明的，依照《中华人民共和国动物防疫法》第一百零三条的规定予以处罚。

(二) 对动物检疫员的管理

各级畜牧兽医行政管理部门对动物检疫员应当加强培训、考核和管理工作，建立健全内部任免、奖惩机制。

动物检疫员实施产地检疫和屠宰检疫必须按照《动物检疫管理办法》规定进行，并出具相应的检疫证明。对不出具或不使用国家统一规定检疫证明的，或者不按规定程序实施检疫的，或者对未经检疫或者检疫不合格的动物、动物产品出具检疫合格证明、加盖验讫印章的，由其所在单位或者上级主管机关给予记过或者撤销动物检疫员资格的处分；情节严重的，给予开除公职处分。

各级畜牧兽医行政管理部门要加强对检疫工作的监督管理。对重复检疫、重复收费等违法行为的责任人及主管领导，要追究其行政责任。

(三) 动物疫病的区域化管理

就国际贸易和公共卫生而言，一个国家要建立控制某种动物疫病的区划系统，该病必须以法定报告疾病或世界动物卫生组织(OIE)规定的通报性疫病来进行检疫。如果一个国家某一区域有疫病存在，就视该国为疫情国家，这可能大大地制约该国的国际贸易，从动物卫生角度考虑，不一定总必要。气候和地理屏障限制动物疾病比国界更有效，人口密度、媒介分布、动物流动及管理方式等，在决定动物疫病的国内和国际分布中起主要作用。OIE 成员国为便于动物贸易和疫病控制，就区划原理中的术语、边界、法律权限、无疫病期限、调查标准、缓冲地带、检疫程序及其他兽医法规问题，建

立了国际公认的标准。

地区指国内为控制疫病而划定的某一区域。区域指为控制疫病而划定的几个国家或相邻国家的某一区域范围。

地区的大小和范围应由兽医行政管理部门确定，地区类型因病而异，地区大小、位置及界限取决于疾病及其传播方式和国内疫情。地区界限应由有效的自然、人为或法律边界划定。动物疫病有以下几种地区类型。

(1) 非免疫接种的(无规定动物)无疫病区：即自然的缺乏某一种或一些疾病的地区。在一个国家内即使有疫情，也可建立非免疫接种的无疫病区。无疫病区从国内其他地区或者从有此疫病国家引进动物时，必须按照兽医行政管理部门建立的严格控制制度进行操作。无疫病区不可从感染地区或国家进口动物或动物产品。

(2) 监测区：对动物患有某种疫病的地区进行专业监控，区内不许免疫接种，必须控制动物流通。监测区的确定根据疾病性质、地理及气候条件、是否便于控制等因素划定。监测区必须有完善的疾病控制和监测计划。

(3) 免疫接种的无疫病区：依靠免疫接种方式建立的无特定疫病区，仅适用于某些特定疾病。确定无疫病必须要有令人信服、深入有效的疫病监测证据支持。无疫病区不应当从感染地区或国家进口可能引进疾病的动物或动物产品，除非实施严格的进口条件。

(4) 缓冲区：为保护无规定疫病国家或地区而对动物进行系统免疫接种的地区。免疫接种的动物必须用专门的永久性标记标识，动物流通必须受到控制，缓冲区内必须实施完善的疾病控制和监测计划，怀疑暴发疾病必须立即调查。若确诊，应立即扑灭。从国内其他疫区或其他国家进口易感动物时，必须按照兽医行政管理部门制定的控制措施进行操作，动物必须免疫后才能进入缓冲区。

(5) 感染区：疫病存在的地区。感染区应与监测区和其他无疫病区隔离开，从感染区向无疫病区调运易感动物必须严格控制，有 4 种方式可供参考：①活畜禽不得调离疫区；②动物可用机械方式运往位于监测区的专门屠宰场实施急宰；③特别情况下，符合兽医行政管理部门制定的控制措施的活畜禽可进入监测区，进入监测区的动物须经适当试验证实无感染；④从流行病学角度分析，这种疾病不会发生传播时，活畜禽可调离感染区。

(6) 自然屏障：自然存在的局域阻断某种疫情传播、人和动物自然流动的地理阻隔，包括大江、大河、湖泊、沼泽、海洋、山脉、沙漠等。

(7) 人工屏障：为建设无疫病区需要，限制动物和动物产品自由流动，防止疫病传播，由省级人民政府批准建立的动物防疫监督检查站、隔离设施、封锁设施等。

三、动物检疫的分类

视频：过境动物产品的检疫流程

1. 国内检疫(简称内检) 包括产地检疫、屠宰检疫、运输动物防疫监督和市场防疫监督。

2. 国境检疫(又称进出境检疫、口岸检疫，简称外检) 包括进境检疫、出境检疫、过境检疫、携带及邮寄检疫和运输工具检疫。

四、动物检疫的对象

动物检疫对象主要包括两个方面：被检物和动物疫病(指动物检疫中政府规定的动物传染病和寄生虫病)。

视频：过境动物的检疫流程

动物疫病的种类很多，动物检疫并不是把所有的疫病作为检疫对象，而是由农业农村部根据国内外动物疫情、疫病的传播特性和保护畜牧业生产及人体健康等需要而确定。在选择动物检疫对象时，主要考虑四个方面的因素：①人兽共患疫病；②危害性大而目前预防控制有困难的动物疫病；③急性、烈性动物疫病；④我国尚未发现的动物疫病。

在不同情况下，动物检疫对象是不完全相同的。

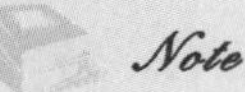

1. 我国动物检疫的对象 全国动物检疫的对象由农业农村部规定和公布，各省、自治区和直辖市的农牧部门可从本地区实际需要出发，根据国家规定的检疫对象适当增减，列入本地区检疫对

象中。

农业部〔2022〕第573号公告：三类174种。

（1）一类动物疫病（11种）：口蹄疫、猪水疱病、非洲猪瘟、尼帕病毒性脑炎、非洲马瘟、牛海绵状脑病、牛瘟、牛传染性胸膜肺炎、痒病、小反刍兽疫、高致病性禽流感。

（2）二类动物疫病（37种）：

多种动物共患病（7种）：狂犬病、布鲁氏菌病、炭疽、蓝舌病、日本脑炎、棘球蚴病、日本血吸虫病。

牛病（3种）：牛结节性皮肤病、牛传染性鼻气管炎（传染性脓疱外阴阴道炎）、牛结核病。

绵羊和山羊病（2种）：绵羊痘和山羊痘、山羊传染性胸膜肺炎。

马病（2种）：马传染性贫血、马鼻疽。

猪病（3种）：猪瘟、猪繁殖与呼吸综合征、猪流行性腹泻。

禽病（3种）：新城疫、鸭瘟、小鹅瘟。

兔病（1种）：兔出血症。

蜜蜂病（2种）：美洲蜜蜂幼虫腐臭病、欧洲蜜蜂幼虫腐臭病。

鱼类病（11种）：鲤春病毒血症、草鱼出血病、传染性脾肾坏死病、锦鲤疱疹病毒病、刺激隐核虫病、淡水鱼细菌性败血症、病毒性神经坏死病、传染性造血器官坏死病、流行性溃疡综合征、鲫造血器官坏死病、鲤浮肿病。

甲壳类病（3种）：白斑综合征、十足目虹彩病毒病、虾肝肠胞虫病。

（3）三类动物疫病（126种）：

多种动物共患病（25种）：伪狂犬病、轮状病毒感染、产气荚膜梭菌病、大肠杆菌病、巴氏杆菌病、沙门氏菌病、李氏杆菌病、链球菌病、溶血性曼氏杆菌病、副结核病、类鼻疽、支原体病、衣原体病、附红细胞体病、Q热、钩端螺旋体病、东毕吸虫病、华支睾吸虫病、囊尾蚴病、片形吸虫病、旋毛虫病、血矛线虫病、弓形虫病、伊氏锥虫病、隐孢子虫病。

牛病（10种）：牛病毒性腹泻、牛恶性卡他热、地方流行性牛白血病、牛流行热、牛冠状病毒感染、牛赤羽病、牛生殖道弯曲杆菌病、毛滴虫病、牛梨形虫病、牛无浆体病。

绵羊和山羊病（7种）：山羊关节炎/脑炎、梅迪一维斯纳病、绵羊肺腺瘤病、羊传染性脓疱皮炎、干酪性淋巴结炎、羊梨形虫病、羊无浆体病。

马病（8种）：马流行性淋巴管炎、马流感、马腺疫、马鼻肺炎、马病毒性动脉炎、马传染性子宫炎、马媾疫、马梨形虫病。

猪病（13种）：猪细小病毒感染、猪丹毒、猪传染性胸膜肺炎、猪波氏菌病、猪圆环病毒病、格拉瑟病、猪传染性胃肠炎、猪流感、猪丁型冠状病毒感染、猪塞内卡病毒感染、仔猪红痢、猪痢疾、猪增生性肠病。

禽病（21种）：禽传染性喉气管炎、禽传染性支气管炎、禽白血病、传染性法氏囊病、马立克病、禽痘、鸭病毒性肝炎、鸭浆膜炎、鸡球虫病、低致病性禽流感、禽网状内皮组织增殖病、鸡病毒性关节炎、禽传染性脑脊髓炎、鸡传染性鼻炎、禽坦布苏病毒感染、禽腺病毒感染、鸡传染性贫血、禽偏肺病毒感染、鸡红螨病、鸡坏死性肠炎、鸭呼肠孤病毒感染。

兔病（2种）：兔波氏菌病、兔球虫病。

蚕、蜂病（8种）：蚕多角体病、蚕白僵病、蚕微粒子病、蜂螨病、瓦螨病、亮热厉螨病、蜜蜂孢子虫病、白垩病。

犬猫等动物病（10种）：水貂阿留申病、水貂病毒性肠炎、犬瘟热、犬细小病毒病、犬传染性肝炎、猫泛白细胞减少症、猫嵌杯病毒感染、猫传染性腹膜炎、犬巴贝斯虫病、利什曼原虫病。

鱼类病（11种）：真鲷虹彩病毒病、传染性胰脏坏死病、牙鲆弹状病毒病、鱼爱德华氏菌病、链球菌病、细菌性肾病、杀鲑气单胞菌病、小瓜虫病、粘孢子虫病、三代虫病、指环虫病。

甲壳类病（5种）：黄头病、桃拉综合征、传染性皮下和造血组织坏死病、急性肝胰腺坏死病、河蟹螺原体病。

贝类病(3 种):鲍疱疹病毒病、奥尔森派琴虫病、牡蛎疱疹病毒病。

两栖与爬行类病(3 种):两栖类蛙虹彩病毒病、鳖腮腺炎病、蛙脑膜炎败血症。

尽管 OIE 和中华人民共和国农业农村部都对动物疫病分类有了明确规定,但这种规定随着动物疫病发展趋势和现实存在、风险评估的具体情况,在一定时期的新规出台时可能会有调整。

2. 不同用途动物的检疫对象

农牧发〔2023〕16 号文件,公布了新的屠宰用动物的检疫对象、产地检疫用动物的检疫对象、种用动物的检疫对象、乳用动物的检疫对象。

(1) 屠宰用动物的检疫对象。

生猪:口蹄疫、非洲猪瘟、猪瘟、猪繁殖与呼吸综合征、炭疽、猪丹毒、囊尾蚴病、旋毛虫病。

牛:口蹄疫、布鲁氏菌病、炭疽、牛结核病、牛传染性鼻气管炎(传染性脓疱外阴阴道炎)、牛结节性皮肤病、日本血吸虫病。

羊:口蹄疫、小反刍兽疫、炭疽、布鲁氏菌病、蓝舌病、绵羊痘和山羊痘、山羊传染性胸膜肺炎、棘球蚴病、片形吸虫病。

家禽:高致病性禽流感、新城疫、鸭瘟、马立克病、禽痘、鸡球虫病。

兔:兔出血症、兔球虫病。

马属动物:马传染性贫血、马鼻疽、马流感、马腺疫。

鹿:口蹄疫、炭疽、布鲁氏菌病、牛结核病、棘球蚴病、片形吸虫病。

(2) 产地检疫用动物的检疫对象。

生猪:口蹄疫、非洲猪瘟、猪瘟、猪繁殖与呼吸综合征、炭疽、猪丹毒。

牛:口蹄疫、布鲁氏菌病、炭疽、牛结核病、牛结节性皮肤病。

羊:口蹄疫、小反刍兽疫、布鲁氏菌病、炭疽、蓝舌病、绵羊痘和山羊痘、山羊传染性胸膜肺炎。

鸡、鸽、鹌鹑、火鸡、珍珠鸡、雉鸡、鹧鸪、鸵鸟、鸸鹋:高致病性禽流感、新城疫、马立克病、禽痘、鸡球虫病。

鸭、鹅、番鸭、绿头鸭:高致病性禽流感、新城疫、鸭瘟、小鹅瘟、禽痘。

马属动物:马传染性贫血、马鼻疽、马流感、马腺疫、马鼻肺炎。

犬:狂犬病、布鲁氏菌病、犬瘟热、犬细小病毒病、犬传染性肝炎。

猫:狂犬病、猫泛白细胞减少症。

兔:兔出血症、兔球虫病。

水貂:狂犬病、炭疽、伪狂犬病、犬瘟热、水貂病毒性肠炎、犬传染性肝炎、水貂阿留申病。

蜜蜂:美洲蜜蜂幼虫腐臭病、欧洲蜜蜂幼虫腐臭病、蜜蜂孢子虫病、白垩病、瓦螨病、亮热厉螨病。

淡水鱼:鲤春病毒血症、草鱼出血病、传染性脾肾坏死病、锦鲤疱疹病毒病、传染性造血器官坏死病、鲫造血器官坏死病、鲤浮肿病、小瓜虫病。

海水鱼:刺激隐核虫病、病毒性神经坏死病。

甲壳类:白斑综合征、十足目虹彩病毒病、虾肝肠胞虫病、急性肝胰腺坏死病、传染性肌坏死病。

贝类:鲍疱疹病毒病、牡蛎疱疹病毒病。

(3) 种用动物的检疫对象。

种马(驴):马传染性贫血、马鼻疽、马流感、马腺疫、马鼻肺炎。

种牛:口蹄疫、布鲁氏菌病、炭疽、牛结核病、牛结节性皮肤病、地方流行性牛白血病、牛传染性鼻气管炎(传染性脓疱外阴阴道炎)。

种羊:口蹄疫、小反刍兽疫、布鲁氏菌病、炭疽、蓝舌病、绵羊痘和山羊痘、山羊传染性胸膜肺炎。

种猪:口蹄疫、非洲猪瘟、猪瘟、猪繁殖与呼吸综合征、炭疽、伪狂犬病、猪细小病毒感染、猪丹毒。

Note

种鹿、骆驼、羊驼:口蹄疫、布鲁氏菌病、炭疽、牛结核病。

种兔：兔出血症、兔球虫病。

种禽：高致病性禽流感、新城疫、鸭瘟、小鹅瘟、禽白血病、马立克病、禽痘、禽网状内皮组织增殖病。

(4) 乳用动物的检疫对象：奶牛检疫对象同种牛检疫对象。奶羊检疫对象同种羊检疫对象。

3. 进境动物检疫对象 2020 年，农业农村部会同海关总署组织修订了《中华人民共和国进境动物检疫疫病名录》(以下简称《名录》)，2013 年 11 月 28 日发布的《中华人民共和国进境动物检疫疫病名录》(农业部、国家质量监督检验检疫总局联合公告第 2013 号)同时废止。与 2013 年版的《名录》比较，新版病种增加幅度较大。其中：

一类传染病、寄生虫病从 15 种增加到 16 种，增加了埃博拉出血热；

二类传染病、寄生虫病从 147 种增加到 154 种，其中猪病从 13 种增加到 16 种。

知识拓展与链接

《动物卫生监督证章标志填写及应用规范》

中华人民共和国进境动物检疫疫病名录

课程评价与作业

1. 课程评价

通过对动物检疫的范围、管理、对象和分类知识的深入讲解，使学生熟练掌握动物检疫相关的基本知识，掌握《中华人民共和国动物防疫法》，学会运用法律知识处理检疫工作。教师将各种教学方法结合起来，使学生更深入地掌握知识之道，调动学生的学习兴趣。通过多种形式的互动，使课堂学习气氛轻松愉快，真正达到教学目标。

2. 作业

线上评测

思考与练习

1. 什么是动物检疫范围？
2. 动物检疫的范围有哪些？
3. 动物检疫分哪几类？
4. 我国国内动物检疫的对象分几类？共多少种？其中一类动物疫病有哪些？
5. 简述动物检疫的特点。

扫码看课件
4-2

任务二　动物检疫的程序、方式和方法

学习目标

▲知识目标

1. 熟记动物检疫的程序、方式和方法。

2. 掌握动物检疫的流行病学调查法、临诊检查法、病理学检查法、病原学检查法以及免疫学检查法等方法。

▲技能目标

1. 通过学习动物检疫的程序、方式和方法，掌握动物检疫的工作内容。

2. 掌握流行病学调查法、临诊检查法、病理学检查法、病原学检查法以及免疫学检查法等检疫工作技能。

▲思政目标

1. 明礼守法，办事公道，爱岗敬业、诚信友善。

2. 树立崇高的职业理想。

▲知识点

1. 国内动物检疫的程序和进出口动物检疫的主要程序。

2. 动物检疫的方式及检疫结果。

3. 动物检疫的流行病学调查法、临诊检查法、病理学检查法、病原学检查法以及免疫学检查法等方法。

一、动物检疫的程序

动物检疫程序按国内动物检疫和进出口动物检疫国家规定程序进行。

（一）国内动物及动物产品检疫的主要程序

微课 4-2

检疫程序包括六个步骤：①申报受理；②查验资料及畜禽标识；③临床检查；④实验室检测；⑤判定和出证；⑥处理。

动物检疫流程图见图 4-1。

动物检疫监督检查流程图见图 4-2。

1. 检疫申报　国家实行动物检疫申报制度。

(1) 报检类型及时限：下列动物、动物产品在离开产地前，货主应当按规定时限向所在地动物卫生监督机构申报检疫。

①出售、运输动物产品和供屠宰、继续饲养的动物，应当提前 3 天申报检疫。

②出售、运输乳用动物、种用动物及其精液、卵、胚胎、种蛋，以及参加展览、演出和比赛的动物，应当提前 15 天申报检疫。

③向无规定动物疫病区输入相关易感动物、易感动物产品的，货主除按规定向输出地动物卫生监督机构申报检疫外，还应当在起运 3 天前向输入地省级动物卫生监督机构申报检疫。

④合法捕获野生动物的，应当在捕获后 3 天内向捕获地县级动物卫生监督机构申报检疫。

⑤屠宰动物的，应当提前 6 h 向所在地动物卫生监督机构申报检疫；急宰动物的，可以随时申报。

(2) 报检内容：动物种类、数量、起运地点、到达地点和约定检疫时间等。

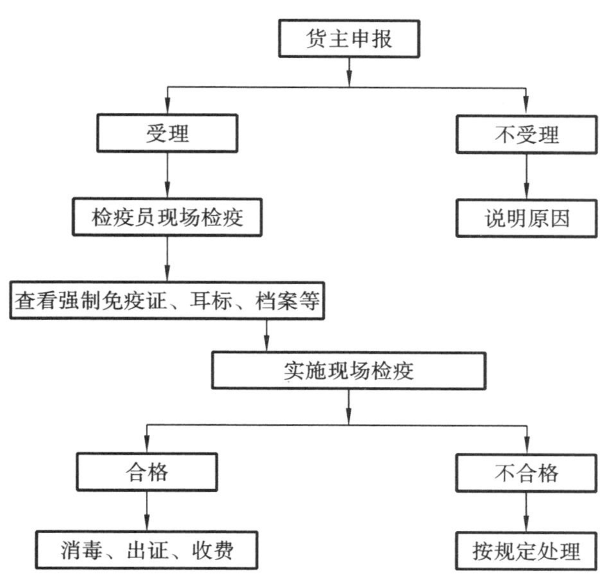

图 4-1　动物检疫流程图

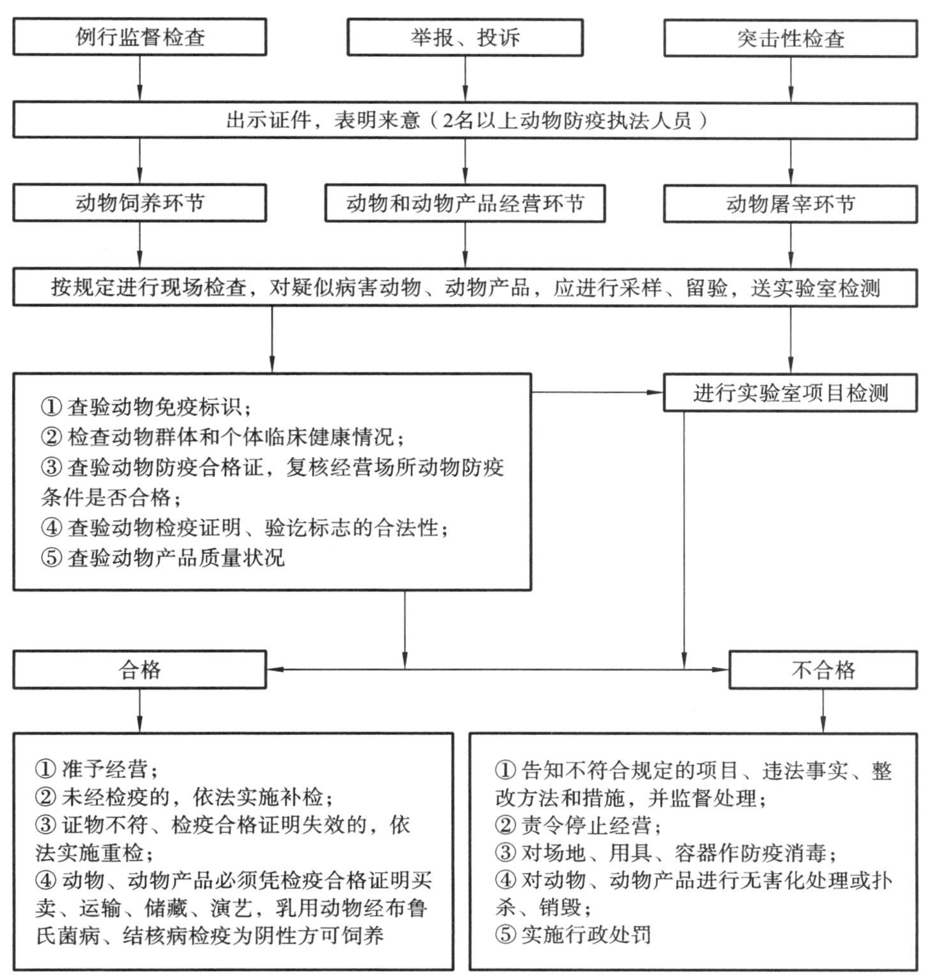

图 4-2　动物检疫监督检查流程图

申报检疫的，应当提交检疫申报单；跨省、自治区、直辖市调运乳用动物、种用动物及其精液、胚胎、种蛋的，还应当同时提交输入地省、自治区、直辖市动物卫生监督机构批准的《跨省引进乳用种用动物检疫审批表》。

（3）报检形式：申报检疫采取申报点填报、传真、电话等方式申报。采用电话申报的，需在现场补填检疫申报单。

（4）报检结果：动物卫生监督机构受理检疫申报后，应当派出官方兽医到现场或指定地点实施检疫；不予受理的，应当说明理由。

2. 现场检查 现场检查主要针对饲养情况、经营的各个环节和屠宰动物进行检疫。

（1）动物饲养环节检疫：种用动物必须是来自安全非疫区，饲养管理良好；饲料新鲜安全，不得添加违规添加剂，所用饲料必须定期到规定检疫单位检验；饮用水符合标准。还要进行动物群体健康状态检查，特别是精神状态和体温检查，并检查消毒措施和实施情况。

（2）动物和动物产品经营环节检疫：对动物及动物产品加工、经营、储藏等环节进行检疫，查证验物，禁未经检疫、病死畜禽肉类产品入库。严格按照《中华人民共和国动物防疫法》有关规定凭检疫合格证明入库，确保冻肉产品的肉品质量。严禁未经检疫的动物产品上市销售，严禁病害肉上市销售。对超市肉品专柜要进行严格检查，凡未经检疫或检疫不合格的肉品，一律不准上柜销售。

（3）动物屠宰环节检疫：屠宰点的检疫人员出证要规范，并对检疫结果负全责。要严把宰前检疫关，发现患病动物，及时处理，提高肉品质量。宰杀后，要严把宰后检疫关，严格执行检疫规程，在应检部位有刀痕，合格后盖章出证，保证屠宰动物受检率，病害动物及其产品无害化处理率达到100%。

3. 实验室项目检查 对于临床上有异常表现、在屠宰过程中发现病变组织和器官及正常屠宰过程中必检样品（如猪膈肌）要进行实验室检验，以确定其是否有传染性疾病或产品否具有危害等。对临床上可疑的病料只能通过实验室检验才能确定是否含有病原体。

4. 判定和出证 通过临床观察和实验室检验的结果，判定动物产品是否安全，并按规定出证。

5. 处理 根据判定和出证的结果，依法进行现场检疫和实验检验的检疫处理，如健康，继续其他程序和继续加工处理。如发现病畜禽或其产品，按照我国动物防疫及检疫管理办法的有关规定对检疫物进行处理，要进行防疫、消毒、除害、销毁等处理。

（二）进出口动物检疫的主要程序

1. 检疫许可 对于出境动物实行许可证制度，检疫机构对大批量、经常性输出动物的企业及中转包装场进行常年性、全过程检疫监督管理。对于具备如下条件的单位可以预先办理检疫许可证，而没有预先办理检疫许可证的单位必须在报检时申请办理。

（1）取得工商行政管理部门颁发的企业法人营业执照。

（2）注册资金为人民币150万元以上。

（3）有固定营业场所及符合办理检疫检验报检业务所需设施。

（4）有健全的有关代理报检的管理制度。

（5）有不少于10名取得报检员资格证的人员。

（6）提交的声明符合《出入境检验检疫代理报检管理等规定》。

对于动物输入，在动物输入前，货主或其代理人须到国家质检总局办理检疫审批手续。入境伴侣动物无需办理审批手续。

2. 检疫申报或报检 出境动物和动物产品货主或其代理人应在动物出境前到口岸检疫机构预报，并提供与该动物有关的资料。

对于输入动物，国家出入境检疫机构视进口动物种、数量和输出国的情况，以及互相议定书规定，派兽医赴输出国，配合输出国官方检疫机构执行检疫任务，包括商定检疫计划、挑选动物、原农场检疫、隔离检疫、动物运输。动物产品入境前同样需要报检。

3. 现场检疫和实验室检测 出境动物在产地检疫、隔离检疫均合格后，出境前的现场检疫包括现场清理、消毒、查验单证、临诊检查等；对于出境动物产品，现场检查所有有关单证，根据不同特点

及检疫要求，采样做实验室检验，并进行包装等的消毒处理。

入境动物及其产品需要入境现场检疫、隔离检疫、实验室检验。

4. 检疫处理或出证放行 根据现场检疫、隔离检疫和实验室检验结果，对符合协议书规定的动物及其产品出具检疫放行通知单，准予入境。对于出境动物及其产品，检验合格并进行消毒处理，出具兽医卫生证书。对于不合格的动物及其产品，根据具体情况进行退回、销毁等处理。

二、动物检疫的方式

1. 现场检疫

（1）现场检疫的概念：现场检疫是指动物在交易、待宰、待运或运输前后以及到达口岸时，在现场集中进行的检疫方式。

现场检疫方式适用于内检和外检的各种动物检疫，是一种常用而且必要的检疫方式。

（2）现场检疫的内容。

①验证查物：a. 验证：有无检疫证明、是否合法有效。b. 查物：核对被检动物、动物产品的种类、品种、数量。

②三观一查：a."三观"是指临床检查中对动物群体的静态、动态和饮食状态的观察。b."一查"是指个体检查。

发现或出现疑似的动物疫病，需进一步进行实验室检测。

2. 隔离检疫

（1）隔离检疫的概念及分类：

①隔离检疫是指将动物放在一定条件的隔离场或隔离圈（列车厢、船舱）进行的检疫方式。

主要用于出入境检疫，准备出境动物的产地检疫，动物在运输前、后及过程中发现有或可疑有传染病时的运输检疫，种畜禽调运前后的检疫，建立健康畜群时的净化检疫。

一般在启用前 15～30 天在原种畜禽场或隔离场进行检疫。到场后可根据需要隔离 30～45 天。

②分类：a. 定点检疫：是指对动物在规定的地点进行隔离检疫。主要用于进出境动物、种畜禽调用前后及有可疑检疫对象发生时或建立健康动物群时的检疫。b. 实验室检疫：是指在动物隔离检疫期间，对发现异常情况的动物及时采集病料进行实验室检查。

（2）隔离检疫的条件：①相对偏僻；②有隔离设施；③有消毒和尸体处理设施；④其他条件。

（3）隔离检疫的内容：隔离检疫的内容主要包括临诊检查和实验室检查。指定的隔离场内，在正常饲养条件下，对动物进行经常性的临诊检查（临诊检疫和个体检疫），若发现异常，及时采取病料送检，对病死动物应及时剖检（可疑炭疽病禁止剖检）、确诊；同时按照有关法规、贸易合同或两国政府签订的条款进行规定项目的实验室检查。以上情况均应记录在案。

3. 净化检疫

（1）净化检疫的概念：净化检疫是指在国内某地发生规定的检疫对象流行时进行的检疫。

（2）净化检疫的意义：摸清发病动物的种类和数量，弄清疫情发生的地点和波及范围，了解疫情发生的时间和流行强度，探索影响疫情发生的因素，澄清疫情发生与流行过程，提供扑灭疫情的可靠依据。另外，通过净化检疫，可以控制和清除某些动物疫病，净化畜群。

（3）净化检疫的要求：

①迅速确诊，及时上报。发现患有疫病或疑似疫病的动物及其产品，及时向当地动物防疫监督机构报告，动物防疫监督机构迅速采取措施做出确定诊断，并按国家有关规定，将疫情等情况逐级上报国务院畜牧兽医行政管理部门。

②追查疫源。发现规定的动物疫病或当地新的动物疫病，要查明和追查疫源，并采取紧急扑灭措施。追查疫源时，要对疫源的来源和去向同时进行追查。

③摸清分布。疫区内的易感动物都必须进行检疫，摸清疫情的畜群分布、地区分布和时间分布。

④尽快控制。净化检疫时应根据疫病种类的不同，组织人力、物力，按《中华人民共和国动物防疫法》的有关规定迅速采取强制性控制、扑灭措施，或者防治和净化等措施。

（4）净化检疫的对象：净化检疫的对象是国家规定的动物疫病或当地新发现的动物疫病。

(5) 净化检疫的程序和方法：

①根据需要报请封锁。如发现为一类动物疫病，当地县级以上地方人民政府畜牧兽医行政管理部门应当立即派人到现场，划定疫点、疫区、受威胁区，并对疫区进行封锁。

②制定净化检疫方案。应根据疫情处理的要求提出净化检疫方案，明确疫区检疫的目的、达到的目标、采用的方法和依据的标准。

③准备物质：包括人力、物力、技术等方面的准备。

④实施检疫。如为一、二类动物疫病，县级以上地方人民政府应当根据检疫需要立即组织有关部门和单位采取隔离、扑杀、销毁、消毒、紧急免疫接种等强制控制、扑灭措施。如为三类动物疫病，县、乡级人民政府应当根据有关规定组织防治和净化。

(6)净化检疫的注意事项：进行净化检疫时要尽快澄清疫情并迅速采取防治措施，同时要与疫区处理的其他措施密切配合，又要防止检疫传染病，力争把疫情控制在最小范围内。

4. 检疫结果

(1)合格：出具检疫证明、加施检疫标志并准予放行。

(2)不合格：按照我国动物防疫法及动物检疫管理办法的有关规定对检疫物实施处理。

三、动物检疫的方法

动物疫病有数百种，它们的发病有共同的规律性，但每种疫病往往由于病原体不同而各有其本身的特点。为了正确地开展动物检疫，必须掌握各种动物检疫方法，常用的检疫方法有流行病学调查、临诊检查、病理学检查、病原学检查和免疫学检查法等方法。

这些方法并非在检查每一种疫病时、每次诊断都要用上，而是根据不同的情况，应用其中几种方法。

(一)流行病学调查法

流行病学调查的目的是证明疫病或传染是否存在，并确定其发生或分布状况，同时尽可能早地判断是否为外来病或新发传染病。该法是在流行病学调查的基础上进行检疫。准确地掌握动物疫情，可以为动物检疫提供很好的依据。主要应了解当地和邻近地区过去和现在发生疫病的情况，动物疫病的一般和特殊症状，发病率、病死率和死亡率，发病动物的年龄和发病的季节性，疫病的病程经过，治疗的方法和效果，以及免疫接种等情况。某些疫病的临诊症状虽然类似，但其流行规律不一样，需要用流行病学调查资料进行鉴别检疫。如猪口蹄疫与猪水疱病，其临床症状相似，但其流行特点不同，可供区别。综合分析所掌握的资料，结合临床和病理材料，对确诊动物疫病可起重要作用。

动物卫生调查是监测传染病、监控传染病发展趋势，从而有利于控制疾病的基本方法，可为分析风险、达到动物卫生或公共卫生目的、进一步采取合理的卫生措施提供资料和数据。有些传染病对于家畜和野生动物都易感，但一些安全措施仅针对家畜。调查资料能够支持疾病状态报告特性、满足风险分析要求，有利于国际贸易和国家贸易安全的决定。野生动物也应被包括进来，因为它们是很多病原体的保藏畜主、人兽共患疾病的预警动物或指示器，野生动物流行病学调查相对于家畜而言具有更大挑战性。

(二)临诊检查法

临床检查的方法又称临诊检查法，即应用兽医临床诊断方法，对动物进行群体检疫和个体检疫，以分辨病健。动物临床检查的方法可应用于产地、屠宰等流通环节的动物检疫，是动物检疫中最常用的方法。临诊检查是利用人的感官或借助一些简单的器械如体温计、听诊器等直接对动物外貌、动态、排泄物等进行检查。主要通过对动物的群体检查和个体检查，发现某些症状，结合流行病学调查资料，作出初步的检疫结论。

(三)病理学检查法

主要是应用病理解剖学知识，对动物尸体进行剖检，查看其病理变化。如猪瘟，可依其特征的病理变化，作出检疫结论。对死因不明的动物尸体或临床上难以诊断的疑似患病动物，必要时可进行病理学诊断。

病理学检查包括尸体剖检和病理组织学检查两种方法。一些疫病在临床上不显示任何典型症状，而在剖检时可能找到特征性病变，从而帮助官方兽医作出正确诊断。病理组织学检查（图 4-3）适用于肉眼不可见或疑难疫病，可酌情采取病料送实验室作组织切片（图 4-4），在显微镜下检查，观察其细微的组织学病理变化，借以帮助诊断。

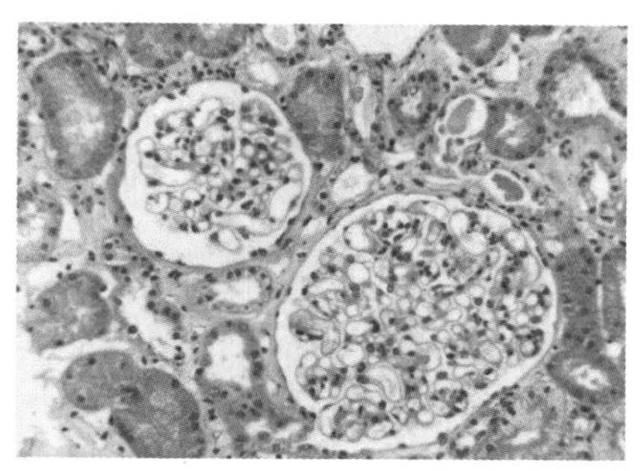

图 4-3　肾脏组织病理切片

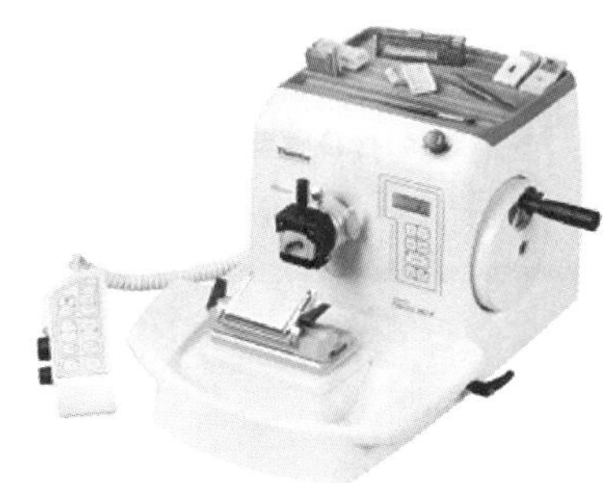

图 4-4　石蜡切片机

（四）病原学检查法

要进行实验室检查，必须准确地采集病料，才能得到准确的结果。所以在采集病料前必须根据临场检疫结果，针对可疑检疫对象存在的部位，选择适宜的病料送检。例如，布鲁氏菌病采集血清，传染性、萎缩性鼻炎采集鼻腔分泌物。另外，注意采集典型病例的病料，死后须立即取材，防止组织腐败，同时避免污染。

利用兽医微生物学和寄生虫学的方法，查出动物疫病的病原体，是诊断动物疫病的一种比较可靠的诊断方法，也是诊断疫病的主要环节。在拟定检疫方案和分析检疫结果时，必须结合疫病的流行病学、临床症状和病理剖检变化等综合判断。一般常用的方法和步骤如下。

1. 病料采集　正确采集病料是微生物学诊断的关键。原则上要求采取的病料尽可能新鲜，最好在濒死时或死后数小时内，尽量减少杂菌污染，用具器皿应严格消毒，尽量采取病原体含量多、病变明显的部位。通常可根据疑似疫病的类型和特性来决定采取哪些器官和组织病料。如怀疑为猪瘟时，可取扁桃体、肾、淋巴结和脾。如果缺乏临床资料，剖检时又难以分析判断可能属何种疫病时，应全面取材，如血液、肝、脾、肺、肾和淋巴结等，同时注意采取带有病变的部分。

2. 病料涂片检查　通常选取具有明显病变的组织器官进行涂片、染色、镜检。此法对一些具有特征性形态的病原微生物，如炭疽杆菌、巴氏杆菌等可迅速作出诊断。

3. 分离培养与鉴定　用人工培养的方法将病原体从病料中分离出来。细菌、真菌和螺旋体可选择适当的人工培养基。病毒可选用禽胚、易感组织细胞及易感实验动物等方法分离培养。对分离纯化获得的病原体进行生化试验和生物学特性鉴定。

4. 动物接种试验　通常选用对接种病原体最敏感的动物进行人工感染试验。病原体对不同动物的致病力、临床症状和病理变化特点可帮助诊断，必要时可进行剖检采集病料，进行涂片检查和分离鉴定。

（五）免疫学检查法

免疫学诊断快速而准确，是诊断动物疫病常用的重要方法，特别是对隐性感染的疫病。免疫学检查法一般分为血清学检测法和变态反应检查法。

1. 血清学检测法　利用抗原和抗体特异性结合的免疫学反应进行诊断。可用已知原来测定被检动物血清中的特异性抗体，也可用已知的抗体（免疫血清）来测定被检材料中的抗原。该法特异性和敏感性都很高，且方法简易而快速，故在疫病的检疫中被广泛应用。常用的有凝集试验、沉淀试验、补体结合试验、中和试验、荧光抗体技术、免疫酶技术等方法。

2. 变态反应检测法　某些疫病在感染过程中引起以细胞免疫为主的迟发型变态反应，这种变态反应是由病原体或其代谢产物在感染过程中作为变应原而引起的，具有很高的特异性和敏感性。常用于某些寄生虫病和慢性传染病的检疫，如细菌性疫病中的结核病、鼻疽、副结核等。

知识拓展与链接

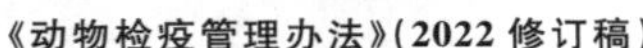

《动物检疫管理办法》(2022 修订稿)

动物检疫分类和检疫流程

课程评价与作业

1. 课程评价

通过对动物检疫的程序、方式和方法知识的深入讲解，使学生熟练掌握动物检疫的工作内容，掌握流行病学调查法、临诊检查法、病理学检查法、病原学检查法以及免疫学检查法等检疫工作技能。教师将各种教学方法结合起来，使学生更深入地掌握知识，调动学生的学习兴趣。通过多种形式的互动，使课堂学习气氛轻松愉快，真正达到教学目标。

2. 作业

线上评测

思考与练习

1. 国内动物检疫的主要程序是什么？
2. 进出口动物检疫的主要程序是什么？
3. 动物检疫的方法有哪些？动物检疫的方式有哪些？
4. 现场检查的内容有哪些？
5. 隔离检疫的概念及分类。
6. 净化检疫的意义是什么？净化检疫的程序和方法是什么？
7. 检疫的结果是什么？
8. 如何进行动物群体检疫？

扫码看课件 4-3

任务三　动物检疫处理

学习目标

▲知识目标

1. 掌握动物检疫处理的原则和方式。
2. 掌握国内动物检疫的处理。
3. 掌握出入境动物检疫的处理。

▲技能目标

1. 通过合格动物检疫处理知识的学习，学会动物检疫合格证明的开写。
2. 通过学习不合格动物检疫处理的方法，掌握不合格动物的无害化处理技术。

▲思政目标

1. 明礼守法，办事公道，爱岗敬业、诚信友善。
2. 树立崇高的职业理想。

▲知识点

1. 动物检疫处理的原则和方式。
2. 国内动物检疫处理。
3. 入境动物检疫处理。
4. 出境动物检疫处理。

动物检疫处理是指检疫检验机构单方面采取的强制措施，即对检疫不合格的动物(包括动物产品)和其他检疫物采取的除害、扑杀、销毁、退回、截留、封存、不准入境、不准出境、不准过境、不准出疫区等措施。

微课 4-3

一、检疫处理的原则和方式

（一）检疫处理的原则

在保证动物病虫害不传入或传出疫区、国境的前提下，尽可能减少经济损失，以促进贸易发展为基本原则。能做除害灭病处理的，尽可能不进行销毁；无法进行除害处理或除害处理无效的，或法规有明确规定的，要坚决作出扑杀、销毁或退回处理；作出扑杀、销毁处理决定后，要尽快实施，以免疫病进一步扩散。

（二）检疫处理的方式

1. 除害　通过物理、化学和其他方法杀灭有害生物，包括熏蒸、消毒及高温、低温辐照等方式处理。

2. 扑杀　对检验不合格的动物，依照法规，用不放血的方式宰杀，消灭传染源。

3. 销毁　以化学处理、焚烧、深埋或其他有效方法，彻底消灭病原体及其载体。

4. 退回　对尚未卸离运输工具的不合格检疫动物、产品，可用原运输工具退回输出国；对已卸离运输工具的不合格检疫物，在不扩大传染的前提下，由原进口岸检疫机构监管退回输出国。

5. 截留　对旅客携带的检疫物，经现场检疫认为要除害或销毁的，签发《出入境人员携带物留验/处凭证》，作为检疫处理的辅助手段。

6. 封存　对需要进行检疫处理的检疫物，应及时予以封存，防止疫情扩散。这也是检疫处理的辅助手段。

此外，还有不准入境、不准过境等处理方式。

二、国内检疫处理

（一）合格动物、动物产品的处理

1. 合格动物

(1) 对在省境内进行交易的动物，出具动物检疫合格证明。

(2) 对运出省境的动物，出具动物检疫合格证明。

2. 合格动物产品

(1) 在省境内进行交易的动物产品，出具动物检疫合格证明。

Note

(2) 运出省境的动物产品,出具动物检疫合格证明。

(3) 加盖或加封验讫印章或验讫标志。剥皮肉类(如马肉、牛肉、骡肉、驴肉、羊肉、猪肉等)在其胴体或分割体上加盖方形针码检疫印章,带皮肉类加盖滚筒式验讫印章。白条禽(鸡、鸭、鹅)和剥皮兔等,在其后腿(肱)上部加盖圆形针码检疫印章。

(二) 不合格动物、动物产品的处理

按国家有关法律法规进行处理。

(1) 经检疫确定患有疫病的动物、疑似动物及染疫动物产品为不合格的动物、动物产品,应做好防疫消毒和其他无害化处理,无法进行无害化处理的,予以销毁。

无害化处理(bio-safety disposal)是指用物理、化学等方法处理病死及病害动物和相关动物产品,消灭其所携带的病原体,消除危害的过程。无害化处理的方法分为以下几种。

①焚烧法:在焚烧容器内,使病死及病害动物和相关动物产品在富氧或无氧条件下进行氧化反应或热解反应的方法。有直接焚烧法和炭化焚烧法。

②化制法:在密闭的高压容器内,通过向容器夹层或容器内通入高温饱和蒸汽,在干热、压力或蒸汽、压力的作用下,处理病死及病害动物和相关动物产品的方法。有干化法和湿化法。

③高温法:常压状态下,在封闭系统内利用高温处理病死及病害动物和相关动物产品的方法。

④深埋法:按照相关规定,将病死及病害动物和相关动物产品投入深埋坑中并覆盖、消毒,处理病死及病害动物和相关动物产品的方法。

视频:染疫动物尸体处理一硫酸分解法

⑤化学处理法:a. 硫酸分解法:硫酸分解法是指在密闭的容器内,将病死及病害动物和相关动物产品用硫酸在一定条件下进行分解的方法。b. 化学消毒法:有盐酸食盐溶液消毒法、过氧乙酸消毒法、碱盐液浸泡消毒法三种方法。

(2) 若发现动物、动物产品未按规定进行免疫、检疫,无检疫证明,检疫证明过期失效,证物不符,应进行补免、补检或重检。

①补免:对未按规定预防接种或已接种但超过免疫有效期的动物进行的预防接种。

②补检:对未经检疫进流通的动物及其产品进行的检疫。

③重检:动物及其产品的检疫证明过期或在有效期内异常情况出现时可重新检疫。

经检疫的阳性动物加施圆形针码免疫、检疫印章。例如,结核病阳性牛,在牛左肩脚部加盖此章;布鲁氏菌阳性牛,在其右肩脚部加盖此章。不合格动物产品可在胴体上加盖销毁、化制或高温标志,做无害化处理,脏器也要按规定做无害化处理。

(三) 检疫记录

1. 检疫申报单 动物卫生监督机构须指导畜主填写检疫申报单。

2. 检疫工作记录 详细登记畜主姓名、地址,检疫申报时间,检疫时间,检疫地点,检疫动物种类、数量及用途,检疫处理,以及检疫证明编号等,并由畜主签名。

3. 检疫申报单和检疫工作记录 应保存 12 个月以上。

(四) 各类动物疫病的检疫处理

1. 一类动物疫病的处理 发生一类动物疫病时,应当采取下列控制和扑灭措施。

(1) 当地县级以上地方人民政府兽医主管部门应当立即派人到现场,划定疫点、疫区、受威胁区,采集病料,调查疫源,及时报请同级人民政府对疫区实行封锁。疫区范围涉及两个以上行政区域的,由有关行政区域共同的上一级人民政府决定对疫区实行封锁,或者由各有关行政区域的上一级人民政府共同决定对疫区实行封锁。

(2) 县级以上地方人民政府应当立即组织有关部门和单位采取封锁、隔离、扑杀、销毁、消毒、无害化处理、紧急免疫接种等强制性措施,迅速扑灭疫病。

(3) 在封锁期间,禁止染疫和疑似染疫的动物、动物产品流出疫区,禁止非疫区的动物进入疫区,并根据扑灭动物疫病的需要对出入封锁区的人员、运输工具及有关物品采取消毒和其他限制性

Note

措施。

（4）疫点、疫区、受威胁区的撤销和疫区封锁的解除，按照国务院农业农村主管部门规定的标准和程序评估后，由原决定机关决定并宣布。

2. 二类动物疫病的处理 发生二类动物疫病时，应当采取下列控制和扑灭措施。

（1）当地县级以上地方人民政府兽医主管部门应当划定疫点、疫区、受威胁区。

（2）县级以上地方人民政府根据需要组织有关部门和单位采取隔离、扑杀、销毁、消毒、无害化处理、紧急免疫接种、限制易感染的动物和动物产品及有关物品出入等控制、扑灭措施。

3. 三类动物疫病的处理 发生三类动物疫病时，所在地县级、乡级人民政府应当按照国务院农业农村主管部门的规定组织防治。

4. 二、三类动物疫病暴发流行时的处理 二、三类动物疫病呈暴发性流行时，按照一类动物疫病处理。

5. 人兽共患疫病的处理 发生人兽共患传染病时，卫生健康主管部门应当对疫区易感染的人群进行监测，并应当依照《中华人民共和国传染病防治法》的规定及时公布疫情，采取相应的预防、控制措施。

6. 其他规定 疫区内有关单位和个人，应当遵守县级以上人民政府及其农业农村主管部门依法作出的有关控制动物疫病的规定。任何单位和个人不得藏匿、转移、盗掘已被依法隔离、封存、处理的动物和动物产品。一、二、三类动物疫病突然发生，迅速传播，给养殖业生产安全造成严重威胁、危害，以及可能对公众身体健康与生命安全造成危害，构成重大动物疫情的，依照法律和国务院的规定采取重大动物疫情应急处理措施。

三、入境动物检疫处理

（一）现场检疫处理

动物入境时，检疫人员在口岸现场（机场、码头）检查动物装载情况及动物临床健康状况。若发现有动物死亡或有临床症状，则应分析具体情况，包括因病死、机械性死亡、气温异常导致的死亡，分别做处理。

（1）对死亡的动物应及时移送指定地点做病理解剖检验，并采样送实验室检验，死亡动物尸体转运到指定地点进行无害化处理并出具证明进行索赔或其他处理。

（2）对有临床症状的动物，若超过半数动物死亡，则禁止卸离运输工具，全群退回并上报国家出入境检验检疫局。

（3）动物铺垫材料、剩余饲料和排泄物等，由货主代理人在检疫人员的监督下，做除害处理，如熏、消毒、高温处理等。

（4）对入境动物做群体临诊观察，发现疑似感染传染病动物时，在货主或者押运人员的配合下查明情况，即刻处理。

（二）隔离检疫和实验室检验的检疫处理

（1）发现入境动物有一类传染病、寄生虫病，按规定做全群退回或全群扑杀、销毁处理。

（2）如发现二类传染病或寄生虫病，对患病动物做退回或扑杀、销毁处理，同群其他动物放行至指定地点继续观察，由当地检验检疫机构或兽医部门负责监管。

（3）对经检疫合格的入境动物，由口岸检疫检验机构在隔离期满之日签发有关单证（如入境货物检疫检验证明）予以放行。

（4）检出的规定检疫项目以外的、对畜牧业有严危害的其他传染病或寄生虫病的动物，由国家质检总局根据其危害程度做出检疫处理决定。

（5）对旅客携带的伴侣动物，不能交验输出国（或地区）官方出具的检疫证书和狂犬病免疫证书或超出规定限量的，做暂时扣留处理。

四、出境动物检疫处理

根据输入国的卫生要求或双边议定书或贸易合同中的检疫要求，经检疫检验不合格的动物不准出境，根据具体情况做出退回原产地或者扑杀销毁处理，若发生重大疫情，要及时上报国家质检总局并向当地及原产地牧兽医部门通报，及时采取措施，扑灭疫情。

知识拓展与链接

动物检疫标志样式及说明

检疫处理通知单、检疫申报单

记录档案及证章标识

课程评价与作业

1. 课程评价

通过对国内和出入境动物检疫处理知识的深入讲解，使学生熟练掌握动物检疫相关的基本知识，认识动物检疫各种证章标识，学会动物检疫合格证明的开写，掌握不合格动物的无害化处理技术。教师将各种教学方法结合起来，使学生更深入地掌握知识之道，调动学生的学习兴趣。通过多种形式的互动，使课堂学习气氛轻松愉快，真正达到教学目标。

2. 作业

线上评测

思考与练习

1. 简述动物检疫处理的原则和方式。
2. 简述国内动物检疫。
3. 简述入境动物检疫。
4. 简述出境动物检疫。

Note

项目五　动物生产和流通环节检疫

任务一　产地检疫

扫码看课件
5-1

学习目标

▲知识目标

1. 深刻了解产地检疫的意义、要求及各类检疫的内容。

2. 熟悉掌握动物产地检疫、种畜禽调运检疫的相关流程。

▲技能目标

1. 学会按产地检验的程序开展动物和动物产品的产地检疫工作。

2. 能够填写动物、动物产品检疫申报单、检疫申报受理单、处理通知书等各类产地检疫文书，会规范出具动物检疫合格证明，并能够准确判定相关证明的有效性。

▲思政目标

产地检疫是动物防疫检疫工作的一项重要内容，可及时发现染疫动物、染疫动物产品及病死动物，防止其进入流通环节，危害畜牧业和人体健康。因此，在学习过程中我们要注重培养学生的法律意识、防疫意识以及职业素养，严格按照产地检验程序开展动物和动物产品检疫工作，保障动物及动物产品安全，促进畜牧业健康发展，保护人体健康。

▲知识点

1. 产地检疫概述。

2. 动物产地检疫。

3. 合法捕获的野生动物检疫。

4. 动物产品检疫。

5. 种畜禽调运检疫。

6. 水产苗种产地检疫。

一、产地检疫概述

（一）产地检疫的概念

产地检疫是指动物及其产品在离开饲养地或生产地之前所进行的检疫。产地检疫包含动物饲养场或饲养户等饲养的动物在饲养场地进行的就地检疫，动物于出售前在饲养场地进行的就地检疫，动物于准备运输前在饲养场地进行的就地检疫，准备出口动物在未进入口岸前进行的隔离检疫，以及准备出售或调运的动物产品在生产产地进行的检疫等。通过产地检疫可及时在原产地发现染疫动物、染疫动物产品及病死动物，并及时进行安全处理和有效控制，防止其进入流通环节，保障动物及动物产品安全，保护人体健康。

Note

（二）产地检疫的意义

1. 及时发现病原体，防止进入流通环节 产地检疫的开展对贯彻落实预防为主的方针起到保障作用，对动物及动物产品进行就地检疫，可在患病动物及其产品进入流通环节之前，及时发现病原体，并采取安全有效措施，消灭传染源，切断传播途径，从而有效地防止病原体扩散传播。

2. 缓解检疫压力，提高检疫准确性 产地检疫时间充足，检验手段多样，可及时作出客观判断，防止疫病进入交易市场，从而缓解流通领域中检疫时间紧、任务量大的检疫压力，减少错误率，提高检疫的准确性，也减轻了对外贸易、运输和市场检疫监督的压力，减少贸易损失。

3. 增强检疫意识，促进防疫工作 产地检疫对免疫档案、畜禽标识、动物产品检验证明等相关证明进行严格查验，既可充分调动畜主依法防疫的积极性，促进基层动物免疫接种工作有序开展，又可增强动物产品生产、加工、经营人员的防疫检疫意识，加强动物产品安全检验，实现防检结合，以检促防。

由此可见，产地检疫作为动物检疫工作的基础，不仅是预防、控制动物疫病的重要措施，也是做好防疫工作的重要手段。应强化落实产地检疫，把产地检疫作为动物防疫检疫工作的重点，抓紧抓实。

（三）产地检疫的分类

产地检疫可根据检验环节的不同分为以下几类。

1. 产地常规检疫 动物饲养场和饲养户依照检疫要求制定规范的检疫计划，并按计划定期在场内对饲养的动物进行的检疫。

2. 产地售前检疫 动物、动物产品出售前在饲养场、生产加工厂单位内进行的检疫。

3. 产地隔离检疫 有出口任务的饲养场在动物进入口岸（海关）前在原产地进行的隔离。国内异地调运种用畜禽，运前在原种畜禽场隔离进行的检疫和产地引种饲养调回动物后进行的隔离观察亦属产地隔离检疫。

（四）产地检疫的要求

（1）检疫人员应到场入户或到指定地点实施现场检疫。结合当地动物疫情、疫病监测情况和临诊检查，合格者方可出具检疫合格证明，不得坐等出证。

（2）当地动物卫生监督机构应按检疫要求，定期对本地区动物特别是种用、乳用动物进行疫病检查。凡引进种畜禽的单位，要按照防疫要求，严格执行隔离检疫（大中型动物 45 天，其他动物 30 天），经确认无疫病才可进行饲养。

（3）当发生疫情时，应及时向动物防疫监督机构报告，以便及时确诊和采取防治措施。不得瞒报、谎报。对不合格的动物产品，应严格按照规定作出处理。

二、动物产地检疫

（一）动物产地检疫的实施程序

1. 申报受理 经营动物、动物产品的单位和个人在其动物、动物产品发生移动之前，依照有关规定向所在地动物卫生监督机构提出检疫申报。申报检疫采取申报点填报、传真、电话等方式申报。采用电话申报的，需要现场补填检疫申报单（表 5-1）。报检内容含动物种类、数量、起运地点、到达地点、运输方式和约定检疫时间等。动物卫生监督机构在接到检疫申报后，根据当地相关动物疫情情况，决定是否予以受理（表 5-2）。受理的，动物卫生监督机构必须填写检疫申报受理单，按约定时间指派官方兽医，携带相关检疫用具到现场或指定地点实施检疫，在运输、出售前作出检疫结论，合格的出具相关检疫合格证明等。不予受理的，应说明理由（表 5-3）。

动物卫生监督机构本着有利生产，促进流通，方便群众，便于检疫的原则，在辖区内设立动物、动物产品的产地检疫报检点，负责检疫申报的受理工作，并将报检电话、联系人和业务管辖范围，公告管理相关人员。

表 5-1　检疫申报单

检疫申报单(样式)
(货主填写)
编号：________
货主：________　联系电话：________
动物/动物产品种类：________　数量及单位：________
来源：________　用途：________
起运地点：________　起运时间：________
到达地点：________
依照《动物检疫管理办法》规定，现申报检疫。
货主签字(盖章)：
申报时间：____年____月____日

表 5-2　申报处理结果

申报处理结果(样式)
(动物卫生监督机构填写)
□受理：本所拟于____年____月____日到________实施检疫。
□不受理。理由：________。
经办人：　____年____月____日
(动物卫生监督机构留存)

表 5-3　检疫申报受理单

检疫申报受理单(样式)
(动物卫生监督机构填写)
No.
处理意见：
□受理：本所拟于____年____月____日　派员到________实施检疫。
□不受理。理由：________
____
经办人：________　联系电话：
动物检疫专用章
年　月　日
(交货主)

2. 疫情调查　向畜主、饲养管理人员、防疫员等询问饲养管理情况、近期当地疫病发生情况和邻近地区的疫情动态等情况，了解当地疫情及邻近地疫情动态，结合对饲养场、饲养户的实际观察，确定动物是否来自疫区。

无疫情的，进行下一步工作。有疫情的，中止检疫工作，视不同情况按照规定的疫情报告程序逐级报告。

3. 查验免疫证件

(1) 官方兽医应查验饲养场(养殖小区)动物防疫条件合格证和养殖档案，了解生产、免疫、监测、诊疗、消毒、无害化处理等情况，确认饲养场(养殖小区)6 个月内未发生相关动物疫病，确认动物已按国家规定进行强制免疫，并在有效保护期内。

(2) 官方兽医应查验散养户防疫档案,确认动物已按国家规定进行强制免疫,并在有效保护期内。

(3) 官方兽医应查验畜禽标识加施情况,确认其佩戴的畜禽标识与相关档案记录相符。

(4) 核查动物养殖档案用药用料记录,确认无违禁药使用或休药期符合规定。

4. 临床健康检查 主要检查被检动物是否健康。以临床感观检查为主,主要看动物静态、动态和饮食状态(动物群体精神状况、外貌、呼吸状态、运动状态、饮水饮食情况及排泄物状态等)是否正常。对个别疑似患病动物需进行详细的个体检查,通过视诊、触诊和听诊等方法进行检查,主要检查动物个体精神状况、体温、呼吸、皮肤、被毛、可视黏膜、胸廓、腹部、体表淋巴结、排泄动作及排泄物性状等。

5. 产地检疫的结果判定

凡出售或者运输的动物符合下列条件的,其检疫结果判定为合格。否则,其结果判定为不合格。判定条件如下。

(1) 来自非封锁区或未发生相关动物疫情的饲养场(养殖小区)、养殖户。

(2) 按照国家规定进行了强制免疫,并在有效保护期内。

(3) 养殖档案相关记录和畜禽标识符合规定。

(4) 临床检查健康。

(5) 农业农村部规定需要进行实验室疫病检测的,检测结果符合要求。

(6) 省内调运的种用、乳用动物和宠物需符合农业农村部规定的相应动物健康标准;省内调运精液、胚胎、种蛋的,其供体动物需符合相应动物健康标准。

(二) 产地检疫的检疫结果处理

1. 经检疫合格的动物、动物产品 监督畜主或承运人对运载工具进行有效消毒,由动物卫生监督机构出具动物检疫合格证明,做好检疫工作记录。

2. 经检疫不合格的动物、动物产品 由动物卫生监督机构向畜主、货主出具检疫处理通知单(表 5-4),并监督他们按照农业农村部规定的技术规范进行处理,做好检疫工作记录。

表 5-4 检疫处理通知单

检疫处理通知单(样式)

____________:　　　　　　　　　　　　　　　　　　编号:____________

按照《中华人民共和国动物防疫法》和《动物检疫管理办法》有关规定,你(单位)的____________经检疫不合格,根据________________________________之规定,决定进行如下处理:

一、____

二、____

三、____

四、____

动物卫生监督所(公章)

年　月　日

官方兽医(签名):

当事人签收:

备注:1. 本通知单一式二份,一份交当事人,一份动物卫生监督所留存。

2. 动物卫生监督所联系电话:____________

3. 当事人联系电话:____________

(1) 临床检查发现患有相关动物产地检疫规程规定动物疫病的，扩大抽检数量并进行实验室检测。

(2) 发现患有相关动物产地检疫规程规定检疫对象以外动物疫病，影响动物健康的，应按规定采取相应防疫措施。

(3) 发现不明原因死亡或怀疑为重大动物疫情的，应按照《中华人民共和国动物防疫法》《重大动物疫情应急条例》的有关规定处理，并按规定进行动物疫情报告。

(4) 病死动物应在动物卫生监督机构监督下，由畜主按《病死及病害动物无害化处理技术规范》的规定进行无害化处理。

（三）检疫记录

(1) 检疫申报单。动物卫生监督机构需指导畜主填写检疫申报单。

(2) 检疫工作记录。官方兽医需填写检疫工作记录，详细登记畜主姓名、地址、检疫申报时间、检疫时间、检疫地点、检疫动物种类、数量及用途、检疫处理、检疫证明编号等，并由畜主签名。

(3) 检疫申报单和检疫工作记录应保存12个月以上。

（四）产地检疫证明的有效期

动物检疫合格证明的有效期一般在1～2天，必要时可适当延长，但最长不得超过5天。动物产品检疫合格证明的有效期一般在1～2天，最长不得超过7天。有效期从签发日期当天算起。

三、合法捕获的野生动物的检疫

合法捕获的野生动物，经检疫符合下列条件，由动物卫生监督机构出具动物检疫合格证明后，方可饲养、经营和运输。

(1) 来自非封锁区。

(2) 临床检查健康。

(3) 农业农村部规定需要进行实验室疫病监测的，检测结果符合要求。

四、动物产品的检疫

(1) 出售、运输的种用动物精液、卵、胚胎、种蛋，经检疫符合下列条件，由动物卫生监督机构根据动物产品流向情况，出具动物检疫合格证明。

①来自非封锁区，或者未发生相关动物疫情的种用动物饲养场。

②供体动物按照国家规定进行了强制免疫，并在有效保护期内。

③供体动物符合动物健康标准。

④农业农村部规定需要进行实验室疫病监测的，监测结果符合要求。

⑤供体动物的养殖档案相关记录和畜禽标识符合农业农村部规定。

经检疫不符合的动物产品，由动物卫生监督机构出具检疫处理通知单，并监督货主按照农业农村部规定的技术规范处理。

(2) 出售、运输的骨、角、生皮、原毛、绒等产品，经检疫符合下列条件，由动物卫生监督机构根据动物产品流向情况，出具动物检疫合格证明。

①来自非封锁区，或者未发生相关动物疫情的饲养场(户)。

②按有关规定消毒合格。

③农业农村部规定需要进行实验室疫病监测的，监测结果符合要求。

经检疫不符合的动物产品，由动物卫生监督机构出具检疫处理通知单，并监督货主按照农业农村部规定的技术规范处理。

五、种畜禽调运检疫

（一）畜禽调运检疫的意义

加强种用动物的检疫管理是动物疫病防治中不可缺少的环节，种用动物在繁殖后代的过程中，对传播疫病特别是可垂直传播疫病的影响面很大。一旦种用动物患病或成为病原携带者，会成为长

期的传染源，通过其精液、胚胎、种蛋垂直传播给后代，造成疫病的传播和扩散。因此必须高度重视种畜禽调运检疫工作，防止动物疫病远距离跨地区传播，减少途病途亡。

（二）种畜禽调运检疫的程序

1. 引种审批手续 跨省、自治区、直辖市引进乳用动物、种用动物及其精液、胚胎、种蛋的，货主应当填写《跨省引进乳用种用动物检疫审批表（申报书）》，向输入地省、自治区、直辖市动物卫生监督机构申请办理审批手续。输入地省、自治区、直辖市动物卫生监督机构根据当地相关动物疫情情况，确定是否予以受理。符合下列条件的，自受理申请之日起10个工作日内签发《跨省引进乳用种用动物检疫审批表》，做出同意引进的决定。不符合下列条件的，书面告知申请人，并说明理由。

（1）输出和输入饲养场、养殖小区取得动物防疫条件合格证。

（2）输入饲养场、养殖小区存栏的动物符合动物健康标准。

（3）输出乳用、种用动物养殖档案相关记录符合农业农村部规定。

（4）输出的精液、胚胎、种蛋的供体符合动物健康标准。

货主凭输入地省、自治区、直辖市动物卫生监督机构签发的《跨省引进乳用种用动物检疫审批表》，向输出地动物卫生监督机构接到检疫申报后，确认《跨省引进乳用种用动物检疫审批表》有效，并根据当地相关动物疫情情况，决定是否予以受理。受理的，应当及时派官方兽医到场实施检疫。不予受理的，应说明理由。

2. 查验资料及畜禽标识

（1）查验饲养场的种畜禽生产经营许可证和动物防疫条件合格证。

（2）按产地检疫的要求，查验受检动物的养殖档案、畜禽标识及相关信息。

（3）调运精液和胚胎的，还应查验其采集、存储、销售等记录，确认对应供体及其健康状况。

（4）调运种蛋的，还应查验其采集、消毒等记录，确认对应供体及其健康状况。

3. 临床检查 按照动物产地检疫要求主要开展下列疫病的临床检查。

种猪：口蹄疫、猪瘟、高致病性猪蓝耳病、炭疽、猪丹毒、猪肺疫、猪细小病毒病、猪狂犬病毒病、猪支原体性肺炎、猪传染性萎缩性鼻炎。

种牛：口蹄疫、布鲁氏菌病、牛结核病、炭疽、牛传染性胸膜肺炎、牛白血病。

奶牛：口蹄疫、布鲁氏菌病、牛结核病、炭疽、牛传染性胸膜肺炎、乳房炎。

种羊：口蹄疫、布鲁氏菌病、绵羊痘和山羊痘、小反刍兽疫、炭疽。

奶山羊：口蹄疫、布鲁氏菌病、绵羊痘和山羊痘、小反刍兽疫、炭疽。

种鸡：高致病性禽流感、新城疫、鸡传染性喉气管炎、鸡传染性支气管炎、鸡传染性法氏囊病、马立克氏病、禽痘、鸡白痢、鸡球虫病、鸡病毒性关节炎、禽白血病、禽脑脊髓炎、禽网状内皮组织增殖病。

种鸭：高致病性禽流感、鸭瘟。

种鹅：高致病性禽流感、小鹅瘟。

4. 实验室检测

（1）实验室检测需由省级动物卫生监督机构指定的具有资质的实验室承担，并出具检测报告。

（2）实验室检测疫病种类。

种猪：口蹄疫、猪瘟、高致病性猪蓝耳病、猪圆环病毒病、布鲁氏菌病。

种牛：口蹄疫、布鲁氏菌病、牛结核病、副结核病、牛传染性鼻气管炎、牛病毒性腹泻/黏膜病。

种羊：口蹄疫、布鲁氏菌病、蓝舌病、山羊关节炎脑炎。

奶牛：口蹄疫、布鲁氏菌病、牛结核病、牛传染性鼻气管炎、牛病毒性腹泻/黏膜病。

奶山羊：口蹄疫、布鲁氏菌病。

精液和胚胎：检测其供体动物相关动物疫病。

5. 检疫结果处理

（1）经检疫合格，监督畜主或承运人对运载工具进行有效消毒，出具动物检疫合格证明，做好检疫工作记录。

（2）经检疫不合格的，出具检疫处理通知单，并按照有关规定处理，做好检疫工作记录。

6. 种畜禽到达目的地的检疫 跨省、自治区、直辖市引进的乳用、种用动物到达输入地后，货主或承运人应当在 24 h 内在所在地县级动物卫生监督机构报告。在动物卫生监督机构的监督下，在隔离场或饲养场（养殖小区）内的隔离舍进行隔离观察，大中型动物隔离期为 45 天，小型动物隔离期为 30 天。经隔离观察合格的方可混群饲养。不合格的，按照有关规定进行处理。隔离观察合格后需继续在省内运输的，货主应当申请更换动物检疫合格证明。动物卫生监督机构更换动物检疫合格证明不得收费。

跨省引进的乳用种用动物应当在《跨省乳用种用动物检疫审批表》有效期内运输。逾期引进的，货主应当重新办理审批手续。

六、水产苗种的产地检疫

（1）出售或者运输水生动物的亲本、稚体、幼体、受精卵、发眼卵及其他遗传育种材料等水产苗种的，货主应当提前 20 天向所在地县级动物卫生监督机构申报检疫。经检疫符合下列条件的，由动物卫生监督机构出具动物检疫合格证明后方可离开产地。

①该苗种生产场近期未发生相关水生动物疫情。

②临床健康检查合格。

③农业农村部规定需要经水生动物疫病诊断实验室检验的，检验结果符合要求。

检疫不合格的，动物卫生监督机构应当监督货主按照农业农村部规定的技术规范处理。

跨省、自治区、直辖市引进水产苗种到达目的地后，货主或承运人应当在 24 h 内按照有关规定报告，并接受当地动物卫生监督机构的监督检查。

（2）养殖、出售或者运输合法捕获的野生水产苗种的，货主应当在捕获野生水产苗种后 2 天内向所在地县级动物卫生监督机构申报检疫。合法捕获的野生水产苗种实施检疫前，货主应当将其隔离在符合下列条件的临时检疫场地。

①与其他养殖场所有物理隔离设施。

②具有独立的进排水和废水无害化处理设施以及专用渔具。

③农业农村部规定的其他防疫条件。

经检疫合格，并取得动物检疫合格证明后，方可投放养殖场所、出售或者运输。

知识拓展与链接

《生猪产地检疫规程》

《反刍动物产地检疫规程》

《马属动物产地检疫规程》

《家禽产地检疫规程》

《跨省调运乳用种用动物产地检疫规程》

课程评价与作业

1. 课程评价

通过对产地检疫相关内容的深入讲解，使学生熟练掌握产地检疫的程序和具体要求，学会开具

相关检疫文书和动物检疫合格证明。教师结合各种教学方法，调动学生的学习兴趣。通过多种形式的互动，使课堂学习气氛轻松愉快，真正达到教学目标。

2. 作业

线上评测

思考与练习

1. 产地检疫的意义和主要项目是什么？
2. 动物产地检疫的具体操作包括哪些内容？
3. 产地检疫证明的适用范围是什么？
4. 简述种畜禽调运检疫的程序。

扫码看课件 5-2

任务二　屠宰检疫

学习目标

▲知识目标

1. 了解动物宰前检疫和宰后检疫的意义。
2. 掌握动物宰前检疫和宰后检疫的程序和方法。

▲技能目标

1. 通过学习，学会开展动物宰前检疫工作和结果处理。
2. 通过学习，学会对各类家畜、家禽进行宰后检疫和结果处理。

▲思政目标

屠宰检疫是动物在待宰前和屠宰过程中进行的检疫，即包括宰前检疫和宰后检疫，是动物检疫的重要环节。通过屠宰检疫，可及早发现患病动物，及时处理，防止其进入流通环节，危害动物性食品安全。因此，在学习过程中我们要注重培养学生认真的工作态度、严谨的工作作风和职业使命感，严格按照操作规程进行宰前检疫和宰后检疫，及早发现、检出不适宜屠宰加工的病畜，维护动物性食品安全，保护人体健康。

▲知识点

1. 宰前检疫。
2. 宰后检疫。

屠宰检疫是指官方兽医对送入屠宰场（厂、点）的家畜（禽）等食品动物所进行的宰前检疫和在屠宰过程中所进行的同步检疫（亦称宰后检疫）。

一、宰前检疫

宰前检疫是对待宰动物活体进行的检疫，是屠宰检疫的重要组成部分。

（一）宰前检疫的意义

1. 及时发现病畜禽，实行病健隔离，病健分宰　通过宰前检疫，及时发现和剔除患病动物和伤残动物，有利于做到病健隔离，病健分宰，减少肉品带菌率，提高肉品卫生质量，减少经济损失。

2. 及早检出宰后检验难以检出而在宰前具有典型或特征性症状的疾病 尤其对临床症状明显而宰后却难以发现的疫病如狂犬病、破伤风、李氏杆菌病、猪传染性乙型脑炎、口蹄疫、传染性水疱病、羊痘和中毒病等有重要意义。可弥补宰后检疫的不足,减轻宰后检疫的压力,对保障肉品安全有重要的把关作用。

3. 及时发现和纠正违规行为,促进检疫工作 通过宰前查证验物,可发现和纠正违反动物防疫法律法规的行为,维护《中华人民共和国动物防疫法》的尊严,促进动物免疫接种和动物产地检疫工作的实施。

(二) 宰前检疫的程序

1. 查证验物 在动物到达屠宰场而没有卸载之前,向畜(禽)主或货主收缴动物检疫合格证明,了解动物的来源和产地疫情,审验检疫证明是否合法,是否有效,是否伪造、涂改和转让,印章的加盖和证明的填写是否规范等。核对拟进屠宰场(厂、点)屠宰动物的种类、数量、畜禽标志,确认证物是否相符,畜禽标识是否符合农业农村部的规定等。

2. 询问 了解动物运输途中有关情况。询问货主在运输过程中是否有动物发病、死亡等异常情况。发现动物疫情时,要根据畜禽标识,通知产地动物卫生监督机构调查疫情,及时追查疫源,采取对策。

3. 临床检查 经上述查验认可的动物,准予卸载,并按照我国动物产地检疫规程中有关临床检查的规定,对动物进行临床健康状况检查(三观一查),抽检“瘦肉精”等违禁药物饲喂情况。

一般在卸载台到圈舍之间设置狭长的走廊,官方兽医在走廊旁的适当位置视检行进中动物的精神外貌和行走姿态,对发现有异常的动物,分别涂上一定的标记,并进行详细的个体临床检查,必要时进行实验室检测。

(三) 宰前检疫处理

(1) 经宰前检疫,对检疫证明有效,畜禽标识符合要求,证物相符,临床检查健康的待宰动物,出具动物准予屠宰通知书,准予进入屠宰场(厂、点)屠宰,填写动物现场检疫记录表。

动物准予屠宰通知书(第一联)

__________:　　　　NO:________

你(单位)申报屠宰的动物________(猪、牛、羊、禽等),共计________头(只、羽、匹等),经宰前临床检查合格,准予屠宰。

本通知在________小时内有效。

官方兽医:

年　月　日　时

动物卫生监督所(盖章)

(2) 经宰前检疫不合格,入场前和待宰期间检查出的患病动物和疑似患病动物,根据定性情况及时逐级报告单位,按照《病死及病害动物无害化处理技术规范》的要求进行生物安全处理,通知产地动物卫生监督机构对患病动物进行追踪溯源。怀疑患有动物屠宰检疫规程规定疫病及临床检查发现其他异常情况的,按相应疫病防治技术规范进行实验室检测,并出具检测报告。实验室检测需由省级动物卫生监督机构指定的具有资质的实验室承担。发现患有动物屠宰检疫规程规定以外疫病的,隔离观察,确认无异常的,准予屠宰;隔离期间出现异常的,按《病死及病害动物无害化处理技术规范》的规定无害化处理。确认为无碍于肉食安全且濒临死亡的畜禽,视情况进行急宰。

二、宰后检疫

宰后检疫是指动物在放血解体的情况下，直接检查肉尸、内脏，对肉尸、内脏所呈现的病理变化和异常现象进行综合判断，得出检验结果。宰后检疫包括对传染性疾病和寄生虫以外的疾病的检查，对有害腺体摘除情况的检查，对屠宰加工质量的检查，对注水或注入其他物质的检查，对有害物质的检查以及检查是否是种公、母畜或晚阉畜肉。

（一）宰后检疫的意义

宰后检疫是宰前检疫的继续和补充，因动物宰后肉尸、内脏充分暴露，能较为直观、准确地发现肉尸和内脏的病理变化，对临床症状不明显或处于潜伏期、在宰前难发现的疫病如猪慢性咽炭疽、旋毛虫病、猪囊尾蚴病等较容易检出，弥补了宰前检疫的不足，从而防止疫病的传播和人兽共患病的发生。

宰后检疫还可以及时发现非传染性畜禽胴体和内脏的某些病变，如黄疸肉及黄脂肉、脓毒症、尿毒症、腐败、肿瘤、变质、水肿、局部化脓、异色、异味等有碍肉品卫生的情况，以便及时剔除，保证肉品卫生安全，使人们吃上放心肉。

由此可见，宰后检疫对于检出和控制疫病、保证肉品卫生质量、防止传染病等具有重要的意义。

（二）宰后检疫工具的使用和消毒

1. 检疫用工具　一般检疫用工具有检疫刀、检疫钩和锉棒等。检疫刀用于切割检疫肌肉、内脏、淋巴结等。检疫钩用于钩住胴体、肉类和内脏一定部位以便于切割。锉棒为磨刀专用。动物检疫人员上岗时，要随身携带两套检疫工具。

2. 检疫工具的使用方法　检疫时对切开的部位和限度有一定要求，用刀时要用刀刃平稳滑动切开组织，不能用拉锯式的动作，以免造成切面模糊，影响观察。为保持检疫刀的平衡用力，拿刀时应把拇指压在刀背上。使用时要注意安全，不要伤及自己及周围人员，万一碰伤手指等，要立即消毒包扎。

3. 检疫工具的消毒　接触过患病动物的胴体和内脏的检疫工具，应立即放入消毒剂中浸泡消毒 30～40 min，换用另一套工具进行下一头肉尸的检疫。经过消毒的检疫工具，用清水冲去消毒剂，擦干后备用。检疫后的工具消毒、洗净、擦干，以免生锈。检疫工具只供检疫用，不能另做他用。检疫工具不可用水煮沸、火焰、蒸汽、高温干燥消毒，以免造成刀、钩柄松动、脱落和影响刀刃的锋利。

（三）宰后检疫的方法

1. 宰后检疫的基本方法　宰后检验主要是通过感官检验对胴体和脏器的病变进行综合的判断和处理，必要时辅以细菌学、血清学、病理组织学等实验室检验。

(1) 感官检验。

①视检：通过视觉器官直接观察胴体皮肤、肌肉、脂肪、胸腹膜、骨骼、关节、天然孔及各种脏器浅表暴露部位的色泽、形状、大小、组织状态等，判断有无病理变化或异常，为进一步剖检提供方向。如牛、羊的上下颌骨膨大时，注意检查放线菌病；若猪咽喉和颈部肿胀，应注意检查咽炭疽和猪肺疫；若见皮肤、黏膜、脂肪发黄，则表明有黄疸的可能。

②剖检：用检疫刀切开肉尸或脏器的深部组织或隐蔽部分，观察其有无病理变化，这对淋巴结、肌肉、脂肪、脏器的检查非常必要，尤其是对淋巴结的剖检显得十分重要，当病原体侵入动物机体后，首先进入管壁薄、通透性大的淋巴管，进而随淋巴液流向附近淋巴结内，在此被其吞噬、阻留或消灭，由于阻留病原体的刺激，淋巴结会呈现相应的病理变化，如肿大、充血、出血、化脓、坏死等。病因不同，淋巴结的病理形态变化也不同，且往往在淋巴结中形成特殊的病变。如患猪瘟的病猪全身淋巴结肿大、切面周边出血呈红白相间的大理石样外观；炭疽病变淋巴结急剧肿大、变硬，切面呈砖红色，淋巴结周围组织常有胶样浸润。

③触检：即通过触摸受检组织和器官，感觉其弹性、硬度以及深部有无隐蔽或潜在性的变化。触检可减少剖检的盲目性，提高剖检效率，必要时将触检可疑的部位剖开视检，这对发现深部组织或器

官内的硬块很有实际意义。例如猪肺疫时红色肝变的肺除色泽似肝外，用手触摸其坚实性亦似肝。奶牛乳房结核时可摸到乳房内的硬肿块等，均具有一定的诊断价值。

④嗅检：用鼻嗅闻被检胴体及组织器官有无异常气味，借以判定肉品质量和食用价值，为实验室检验提供指导，确定实验室的必检项目。生前动物患有尿毒症，宰后肉中有尿臊味。生前用药时间较长，宰后肉品有残留的药味。病猪、死猪冷宰后肉有一定的尸腐味等，都可通过嗅检查出。

（2）实验室检验。

凡在感官检疫中对某些疫病发生怀疑时，需判定腐败变质的肉品是否还有其利用价值，可用实验室检验做辅助性检疫，做出综合性判断。

①病原体检疫：采取有病变的器官、血液、组织用直接涂片法进行镜检，必要时再进行细菌分离、培养、动物接种以及生化反应来加以判断。

②理化检疫：肉的腐败程度完全依靠细菌学检疫是不够的，还需进行理化检疫。可用氨反应、联苯胺反应、硫化氢试验、球蛋白试验、pH 值的测定等综合判断其新鲜程度。

③血清学检疫：针对某种疾病的特殊需要，采取沉淀反应、补体结合反应、凝聚试验和血液检查等方法来鉴定疾病的性质。

2. 宰后检疫的要求 为了迅速准确地做好在高速运转的屠宰加工流水线上的检验工作，必须遵守一定的程序和方法，掌握操作规程和法定动物疫病的典型病理变化，做到检疫刀数到位、检疫术式到位、综合判定到位、生物安全处理到位。

（1）对检疫环节的要求：检验环节应密切配合屠宰加工工艺流程，不能与生产的流水作业相冲突，所以宰后检验常被分作若干环节安插在屠宰加工过程中。

（2）对检疫内容的要求：应检内容必须检查。严格按国家规定的检疫内容、检查部位进行。不能人为地减少检疫内容和漏检。每一动物的肉尸、内脏、头、皮在分离时编辑同一号码，以便查对。

（3）对剖检的要求：为保证肉品的卫生质量和商品质量，剖检时只能在一定的部位，按一定的方向剖检，下刀快而准，切口小而齐，深浅适度。不能乱切和拉锯式地切割，以免造成切口过多过大或切面模糊不清，造成组织人为变化，给检验带来困难。肌肉应顺肌纤维方向切开。

（4）对保护环境的要求：为防止肉品污染和环境污染，当切开脏器或组织的病变部位时，应先视检外形，不要急于剖检，要提前估计可能对外界造成的污染，采取一切措施，防止病原体扩散。当发现恶性传染病和一类检疫对象时，应立即停宰、上报疫情、封锁现场、按规定处理。

（5）对检验人员的要求：检疫员每人应携带两套检疫工具，以便在检疫工具受到污染时能及时更换。被污染的检疫工具要彻底消毒后方可使用。检疫人员要做好个人防护。

（四）猪宰后检疫程序和操作要点

猪宰后检疫程序包括头部检验、皮肤检验、内脏检验、旋毛虫检验、胴体检验、复检 6 个环节。

1. 头部检验 以检查咽炭疽和囊尾蚴为主，同时观察头、鼻、眼、唇、齿龈、咽喉、扁桃体等有无病变。

（1）咽炭疽、结核、猪瘟和猪肺疫的检疫，主要剖检两侧颌下淋巴结及其周围组织。猪放血致死后，烫毛剥皮之前，检验者左手持钩，钩住切口左壁的中间部分，向左牵拉切口使扩张。右手持刀将切口向深部纵切一刀，深达喉头软骨。再以喉头为中心，朝向下颌骨的内侧，左右各作一弧形切口，便可在下颌骨内沿、颌下腺下方，找出呈卵圆形或扁椭圆形的左右颌下淋巴结，并进行剖检（图 5-1），观察有无病理变化及其周围组织有无胶样浸润。

（2）囊尾蚴检疫主要检两侧咬肌。猪浸烫刮毛或剥皮后，平行紧贴下颌骨角切开左右咬肌 2/3 以上（图 5-2），观察咬肌有无灰白色米粒大半透明的囊尾蚴包囊和其他病变。

（3）头部检查还应观察耳、鼻、眼、唇、齿龈、咽喉、扁桃体等，以判断有无猪瘟、口蹄疫、传染性萎缩性鼻炎等可疑变化。

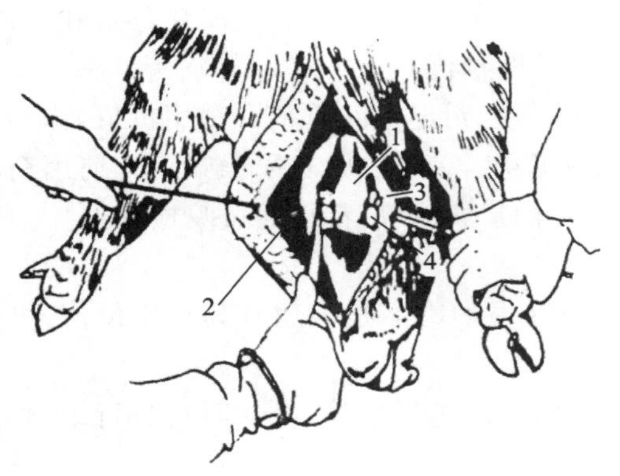

图 5-1　猪颌下淋巴结剖检术式图

1.咽喉头隆起；2.下颌骨切迹；3.颌下腺；4.颌下淋巴结

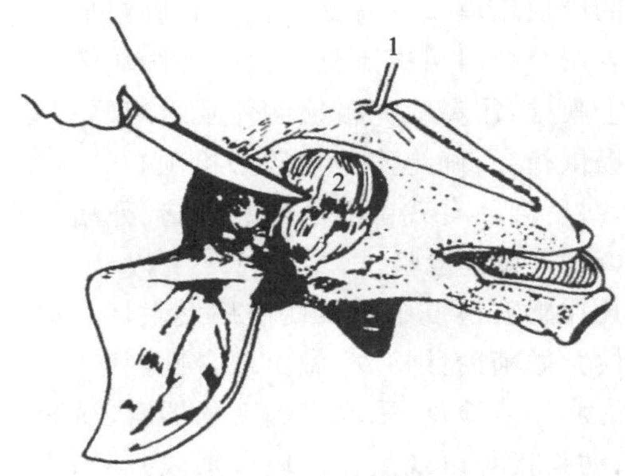

图 5-2　猪的咬肌检疫术式图

1.检疫钩住的部位；2.被切开的咬肌

2. 皮肤检验　猪皮在烫毛后开膛之前详细视检皮肤变化，特别是皮肤较薄的地方，必要时触检。检查皮肤完整性和颜色，注意有无充血、出血、淤血、疹块、水疱、溃疡等病变。如猪败血型、猪丹毒时，腰背部大面积弥漫性充血。猪瘟病时，在耳、腹下部、四肢内侧等处皮肤出现针尖状出血点。猪口蹄疫时，鼻盘、唇、蹄冠、腹下部有水疱或溃疡等。

3. 内脏检验　有离体和非离体两种情况。非离体检验，按脏器在畜体内的自然位置，由后向前的顺序检查。离体检验，按脏器摘出的顺序在检验台上进行检查。若某内脏外观异常，则将其分割出来后重点检查。

（1）胃、肠、脾检查（白下水检查）：先视检脾脏，观察其形态、大小、颜色，重点看脾脏边缘有无楔状的出血性梗死区，触检其弹性、硬度，必要时剖开观察脾髓。然后剖检肠系膜淋巴结，检查有无肠炭疽、猪瘟、猪丹毒、弓形虫病等疫病。最后视检胃肠浆膜、肠系膜，看其有无充血、出血、结节、溃疡及寄生虫等（图 5-3）。

（2）肺、心、肝检查（红下水检查）：视检肺脏外表、色泽、大小，触检弹性，必要时剖开支气管淋巴结，检查肺呛水、肺结核、肺丝虫、猪肺疫及各种肺炎病变。视检心包和心外膜，剖开左室，视检心肌、心内膜及血液凝固状态，注意二尖瓣有无菜花样赘生物，注意猪丹毒、猪囊尾蚴及恶性口蹄疫时的“虎斑心”。视检肝脏外表、色泽、大小，触检被膜和实质的弹性，剖检肝门淋巴结、肝实质和胆囊，检查有无寄生虫、肝脓肿、肝硬化以及肝脂肪变性、淤血等（图 5-4）。

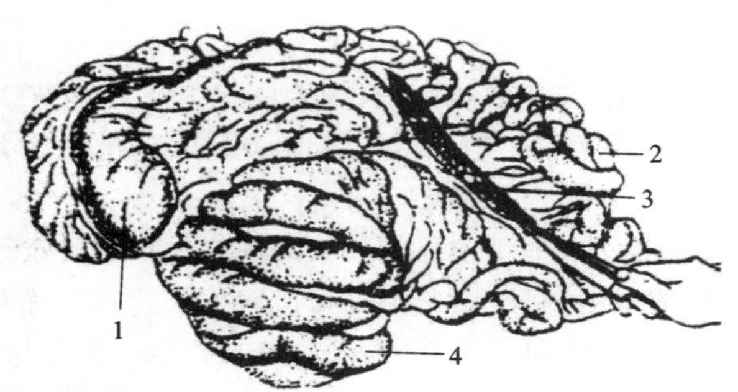

图 5-3　猪胃肠检疫术式图

1.胃；2.小肠；3.肠系膜淋巴结；4.大肠圆盘

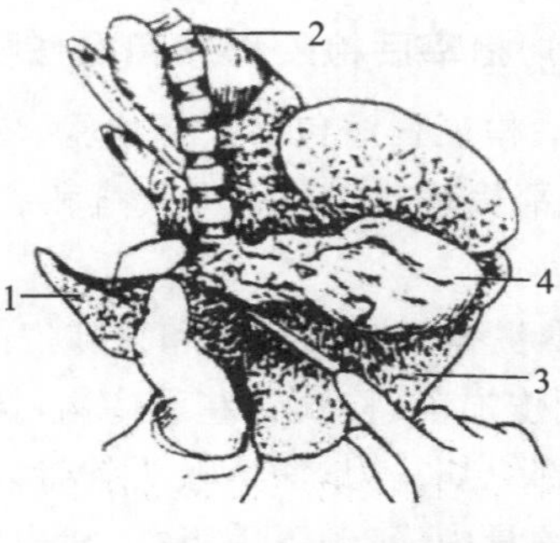

图 5-4　猪心、肝、肺检疫术式图

1.右肺尖叶；2.气管；3.右肺膈叶；4.心

4. 旋毛虫检验　左、右两侧膈肌脚各取样一份，每份肉样不少于 30 g，编上与胴体同一号码，送实验室压片镜检。有条件的屠宰场（点），可采用集样消化法检查。如发现旋毛虫幼虫或包囊（图 5-5、图 5-6），应根据编号进一步检查同一头猪的胴体、头部及心脏。

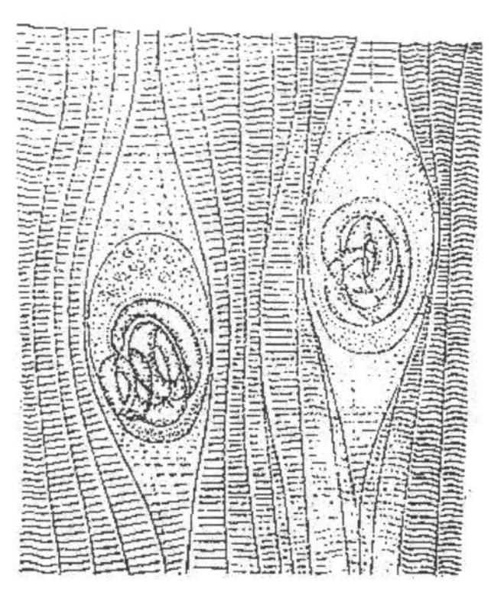

图 5-5 旋毛虫包囊

图 5-6 旋毛虫幼虫

5. 胴体检验

(1) 外表检疫：观察皮肤、皮下组织、肌肉、脂肪、胸膜、腹膜、关节等有无异常，判断放血程度，推断被检动物的生前健康状况。视检脂肪和肌肉色泽，检出黄疸肉、黄膘肉、红膘肉、羸瘦肉、消瘦肉以及白肌肉等。

(2) 淋巴结检疫：主要剖检腹股沟浅淋巴结(位于最后一个乳头上方(肉尸倒挂时)，3～6 cm 的皮下脂肪内)，剖检时，检验者用检疫钩钩住最后乳头稍上方的皮下组织并向外侧牵拉，右手持刀从脂肪组织层正中切开，即可发现被切开的腹股沟浅淋巴结(图 5-7)。腹股沟深淋巴结，位于髂深动脉起始部的后方，与髂内、髂外淋巴结相邻(图 5-8)。必要时再剖检髂下淋巴结及髂内淋巴结。通过观察淋巴结有无淤血、水肿、出血、坏死、增生等病理变化，判定动物疫病的性质。

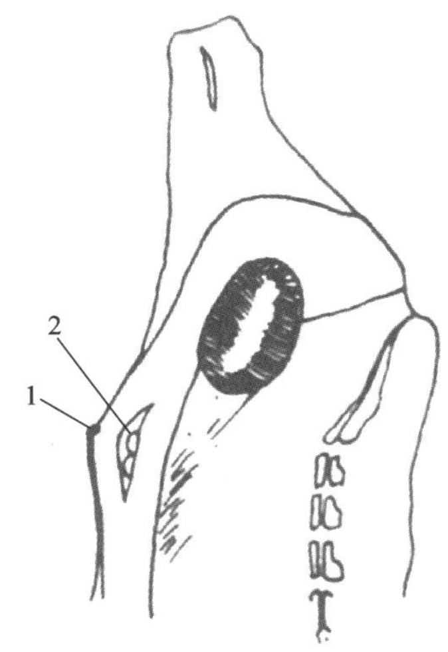

图 5-7 猪腹股沟浅淋巴结检疫术式图

1. 检疫钩钩住的部位；2. 剖检切口与切口中淋巴结

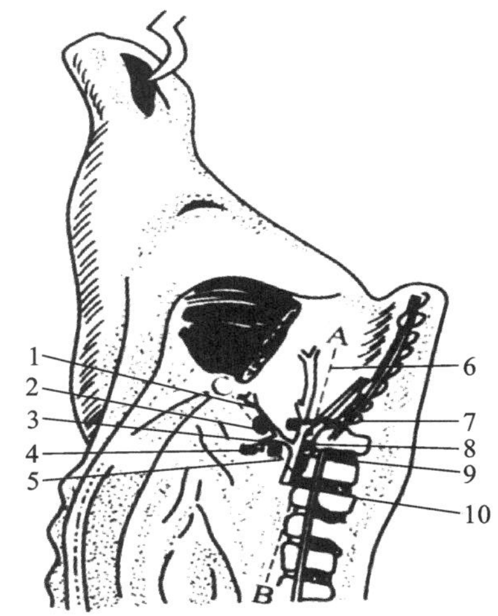

图 5-8 猪腹股沟淋巴结检疫术式图

1. 髂外动脉；2. 腹股沟深淋巴结；3. 旋髂深动脉；4. 髂外淋巴结；5. 检查腹股沟淋巴结的切口线；6. 沿腰椎的 AB 线；7. 腹下淋巴结；8. 髂内动脉；9. 髂内淋巴结；10. 腹主动脉

(3) 腰肌的检疫：两侧腰肌是囊尾蚴、旋毛虫常寄生的部位。剖检时用刀沿脊椎的下缘顺肌纤维割开 2/3 的长度，然后再在腰肌剖开面内，向深部纵切 2～3 刀，用钩向外拉开腰肌使之呈扇面状，注意是否有囊尾蚴的包囊等。有时也可切开胸肌(因损伤胴体过多，而不切肩胛外肌)、股内侧肌等肌肉进行猪囊尾蚴的检疫。

(4) 肾脏的检疫：猪肾位于前 3 个腰椎横突的下方。检查时，应先剥离肾包膜，用检疫钩钩住肾盂部，再用检疫刀沿肾中间纵向轻轻划一刀，然后以刀背将肾包膜向外挑开，观察肾的色泽、形状、大小，注意有无出血、化脓等病变。必要时切开肾脏，检查皮质、髓质、肾盂等。肾脏对猪瘟、猪丹毒、猪

副伤寒、钩端螺旋体病等疫病的检出有重要价值。

6. 复检 复检又称为终末检验，即胴体经上述检验后，为了最大限度地控制病畜肉出厂（场），还需进行的最终检验。主要是查验各检验点的检验结果，对胴体的卫生质量做出的综合评定。检查"三腺"的摘除情况和畜禽标识的回收。对肉品加盖检验印章，填写宰后检疫记录。

（五）牛、羊宰后检疫程序及操作要点

牛、羊宰后检疫程序包括头部检验、内脏检验、胴体检验、复检 4 个环节。

1. 头部检验

（1）牛头部检验：首先观察鼻镜、唇、齿龈及舌面有无水疱、烂斑和溃疡，判断有无牛瘟、口蹄疫等。然后触摸舌体，观察上下颌的状态，检查有无放线菌病。接着顺舌骨支内侧剖检咽后内侧淋巴结和颌下淋巴结，观察咽喉黏膜和扁桃体，检查有无炭疽、结核和牛出血性败血症等。最后沿舌系带纵向剖开舌肌和内外咬肌，检查有无囊尾蚴、住肉孢子虫病等疫病。

（2）羊头部检验：主要检查皮肤、唇及口腔黏膜，检查有无羊痘、口蹄疫和溃疡，一般不剖检淋巴结。正常时将附于气管两侧的甲状腺割除。

2. 内脏检验

（1）胃、肠、脾检查：开膛后首先检查脾脏，当发现脾脏显著肿大、色泽黑紫、质地柔软时，应控制好现场，请检验负责人会诊和处理。接着视检胃肠浆膜及肠系膜，并剖检肠系膜淋巴结，注意胃肠浆膜及肠系膜色泽是否正常，有无水肿、胶冻样浸润、痈肿、糜烂、溃疡、创伤性胃炎、淡褐色绒毛或结节状增生物等病变，判断有无结核病和寄生虫病。

（2）肺、心、肝检查：检查肺脏，注意有无肿大、出血、干酪变性和钙化结节等病变。检查心包和心脏，有无创伤性心包炎、心肌炎、心外膜出血。必要时剖开左右心房和心室，观察心内膜、瓣膜、心肌切面及心腔内血液的状态，注意有无心内膜炎、心内膜出血、心肌脓疡和寄生虫性病变。检查肝脏应注意有无肝淤血、混浊肿胀、肝硬变、坏死性肝炎、寄生性病变和锯屑肝。来自牧区的牛、羊应注意棘球蚴。

（3）肾脏的检查：牛、羊的肾脏检查与胴体检验一并进行。主要观察肾脏表面的色泽、形态、大小是否正常，检查有无充血、出血、变性、坏死和肿瘤等病变，并将肾上腺割除。必要时切开肾脏，检查皮质、髓质和肾盂的变化。

（4）子宫、睾丸和乳房的检验：对公畜和母畜需剖检睾丸和子宫，特别是有布鲁氏菌病嫌疑时。乳房的检验可与胴体一并进行或单独进行，注意有无结核、放线菌肿和化脓性乳房炎等。

3. 胴体检验

（1）牛胴体检验：首先观察其放血程度，检查皮下组织、脂肪、肌肉、腹膜、关节等有无异常。注意胸腹膜上有无结核结节（珍珠病）、腹膜炎、脂肪坏死和黄染。然后剖检股部内侧肌、内腰肌和肩胛外侧肌有无淤血、水肿、出血、变性等病变，有无囊泡状或细小的寄生性病变，注意有无囊尾蚴寄生。最后剖检两侧髂下淋巴结、颈浅淋巴结、腹股沟深淋巴结是否正常，有无肿大、出血、淤血、化脓、干酪变性和钙化结节病灶。

（2）羊胴体检验：以肉眼观察为主，触检为辅，观察体表有无病变和带毛情况，胸腹腔内有无炎症和肿瘤病变，有无寄生性病灶，肾脏有无病变。触检髂下和肩前淋巴结有无异常。一般不剖检淋巴结，当发现可疑病羊胴体时，再详细检查淋巴结。

4. 复检 牛、羊复检参见猪。

（六）马属动物宰后检疫程序及操作要点

1. 马属动物的头部检验 与牛的头部检验基本相同。鼻疽常见于马属动物，因此对呼吸道必须进行严格检查。检查时，需剖开鼻骨，仔细观察鼻中隔和鼻甲骨有无鼻疽结节、溃疡和星状瘢痕，并沿气管剖检喉头及颌下淋巴结、咽后淋巴结。一般不需剖检咬肌。

2. 马属动物的内脏检验 检查马属动物与骆驼的肺脏时，要特别注意气管并仔细剖检肺实质，因为可能有局限性鼻疽病灶和脓肿，而且往往位于肺的深层。马的肺脏如发生各期肝变，呈大理石

样外观，应注意是否是马传染性胸膜肺炎。发现脾脏、肝脏、肾脏肿大，且相应淋巴结也肿大，有贫血和黄疸出现，应注意马传染性贫血。其他检验项目参见牛、羊和猪宰后检验的程序和要点。

3. 马属动物的胴体检验 马属动物胴体检验参见牛和猪。

4. 复检 马属动物复检参见猪。

（七）家禽宰后检疫程序及操作要点

与家畜的宰后检疫不同，家禽的宰后检疫只检验胴体和内脏本身的状况，即胴体检验和内脏检验两个环节。这是由于家禽中鸡没有淋巴结，只有淋巴小结，鹅和鸭也仅在颈胸和腰部有两群简单且很小的淋巴结，不便于剖检。

1. 胴体检验

（1）检查屠宰加工质量和卫生状况：先检查有无未拔尽的细毛及皮肤破损，然后观察头、放血口等处附着的污物是否清除，整个体表是否清洁、完整。

（2）判定放血程度：观察体表的颜色和皮下血管的充盈度，判定放血是否良好。家禽的正常皮肤淡黄略呈红色，具有光泽，皮下血管不暴露，肌肉切面无血滴渗出。若皮下血管充盈，皮肤色暗红，胴体宰杀口有残留血迹或凝血块，则判定为放血不良。皮肤紫红色，皮下血管为充盈状态，是濒死期屠宰的病禽。禽的尾、翅尖部呈鲜红色，常常是未死透的活禽被浸烫致死所致。

（3）检查禽的头部：仔细观察头、冠、髯及各天然孔有无异常变化，如有无出血、水肿、结节、溃疡、嗉囊积食或积液的变化，眼、口腔、鼻腔有无过多分泌物，口腔内有无假膜等病变。必要时，可切开检查。

（4）检查体表、体腔：观察体表的完整性和清洁度，有无外伤、水肿、淤血斑、坏死、化脓及关节肿大等。检查肛门有无充血、出血、下痢、是否紧缩和清洁情况。检查有无充血、出血、化脓、结节、纤维素性炎等病变。半净膛家禽体腔可用开张器撑开泄殖腔用电筒的光线进行检查。必要时剪开体腔。全净膛家禽体腔需检查内部有无赘生物、寄生虫及传染病病变，注意是否有粪便和胆汁的污染。

2. 内脏检验

（1）全净膛家禽内脏的检验：对全净膛方式加工的光禽，取出内脏后依次进行全面检验。

①肝脏：检查外表、色泽、大小、形态及硬度、胆囊有无变化、充盈度、出血点。如发生肿大且有黄白色斑纹和结节的肝脏可疑为鸡马立克氏病、鸡白痢或禽结核，肝脏外表有坏死斑点则可疑为禽霍乱感染。

②心脏：心包膜是否粗糙，有无炎性变化。心包腔是否积液，心脏是否有出血，心冠脂肪、心外膜有无出血点、心脏的肥厚程度及有无形态变化及结节、赘生物等。

③脾脏：是否充血、淤血、肿大、变色，有无灰白色和灰黄色结节等。

④胃：腺胃和肌胃有无异常，必要时应剖检。剥去肌胃角质层（俗称“鸡内金”）后，观察有无出血、溃疡，剪开腺胃，除去内容物，注意腺胃乳头是否肿大，腺胃与肌胃交界处有无充血、出血点或溃疡的变化。

⑤肠道：视检整个肠管浆膜及肠系膜有无充血、出血、结节。特别注意小肠和盲肠、盲肠扁桃体的变化，必要时剪开肠管检查肠黏膜，注意有无出血、淤血、肿胀、坏死、溃疡和内容物异常变化。

⑥卵巢：母禽应注意检查卵巢是否完整，有无变形、变色、变硬等异常变化，注意是否患有卵黄性腹膜炎。

⑦必要时检查肺、肾有无变化：检查肺有无炎症、淤血、结节等变化。检查肾有无肿大、充血、出血、尿酸盐沉积等。

（2）半净膛家禽内脏的检验：采取半净膛加工的家禽，肠管拉出后，按全净膛的方法进行检验。

（3）不净膛家禽内脏的检验：不净膛的光禽一般不检查内脏，但在体表检查怀疑为病禽时，可单独放置，最后剖开胸腹腔，仔细检查体腔和内脏。

（八）宰后检疫的处理

1. 宰后检疫的结果登记 派专人对宰后检疫检出的疫病种类进行统计分析，登记项目包括胴

体编号、屠宰种类、产地名称、畜(货)主、疫病名称、病变组织器官及其病理变化、检疫员结论和处理意见等,当发现严重疫病时,追溯疫源,及时进行疫病通报并为采取有效措施安全处理提供重要依据。

2. 宰后检疫的结果处理

(1) 合格肉尸:经检疫合格的(按规定的检疫程序检疫,无规定的传染病和寄生虫病。需要进行实验室疫病检测的,检测结果合格),由动物卫生监督机构在肉尸上加盖通用的长方形检疫滚筒印章,内脏等动物产品包装上加封检疫合格标志,然后出具动物检疫合格证明。

(2) 不合格的肉尸:检出病害的,根据疫病的性质,肉尸、内脏危害程度以及肉尸整体状态,填写动物检疫处理通知单给屠宰场业主,并监督其按照《病死及病害动物无害化处理技术规范》的要求进行生物安全处理。

知识拓展与链接

畜禽屠宰卫生检疫规范

生猪屠宰管理条例

课程评价与作业

1. 课程评价

通过对屠宰检疫相关内容的深入讲解,学生熟练掌握宰前检疫和宰后检疫的程序和方法。教师将结合各种教学方法,调动学生的学习兴趣,通过多种形式的互动,使课堂学习气氛轻松愉快,真正达到教学目的。

2. 作业

线上评测

思考与练习

1. 动物宰前检疫的意义和程序是什么?
2. 什么是宰后检疫?宰后检疫的要求有哪些?
3. 简述猪宰后检疫的程序。
4. 简述家禽宰后检疫的内容。

任务三 检疫监督

扫码看课件
5-3

学习目标

▲知识目标

1. 了解检疫监督的方法和内容。
2. 掌握检疫监督的实施程序和处理。

▲技能目标

1. 能够正确进行运输检疫监督和市场检疫监督。
2. 熟悉运输和市场的兽医卫生监督。

▲思政目标

检疫监督是指动物卫生监督机构对屠宰、经营、运输以及参加展览、演出和比赛的动物、动物产品进行检疫和监督。通过检疫监督，不仅可维护市场秩序，保障动物、动物产品安全，还可促进养殖户、货主提高防疫免疫意识，推进基层动物防疫免疫工作。在学习过程中我们要注重培养学生的法律意识和自身的业务素质，履职尽责，严格规范公正执法，实现以检促防，防检结合。

▲知识点

1. 运输检疫监督。
2. 市场检疫监督。

一、运输检疫监督

运输检疫是指对出县境的动物、动物产品在运输过程中进行的检疫，可分为铁路运输检疫、公路运输检疫、航空运输检疫、水路运输检疫及赶运等。运输检疫的目的是防止动物疫病远距离跨地区传播，减少途病、途亡。

（一）运输检疫监督的意义

运输过程中，动物集中，相互接触，感染疫病的机会增多。同时由于生活环境突然改变，运输时又受到许多不良因素的刺激如挤压、驱赶等，动物抗病能力下降，极易暴发疫病。另外，随着交通运输业的发展，虽然缩短了在途时间，减少了途中损耗，但动物疫病的传播速度也加快了。因此，做好动物运输检疫监督，及时查出不合格的动物、动物产品，对防止动物疫病远距离传播可以起到重要的把关作用，并能促进产地检疫工作的开展，也为市场检疫监督奠定了良好的基础。

（二）运输检疫监督的要求

1. 动物、动物产品的产地检疫 需要出省境运输动物、动物产品的单位或个人，应向当地动物卫生监督机构提出申请检疫（报检）。说明运输目的地和运输动物、动物产品的种类、数量、用途等情况。动物卫生监督机构要根据国内疫情或目的地疫情，由当地县级以上动物卫生监督机构进行检疫，合格者出具动物检疫合格证明。

2. 凭动物检疫合格证明运输 经公路、铁路、航空等运输途径运输动物、动物产品时，托运人必须提供合法有效的动物检疫合格证明，承运人必须凭动物检疫合格证明承运，没有动物检疫合格证明的，承运人不得承运。

动物卫生监督机构对动物、动物产品的运输，依法进行监督检查。对中转出境的动物、动物产品，承运人凭始发地动物卫生监督机构出具的检疫合格证明承运。

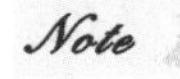

3. 运载工具的消毒 货主或者承运人应当在装载前和卸载后，对动物、动物产品的运载工具以及饲养用具、装载用具等，按照农业农村部规定的技术规范进行消毒，并对清除的垫料、粪便、污物等进行无害化处理。

4. 运输途中的管理 运输途中不准宰杀、销售、抛弃染疫动物和病死动物以及死因不明的动物。染疫和病死以及死因不明的动物及其产品、粪便、垫料、污物等必须在当地动物卫生监督机构的监督下在指定地点进行无害化处理。

运输途中，对动物进行冲洗、放牧、喂料，应当在当地动物卫生监督机构指定的场所进行。

（三）运输检疫监督的程序

(1) 查证验物。要求畜(货)主或承运人出示动物检疫合格证明。仔细查验检疫证明是否合法有效，印章的加盖和证明的填写是否规范，证物是否相符等。

(2) 查验猪、牛、羊是否佩戴有农业农村部规定的畜禽标识。动物产品查验验讫印章或检疫标志。

(3) 按有关要求进行动物的临床健康检查，动物产品进行感官检查。必要时，对疑似染疫的动物、动物产品应采样送实验室进行实验室检查。

（四）运输检疫监督的处理

对持有合法有效检疫证明，动物佩戴有农业农村部规定的畜禽标识或动物产品附有检疫标志，证物相符，动物或动物产品无异常的，予以放行。

经检疫合格的动物、动物产品应当在规定时间内到达目的地。经检疫合格的动物在运输途中发生疫情，应按有关规定报告并处置。

发现动物、动物产品异常的，隔离(封存)留验。检查发现畜禽标识、检疫标志、检疫证明等不全或不符合要求的，要依法补检或重检。对涂改、伪造、转让检疫证明的，依照《中华人民共和国动物防疫法》等有关规定予以处理。

二、市场检疫监督

市场检疫监督是指对进入市场交易的动物、动物产品所进行的监督检查。其目的是及时发现并防止检疫不合格或依法应当检疫而未经检疫的动物、动物产品进入市场流通，保护人体健康，促进贸易，防止疫病扩散。

（一）市场检疫监督的意义

市场是动物、动物产品的集散地，集中时接触机会多，容易传播疫病，散离时又容易扩散疫病。同时市场又是一个多渠道经营的场所，货源复杂。搞好市场检疫监督，能有效地防止未经检疫的动物、动物产品和染疫动物、病害肉尸等上市交易，形成良好的交易环境，使市场管理更加规范化、法制化。同时可进一步促进产地检疫、屠宰检疫工作的开展和运输检疫监督工作的实施，使产地检疫、屠宰检疫、运输检疫监督和市场检疫监督环环相扣，保证消费者的肉食品卫生安全，促进畜牧业经济发展和市场经济贸易。

（二）市场检疫监督的程序和要求

(1) 验证查物：进入市场的动物及其产品，畜主或货主必须持有动物检疫合格证明，检疫人员应仔细查验检疫证明是否合法有效，然后检查动物、动物产品的种类、数量(重量)与检疫证明是否一致，核实证物是否相符。查验活体动物是否佩戴合格的畜禽标识。检查肉尸、内脏上有无验讫印章或检疫标志及检疫刀痕，加盖的印章是否规范有效，核实交易的动物、动物产品是否检疫合格。

(2) 对动物、动物产品实施检疫，以感官检查为主，力求快速准确。活体动物结合疫情调查，查验免疫标识，观察动物全身状态如体格、营养、精神、姿势和测体温，确定动物是否健康。鲜肉产品以视检为主，结合剖检，重点检查有无病死动物肉，尤其注意有无一类检疫对象，检查肉的新鲜度，必要时进行实验室检验。其他动物产品多数带有包装，注意观察外包装是否完整、有无霉变等现象。

（3）禁止下列情况的动物、动物产品进入市场：①封锁疫区内与所发生动物疫病有关的和疫区内易感染的。②病死或死因不明的。③依法应当检疫而未经检疫或者检疫不合格的。④腐败变质、霉变或污秽不洁、混有异物和其他感官性状不良等不符合国务院兽医主管部门有关动物防疫规定的。

（4）动物、动物产品应在指定的地点进行交易，同时建立消毒制度以及病死动物无害化处理制度，防止疫情传入、传出。在交易前、交易后要对交易场所进行清扫、消毒。保持清洁卫生，粪便、垫草、污物采取堆积发酵等方法处理，病死动物按国家有关规定进行无害化处理。

（5）检疫人员坚守岗位：检疫人员必须坚守岗位，秉公执法，不漏检，依法处理。

（6）建立市场检疫监督报告制度：任何市场检疫监督，都要建立检疫报告制度，定期向辖区内动物防疫监督机构报告检疫情况。

（三）市场检疫监督后的处理

（1）对持有合法有效检疫证明，动物佩戴有农业农村部规定的畜禽标识或动物产品附有检疫标志，证物相符，符合检疫要求的动物或动物产品，准许交易。

（2）发现动物、动物产品异常的，隔离（封存）留验。检查发现畜禽标识、检疫标志、检疫证明等不全或不符合要求的，要依法补检或重检。对涂改、伪造、转让检疫证明的，依照《中华人民共和国动物防疫法》的有关规定予以处理。

知识拓展与链接

动物检疫管理办法

课程评价与作业

1. 课程评价

通过对检疫监督相关知识的深入讲解，学生熟练掌握运输检疫监督和市场检疫监督的程序和内容，学会开展检疫监督工作。教师将结合各种教学方法，调动学生的学习兴趣，通过多种形式的互动，使课堂学习气氛轻松愉快，真正达到教学目标。

2. 作业

线上评测

思考与练习

1. 运输检疫的程序是什么？
2. 市场监督检疫的程序和要求是什么？
3. 为什么把运输检疫监督和市场检疫监督的重点放在验证查物上？

项目六　动物检疫技术

任务一　动物临诊检疫

扫码看课件
6-1

学习目标

▲**知识目标**

1. 了解动物临诊检疫的概念、方法和内容。
2. 了解不同动物临诊检疫的特点。

▲**技能目标**

1. 掌握动物临诊检疫的基本方法和内容。
2. 掌握各种动物群体、个体检疫的方法。

▲**思政目标**

1. 培养学生勤于思考、耐心细致的职业素养。
2. 培养学生的仁心、爱心、耐心、细心，注重保护动物福利。
3. 培养学生具有懂法、知法、守法意识。

▲**知识点**

1. 动物临诊检疫概述。
2. 不同动物的临诊检疫。

一、概述

临诊检疫是应用兽医临床诊断学的方法对被检动物进行群体和个体检疫，以分辨病健，并得出是否是某种检疫对象的结论和印象，为后续诊断奠定基础。有些疾病根据其临床症状可直接建立正确诊断。

临诊检疫是动物检疫最基本的方法，包括问诊、视诊、触诊、听诊和叩诊。这些方法简单、方便、易行，对任何动物在任何场所均可实施。因此，在实际生产中常和流行病学调查、病理解剖紧密结合，用于动物产地、屠宰、运输、市场及进出境各个流通环节的现场检疫检验。动物临诊检疫是动物检疫工作中（特别是基层动物检疫工作中）最常用的方法，可分为群体检疫和个体检疫，一般要遵循先群体检疫，后个体检疫的原则。

（一）群体检疫

微课 6-1-1

1. 群体检疫的概念和目的　群体检疫是指对待检动物群体进行的现场临诊检疫。通过群体检疫，从大群动物中挑拣出有病态的动物，隔离后做进一步诊断处理。一方面，及时发现患病动物，防止动物疫病在群体中蔓延；另一方面，可根据整群动物的表现，对动物群体的健康状况做出初步评价，以便对发现的隐患及时采取措施。

2. 群体检疫的组织

(1) 群体划分：群体检疫以群为单位。根据检疫场所的不同，将同场、同圈（舍）动物划为一群；

或将同一产地来源的动物划为一群；或把同车、同船、同机运输的动物划为一群。畜群过大时，要适当分群，以便于检查。

(2) 检疫顺序：群体检疫时先大群，后小群；先幼年畜群，后成年畜群；先种用畜群，后其他用途的畜群；先健康畜群，后染病畜群。

(3) 检疫时间：群体检疫的时间，应依据动物的饲养管理方式、动物种类和检疫要求灵活安排。对于放牧的畜群，多在放牧中跟群检疫或收牧后进行；舍饲动物常在饲喂过程中进行。反刍动物在饲喂后安静状态下观察其反刍；奶牛则常在挤奶过程中观察乳汁性状。在产地和口岸隔离检疫时，则需按规定在一定时间内完成必检项目。

3. 群体检疫的方法和内容 群体检疫的方法以视诊为主，即用肉眼对动物的整体状态(体格大小、发育程度、营养状况、精神状况、姿势与体态、行为与运动等)进行观察。

群体检疫的内容，一般是先静态检查，再动态检查和饮食状态检查。

(1) 静态检查：在不惊扰动物的情况下，检疫人员对动物安静状态时的表现进行观察。观察其精神状态、外貌、营养、立卧姿势、呼吸、反刍状态、羽、冠、髯等，注意有无咳嗽、气喘、呻吟、嗜睡、流涎、孤立一隅等反常现象，从中发现可疑病态动物。

(2) 动态检查：静态检查后，先观察动物自然活动，再看驱赶活动。观察其起立姿势、行动姿态、精神状态和排泄姿势等。注意有无站立不稳、行动困难、肢体麻痹、步态蹒跚跛行、屈背弓腰、离群掉队以及运动后咳嗽或呼吸异常现象，并注意动物排泄物的形状、颜色、混合物、气味等。

(3) 饮食状态检查：目的在于检查动物的食欲和口腔疾病。通过检查咀嚼、吞咽时的反应状态，注意有无食欲减退、食欲废绝、贪饮、异常采食以及吞咽困难、呕吐、流涎、异常鸣叫等现象。

以上各步检查中，有异常表现或症状的动物需做好标记，单独隔离，进一步做个体检疫。

(二) 个体检疫

1. 个体检疫的概念 个体检疫是指对群体检疫中检出的可疑病态动物或抽样检查的个体动物进行系统的个体临诊检查。通过个体检疫可初步鉴定动物是否患病、是否为检疫对象，然后再根据具体情况进行实验室检查。

微课 6-1-2

2. 个体检疫的要求 一般群体检疫无异常的也要抽检 5%～20%的动物做个体检疫，若个体检疫发现患病动物，应再抽检 10%，必要时可全群复检。

3. 个体检疫的方法和内容 个体检疫的方法，一般有视诊、触诊、听诊、检查“三数”等(即看、摸、听、检等)。

(1) 视诊：利用肉眼观察动物，要求检疫人员有敏锐的观察能力和系统的检查经验。主要观察以下内容。

①精神状态：观察动物有无过度兴奋或过度抑制的病理现象。健康动物两眼有神，反应敏捷，动作灵活，行为正常。若有过度兴奋的动物，表现为惊恐不安，狂躁不驯，甚至攻击人畜，多见于侵害中枢神经系统的疫病，比如狂躁型狂犬病、李氏杆菌病等。精神过度抑制的动物，轻则沉郁，呆立不动，反应迟钝；重则昏睡，只对强烈刺激才产生反应；严重时昏迷，倒地躺卧，意识丧失，对强烈刺激也无反应。精神抑制多见于各种热性病或侵害神经系统的疾病，比如沉郁型狂犬病、急性新城疫等。

②营养状况：畜禽的营养状况可从肌肉的丰满度、皮下脂肪的蓄积量、被毛状况三方面观察。猪侧重检查皮下脂肪，牛、羊看肌肉丰满度和被毛，禽类则侧重看羽毛并结合触诊胸肌。

营养良好的动物，肌肉丰满，皮下脂肪丰富，轮廓丰满圆润，骨骼棱角不显露，被毛有光泽，皮肤富有弹性。营养不良的动物，则表现为消瘦，骨骼棱角显露，被毛粗乱无光泽，皮肤缺乏弹性，多见于慢性消耗性疾病，如结核病、牛羊的消化道线虫病、慢性肝片吸虫病等。

③姿势与步态：健康动物姿势自然，动作协调灵活，步态稳健。疾病状态下，有的动物异常站立，如破伤风病畜形似“木马状”，神经型马立克氏病病鸡两腿呈“劈叉”姿势；有的动物强迫性躺卧，不能站立，比如猪传染性脑脊髓炎；有的动物站立不稳，比如鸡新城疫，病鸡头颈扭转，站立不稳甚至伏地旋转；有的动物出现“转圈运动”，如脑包虫病畜。

④被毛和皮肤:健康动物的被毛整齐柔软,有光泽;皮肤颜色正常,无肿胀、溃烂、出血等。患病动物的被毛和皮肤常发生不同的变化而提示某些疫病。若动物被毛粗乱无光泽,脆而易断,脱毛等,可见于慢性消耗性疫病,比如结核病、螨病等;猪耳、颈、腹及四肢皮肤发绀提示猪弓形虫病、急性链球菌病和急性副伤寒等。正常鸡的冠、髯红润,若苍白则为贫血的表现,比如鸡传染性贫血、鸡住白细胞虫病;若呈蓝紫色则为败血症的表现,比如鸡新城疫、禽流感等病。

⑤呼吸和反刍:主要检查有无呼吸困难和异常呼吸方式(如胸式呼吸、腹式呼吸等),同时检查反刍情况是否正常(有无反刍、反刍次数)等,比如患猪气喘病、猪巴氏杆菌病等时,病猪表现为呼吸困难,呈腹式呼吸。

⑥可视黏膜:主要检查眼结膜、口腔黏膜和鼻黏膜,以及天然孔及其分泌物等。一般,马、犬的黏膜呈淡红色;牛的黏膜呈淡粉红色(水牛的较深);猪、羊的黏膜呈粉红色。

黏膜的病理变化可反映全身的病变情况。黏膜苍白见于各种贫血和慢性消耗性疫病,如马传染性贫血;黏膜潮红,表示毛细血管充血,除局部炎症外,多为全身性血液循环障碍的表现;弥漫性潮红见于各种热性病和广泛性炎症;树枝状充血见于心脏功能不全的疫病等。另外,口腔黏膜有水疱或烂斑,可提示口蹄疫或猪传染性水疱病等;口鼻黏膜糜烂,可见于小反刍兽疫、牛病毒性腹泻、蓝舌病等;马鼻黏膜的冰花样瘢痕则是马鼻疽的特征病变。

⑦排泄动作及排泄物:注意排泄动作和粪便颜色、硬度、气味、性状及尿的颜色、数量、清浊度等有无异常。便秘见于各种热性病,如猪瘟;腹泻见于侵害胃肠道的疫病,如仔猪副伤寒;里急后重是胃肠炎的特征。粪、尿的颜色性状也能提示某些疫病,如仔猪白痢排白色糊状稀便,仔猪红痢排红色黏性稀便,牛羊的巴贝斯虫病排血红蛋白尿。

(2) 触诊:触诊是用手触摸动物体表各部位,感知皮肤、皮下组织、肌肉甚至内脏器官的病变。

①耳根、角根、鼻端、四肢末端的触诊:检查皮肤的温度和湿度。皮温升高是体温升高的表现,全身性皮温升高见于一切热性病;局部皮温升高见于局部炎症。皮温降低是体温低的标志,见于营养不良、衰竭。

②体表皮肤的触诊:检查皮肤、皮下组织有无水肿、气肿、脓肿、疹块、结节等病变。亚急性猪丹毒病猪的耳、颈、背、胸等处皮肤出现指压褪色的方形、棱形疹块;牛羊慢性肝片吸虫病时,下颌、颈下、胸下、腹下等处水肿,触之较软;牛皮蝇蛆病的第三期幼虫在牛背部皮下组织形成瘤状物,触少硬实;病鸡冠髯苍白,肿胀变硬,可疑为慢性禽霍乱。

③体表淋巴结的触诊:触诊检查其大小、形状、硬度、活动性、敏感性等,必要时可穿刺检查。比如马腺疫,颌下淋巴结肿大至拳头大小,坚硬热痛,后化脓变软,有波动感;牛梨形虫病则呈现肩前淋巴结急性肿胀的特征;猪链球菌病,颌下淋巴结一侧或两侧脓肿,较软。

④胸廓、腹部敏感性的检查:有时患胸廓或腹部疾病时,触诊有疼痛感,动物表现躲闪、反抗、不安等特征,如急性肝片吸虫病、棘球蚴病时,触诊肝区有疼痛感。

⑤禽嗉囊的检查:注意其内容物性状及有无积食、气体、液体。比如鸡新城疫时,倒提病鸡有大量酸性气味的内容物从口腔流出;雏鸡大肠杆菌病、雏鸡白痢等时,出现"软嗉"症状。

(3) 听诊:听诊是用耳直接听取或借助听诊器听取动物体内发出的各种声音。

①听叫声:判别动物的异常声音,如呻吟、嘶鸣、喘息。

②听咳嗽声:判别动物呼吸器官病变。干咳见于上呼吸道炎症,比如咽喉炎、慢性支气管炎;湿咳见于支气管和肺部炎症,比如牛肺疫、牛肺结核、猪肺疫、猪肺丝虫病等,听诊时有无啰音、摩擦音等异常声音。

③借助听诊器听取动物的心音、肺呼吸音、胃肠蠕动音有无异常等。

(4) 检查"三数":"三数"指动物的体温、脉搏、呼吸数,是动物生命活动的重要生理常数,一般保持在恒定范围内,其变化可提示许多疫病(表 6-1)。

表 6-1 健康动物的体温、脉搏、呼吸数一览表

动物种类	体温/℃	脉搏/(次/分)	呼吸数/(次/分)
猪	38.0～39.5	60～80	10～30
奶牛	37.5～39.5	60～80	10～30
黄牛	37.5～39.5	40～80	10～25
水牛	36.5～38.5	30～50	10～50
绵羊	38.5～40.0	60～80	12～30
山羊	38.5～40.5	60～80	12～30
马	37.5～38.5	30～45	8～16
骆驼	36.0～38.5	30～60	6～15
鹿	38.0～39.0	36～78	15～25
兔	38.0～39.5	120～140	50～60
犬	37.5～39.0	70～120	10～30
猫	38.5～39.5	110～130	10～30
鸡	40.5～42.0	140	15～30
鸭	41.0～43.0	120～200	16～30
鹅	40.0～41.0	120～200	12～20

①体温测定：通常采用直肠测温，禽可测翅下温度。测体温时应考虑动物的年龄、性别、品种、营养、外界气候、使役、妊娠等情况，这些都可能引起一定程度的体温波动，但波动范围一般为 0.5 ℃，最多不超过 1 ℃。

动物检疫中常根据体温升高程度，判断动物发热程度，进而推测动物疫病的严重性和可疑疫病范围。体温升高的程度分为微热、中热、高热和极高热。微热是指体温升高 0.5～1 ℃，见于轻症疫病及局部炎症，比如卡他性胃肠炎、口炎等。中热是指体温升高 1～2 ℃，见于亚急性或慢性传染病、布鲁氏菌病、胃肠炎、支气管炎等。高热是指体温升高 2～3 ℃，见于急性传染病或广泛性炎症，如猪瘟、猪肺疫、马腺疫、胸膜炎、大叶性肺炎等。极高热是指体温升高 3 ℃以上，见于严重的急性传染病，比如传染性胸膜肺炎、炭疽、猪丹毒、脓毒败血症和日射病等。体温升高者，需重复测温，以排除应激因素（如运动、暴晒、拥挤引起的体温升高）。体温过低则见大失血、严重脑病、中毒病或热病濒死期。

②脉搏测定：在动物充分休息后测定。脉搏加快见于多数发热病、心脏病及伴有心功能不全的其他疾病等；脉搏减弱见于颅内压增高的脑病、胆质血症及有机磷中毒等。

③呼吸数测定：宜在安静状态下测定。呼吸数增加多见于肺部疾病、高热性疾病、疼痛性疾病等，呼吸数减少见于颅内压显著增高的疾病（如脑炎）、代谢病等。

（5）叩诊：必要时叩诊心、肺、胃、肠、肝区的音响、位置和界限以及胸腹部敏感程度。比如猪肺疫、牛巴氏杆菌病、肝片吸虫病、棘球蚴病等，叩诊肺区和肝区。

（6）实验室检查：有时还要进行血、尿、粪常规实验室检查，如炭疽、巴氏杆菌病时，采血涂片，染色镜检；马传染性贫血时，血沉加快，红细胞、白细胞数减少，有吞噬细胞出现；牛羊巴贝斯虫病时，血

沉加快，血红蛋白减少等。

二、猪的临诊检疫

（一）群体检疫

1. 静态观察 猪群在车船内或圈舍内休息时可进行静态观察。检疫人员应悄悄地接近猪群，站立在全览的位置，观察猪在安静状态下，站立和睡卧的姿势、呼吸及体表的状态。

（1）健康猪：站立平稳，不断走动和拱食，并发出“吭吭”声，被毛整齐有光泽。呼吸均匀，深长，反应敏捷，见人接近时警惕凝视。睡卧常取侧卧位，四肢伸展，头侧着地，趴卧时后腿屈于腹下。

（2）病猪：精神委靡，离群独立，全身颤抖或蜷卧，被毛粗乱无光泽，呻吟，呼吸急促或喘息，肷窝凹陷，眼有分泌物，鼻盘干燥，颈部肿胀，尾部和肛门有粪污。

2. 动态观察 常在车船装卸、驱赶、放出或饲喂过程中观察。

（1）健康猪：精神活泼，起立敏捷，行动灵活，步态平稳，两眼前视，走跑时摇头摆尾或尾巴上卷。若驱赶，随群前进，偶发洪亮叫声，粪软尿清，排便姿势正常。

（2）病猪：精神沉郁或兴奋，不愿起立，站立不稳。驱赶时行动迟缓或跛行，步态踉跄，弓背夹尾，肷窝下陷，咳嗽、气喘、叫声嘶哑，粪便干燥或泻痢，尿黄而短。

3. 饮食观察 在猪群按时喂食、饮水时，或有意给少量饮水、饲料饲喂时观察。

（1）健康猪：饥饿时叫唤，饲喂时抢食，大口吞咽有响声且响声清脆，全身鬃毛随吞食而颤动。尾巴自由甩动，时间不长即腹满而去。

（2）病猪：食欲下降，懒于上槽，或只吃几口就退槽，有的猪闻而不吃，形成“游槽”，甚至躺在稀食槽中形成“睡槽”现象；有的猪饮稀食或稀中吃稠，甚至停食，食后腹部仍下陷。

（二）个体检疫

根据我国各地区猪的疫病发生情况，一般以猪瘟、猪繁殖与呼吸综合征、猪口蹄疫、猪传染性水疱病、猪肺疫、猪丹毒、猪副伤寒、猪支原体肺炎、猪流行性感冒、猪密螺旋体痢疾、猪囊尾蚴病、猪旋毛虫病等为重点检疫对象。

三、牛的临诊检疫

（一）群体检疫

1. 静态观察 牛群在车、船、牛栏、牧场上休息时，可以进行静态观察。主要观察站立和睡卧姿态、皮肤和被毛状况以及肛门有无粪污。

（1）健康牛：站立平稳，神态安静，以舌频舔鼻镜。睡卧时常呈膝卧姿势，四肢弯曲。鼻镜湿润，眼无分泌物，嘴角周围干净，全身被毛平整有光泽，皮肤柔软，肛门紧凑，周围干净，反刍有力，正常嗳气，呼吸平稳，无异常声音，粪不干不稀呈层叠状，尿清。

（2）病牛：精神委顿，睡卧时四肢伸开，横卧，久卧不起或起立困难，站立不稳，头颈低伸，拱背弯腰或有异常体态，恶寒战栗，眼流泪、有黏性分泌物，鼻镜干燥、龟裂，嘴角周围湿秽流涎，被毛粗乱，皮肤局部可有肿胀，反刍迟缓或停止，不嗳气，呼吸增快、困难，呻吟，咳嗽，粪便或稀或干，有的混有血液、黏液，血尿，肛门周围和臀部沾有粪便。乳用牛泌乳量减少或乳汁性状异常。

2. 动态观察 在装卸车船、赶运、放牧或有意驱赶时对牛群进行动态观察。主要观察牛的精神外貌、姿态步样。

（1）健康牛：运动时精力充沛，眼亮有神，步态平稳，腰背灵活，四肢有力，摇耳甩尾，在牛群行进中不掉队。

（2）病牛：精神沉郁或兴奋，久卧不起或起立困难。两眼无神，屈背弓腰，四肢无力，跛行掉队或不愿行走，走路摇晃，耳尾不动。

3. 饮食观察

（1）健康牛：争抢饲料，咀嚼有力，采食时间长，采食量大。敢在大群中抢水喝，运动后饮水不咳嗽。

（2）病牛：厌食或不食，采食缓慢，咀嚼无力，采食时间短，不愿到大群中饮水，运动后饮水咳嗽。

（二）个体检疫

牛的检疫主要以口蹄疫、炭疽、蓝舌病、牛肺疫、布鲁氏菌病、结核病、黏膜病、副结核病、地方性白血病、牛传染性鼻气管炎、锥虫病、泰勒虫病为检疫对象。检疫内容除精神外貌、姿态步样、被毛、皮肤等以外，还需检查可视黏膜、分泌物、体温和脉搏的变化。

牛的体温检查是牛检疫的重要项目，常需全部逐头检测，并注意脉搏检测。牛的体温升高，常发生于牛的急性传染病。当在牛群中发现传染病时，更应逐头测温，并根据传染病的性质，对同群牛隔离观察一定时期。

四、羊的临诊检疫

（一）群体检疫

1. 静态观察 羊群在车、船、舍内或放牧休息时，进行静态观察。观察的主要内容是姿态。

（1）健康羊：饱食后常合群卧地休息，反刍、呼吸平稳，无异常声音，站立平稳，乖顺，被毛整洁，口及肛门周围干净，人接近时立即起立走开。

（2）病羊：精神萎靡不振，常独卧一隅或表现异常姿势，反刍迟缓或不反刍，鼻镜干燥，呼吸急促，咳嗽、喷嚏、磨牙、流泪，口及肛门周围污秽，人接近时不起不走。同时应注意有无被毛脱落、痘疹、痂皮等。

2. 动态观察 在装卸、赶运及其他运动过程中对羊群进行动态观察，主要检查步态。

（1）健康羊：精神活泼，走路平稳，合群不掉队。

（2）病羊：精神沉郁或兴奋不安，喜卧懒动，步态不稳，行走摇摆、跛行，前肢跪地，后肢麻痹，离群掉队。

3. 饮食观察 在羊群按时喂食、饮水时，或有意给少量水、饲料饲喂时观察。

（1）健康羊：饲喂、饮水时互相争食，食后肷部鼓起，放牧时动作轻快，边走边吃草，有水时迅速抢水喝。

（2）病羊：食欲不振或停食，放牧时掉队，吃吃停停，或不食呆立，不饮水，食后肷部仍下陷。

（二）个体检疫

羊的检疫主要以口蹄疫、小反刍兽疫、羊痘、蓝舌病、炭疽、布鲁氏菌病、山羊关节炎脑炎、绵羊梅迪-维斯纳病、疥癣为检疫对象。羊的个体检疫除检查姿态步样外，还要对可视黏膜、体表淋巴结、分泌物和排泄物性状、皮肤和被毛、体温等进行检查。羊群中发现羊痘和疥癣时，同群羊应逐只进行个体检查。患传染病的羊常伴有体温升高现象。

五、禽的临诊检疫

（一）群体检疫

1. 静态观察 禽群在舍内或在运输途中休息时，于笼内进行静态观察。主要观察站卧姿态、呼吸、羽毛、冠、髯、天然孔等。

（1）健康禽：神态活泼，反应敏锐。站立时伸颈昂首翘尾，卧时头叠于翅内。羽毛丰满光滑，排列整齐，冠、髯红润，两眼圆睁，头高举，常侧视，口鼻洁净，呼吸、叫声正常。

（2）病禽：精神沉郁，缩颈垂翅，闭目似睡，反应迟钝或无反应，呼吸急促或呼吸困难或间歇张口，发出“咯咯”声。冠髯发绀或苍白，喙、蹼色泽变暗。羽毛蓬乱，嗉囊虚软膨大，泄殖腔周围及腹部羽毛常潮湿污秽，下痢。有时翅麻痹，或呈劈叉姿势，或呈其他异常姿态。

2. 动态观察 可在家禽散放时观察。

（1）健康禽：行动敏捷，步态稳健；鸭、鹅水中游牧自如，放牧时不掉队。

（2）病禽：行动迟缓，离群掉队，跛行或有翅肢麻痹等神经症状。

3. 饮食观察 可在喂食时观察，若已喂过食，可触摸鸡嗉囊或鸭、鹅的食道膨大部。

（1）健康禽：食欲旺盛，啄食连续，食量大，嗉囊饱满。

（2）病禽：食欲减退或废绝，嗉囊空虚或充满液体、气体，鸣叫失声，挣扎无力。

（二）个体检疫

禽的个体检疫以鸡新城疫、禽流感、鸡传染性法氏囊病、鸡白痢、鸡伤寒、禽痘、鸡传染性喉气管炎、禽白血病、鸡马立克氏病、鸭瘟、禽霍乱等为主要检疫对象。禽类个体检疫的重点是精神外貌、行走姿态、冠髯颜色、鼻孔、眼、喙、嗉囊或食管膨大部、颈、翅、皮肤、泄殖腔、粪便、呼吸、食欲等状况。一般不做体温检查。

六、其他动物的临诊检疫

（一）兔的临诊检疫

群体检疫和个体检疫结合进行，以感官检查（尤其是视检）为主，抽检体温为辅。重点检疫对象为兔病毒性败血症、产气荚膜梭菌病、螺旋体病、疥癣、球虫病等。实施检疫时，以精神状态、营养状况、可视黏膜、被毛、呼吸、食欲、四肢、耳、眼、鼻、肛门、粪便等为主要检疫内容。

1. 健康兔 精神饱满，性情温顺，活泼好动，在笼中常呈匍匐状，头位正常，躯体呈圆筒形。营养良好，被毛浓密光亮、匀整。当发现有异常声音时，行动敏捷，愣头竖耳，鼻子不断抽动嗅闻。两耳直立呈粉红色，耳壳无污垢。眼睛明亮有神，眼球微突，眼睑湿润，眼角干净清洁。鼻孔周围清洁湿润、无黏液，口唇干净。肛门周围及四爪干净，无粪便污染。呼吸正常。食欲旺盛，食草时频频发出“沙沙”声，咀嚼动作迅速。排粪畅通，粪球光滑圆形，如豌豆大小，不相连，表面黑而亮，有弹性。

2. 病兔 精神委顿，行动迟缓，不喜活动。反应迟钝，头偏一侧。腹部下垂，体弱消瘦，被毛粗乱或脱落，皮肤特别是趾间、耳朵、鼻端等处有疹块。两耳下垂，树枝状充血或苍白、发绀，耳壳有污垢。眼无神，有分泌物。可视黏膜充血、贫血或黄染。鼻流涕，口流涎，后肢及肛门四周有粪污。呼吸异常。食欲不振或厌食、少食、停食，或想吃而咽下困难。有的兴奋不安、急躁乱跳；有的四肢麻痹，伏卧不起，行走踉跄，喜卧或离群独居。粪球不成形，稀便或干硬无弹性。

（二）马的临诊检疫

以炭疽、马鼻疽、类鼻疽、马传染性贫血、马流行性淋巴管炎、梨形虫病、马鼻肺炎等为主要检疫对象。实施检疫时，以体温、姿态步样、可视黏膜、被毛、体表淋巴结、分泌物及排泄物性状、呼吸状态以及饮食等为主要内容。

（三）犬的临诊检疫

犬的个体检疫主要是以犬瘟热（犬瘟）、狂犬病等为主。检疫的主要内容是精神状态，运动状态，被毛情况，口、眼、鼻、耳朵、尾巴等的整洁度，采食情况，排泄物的性状以及体温、呼吸、脉搏等。

知识拓展与链接

动物疫病防治员（2020年版）

动物检疫检验员（2020年版）

课程评价与作业

1. 课程评价

通过对动物临诊检疫基本方法和内容的深入讲解，使学生熟练掌握各种动物群体、个体检疫的方法。教师将各种教学方法结合起来，使学生更深入地掌握知识之道，调动学生的学习兴趣。通过多种形式的互动，使课堂学习气氛轻松愉快，真正达到教学目标和要求。

2. 作业

线上评测

思考与练习

1. 动物的临诊检疫要遵循什么原则？
2. 三观一查是指什么？

任务二　动物检疫的现代生物学技术

扫码看课件 6-2

学习目标

▲知识目标

1. 了解现代生物学技术在动物检疫中的运用（核酸扩增、酶联免疫吸附试验、血清学检测技术、变态反应、中和试验、单克隆抗体技术）。
2. 掌握血清学检测技术的方法、内容。

▲技能目标

1. 通过学习现代生物学技术在动物检疫中的运用，掌握酶联免疫吸附试验的基本类型、用途。
2. 通过学习变态反应试验，掌握其实际应用。

▲思政目标

1. 明礼守法，办事公道，爱岗敬业，诚信友善。
2. 树立崇高的职业理想。

▲知识点

1. PCR 技术的概况和用途。
2. ELISA 技术的原理和用途。
3. 血清学检测技术的各种方法。
4. 变态反应技术的原理和实际应用。

一、现代生物学技术概述

现代生物学技术也称生物工程，是在分子生物学基础上建立的创建新的生物类型或新生物功能的实用技术，是现代生物科学和工程技术相结合的产物。随着基因组计划的成功，在系统生物学的基础上发展了合成生物学与系统生物工程学，开发生物资源，涉及农业生物技术、环境生物技术、工业生物技术、医药生物技术与海洋生物技术，乃至空间生物技术等领域，将在 21 世纪开发细胞制药厂、细胞计算机、生物太阳能技术等方面发挥关键作用。

现代生物学技术与古代利用微生物的酿造技术和近代的发酵技术有发展中的联系，但又有质的区别。古老的酿造技术和近代的发酵技术只是利用现有的生物或生物功能为人类服务，而现代的生物技术则是按照人们的意愿和需要创造全新的生物类型和生物功能，或者改造现有的生物类型和生物功能，包括改造人类自身，从而造福人类。现代生物学技术，是人类在建立实用生物技术中从必然

王国走向自由王国、从等待大自然的恩赐转向主动向大自然索取的质的飞跃。

现代生物学技术是在分子生物学发展基础上成长起来的。1953 年，美国科学家沃森和英国科学家克里克用 X-衍射法弄清了遗传的物质基础——核酸的结构，从而使揭开生命秘密的探索从细胞水平进入了分子水平，对于生物规律的研究也从定性走向了定量。在现代物理学和化学的影响和渗透下，一门新的学科——分子生物学诞生了。在以后的十多年内，分子生物学发展迅速，取得许多重要成果，特别是科学家们破译了生命遗传密码，并在 1966 年编制了一本地球生物通用的遗传密码“辞典”。遗传密码“辞典”将分子生物学的研究迅速推进到实用阶段。1970 年，科拉纳等科学家完成了对酵母丙氨酸转移 RNA 的基因的人工全合成。1971 年美国保罗 · 伯格用一种限制性内切酶，打开一种环状 DNA 分子，第一次把两种不同 DNA 联结在一起。1973 年，以美国科学家科恩为首的研究小组，应用前人大量的研究成果，在斯坦福大学用大肠杆菌进行了现代生物学技术中最有代表性的技术——基因工程的第一个成功的实验。他们在试管中将大肠杆菌里的两种不同质粒（抗四环素和抗链霉素）重组到一起，然后将此质粒引进到大肠杆菌中去，结果发现它在那里复制并表现出双亲质粒的遗传信息。1974 年，他们又将非洲爪蛙的一种基因与一种大肠杆菌的质粒组合在一起，并引入到另一种大肠杆菌中去。结果，非洲爪蛙的基因居然在大肠杆菌中得到了表达，并能随着大肠杆菌的繁衍一代一代地传下去。

科学家们从科恩的实验中看到了基因工程的突出特点：①能打破物种之间的界限。在传统遗传育种的概念中，亲缘关系远一点的物种，要想杂交成功几乎是不可能的，更不用说动物与植物之间、细菌与动物之间、细菌与植物之间的杂交了。但基因工程技术却可越过交配屏障，使这一切有了实现的可能。②可以根据人们的意愿、目的，定向地改造生物遗传特性，甚至创造出地球上还不存在的新的生命物种。同时，这种技术对人类自身的进化过程也可能产生影响。③由于这种技术是直接在遗传物质——核酸上“动手术”，因而创造新的生物类型的速度可以大大加快。这些特点，引起了世界科学家的极大关注，短短几年内，基因工程研究便在许多国家发展起来，并取得一批成果，基因工程已成为 20 世纪最重要的技术成就。

现代生物学技术是一个复杂的技术群。基因工程仅是现代生物学技术中具有代表性的一种，它的特征是在分子水平上创造或改造生物类型和生物功能。此外，在染色体、细胞、组织、器官乃至生物个体水平上也可进行创造或改造生物类型和生物功能的工程，例如染色体工程、细胞工程、组织培养和器官培养、数量遗传工程等，这些也属于现代生物学技术的范畴。而为这些工程服务的一些新工艺体系，如现代发酵工程、酶工程、生物反应器工程等，同样被纳入了现代生物学技术的系统。

现代生物学技术以分子生物学、细胞生物学、微生物学、免疫学、遗传学、生理学、系统生物学等学科为支撑，结合了化学、化工、计算机、微电子等学科，从而形成了一门多学科互相渗透的综合性学科。就其应用领域，可分为农业生物技术、医学生物技术、植物生物技术、动物生物技术、食品生物技术、环境生物技术等。

二、现代生物学技术在动物检疫中的运用

（一）核酸扩增

微课 6-2-1

聚合酶链式反应（polymerase chain reaction，PCR）由美国 Centus 公司的 Kary Mullis 发明，于 1985 年由 Saiki 等在 Science 杂志上首次报道，是近年来开发的体外快速扩增 DNA 的技术，通过 PCR 可以简便、快速地从微量生物材料中以体外扩增的方式获得大量特定的核酸，并且有很高的敏感性和特异性，在动物检疫中可用于微量样品的检测。

1. PCR 的用途

（1）传染病的早期诊断和不完整病原检疫：在早期诊断和不完整病原检疫方面，应用常规技术难以得到确切结果，甚至漏检，而用 PCR 可使未形成病毒颗粒的 DNA 或 RNA 或样品中病原体破坏后残留核酸分子迅速扩增而测定，且只需提取微量 DNA 分子就可以得出结果。

（2）快速、准确、安全地检测病原体：用 PCR 不需经过分离培养和富集病原体，一个 PCR 一般只

需几十分钟至 1 h 就可完成。从样品处理到产物检测，一天之内可得出结果。由于 PCR 对检测的核酸有扩增作用，理论上即使仅有一个分子的模板，也可进行特异性扩增。故特异性和敏感性都很高，远远超过常规的检测技术，包括核酸杂交技术。PCR 可检出 10^{-15} g(1 fg)水平的 DNA，而杂交技术一般在 10^{-12} g(1 pg)水平。PCR 适用于检测慢性感染、隐性感染，对于难以培养的病毒的检测尤其适用。PCR 操作的每一步都不需活的病原体，不会造成病原体逃逸，在传染病防疫意义上是安全的。

(3) 制备探针和标记探针：PCR 可为核酸杂交提供探针和标记探针。方法如下：a. 用 PCR 直接扩增某特异的核酸片段，经分离提取后用同位素或非同位素标记制得探针；b. 在反应液中加入标记的 dNTP，经 PCR 将标记物掺入新合成的 DNA 链中，从而制得放射性和非放射性标记探针。

(4) 在病原体分类和鉴别中的应用：用 PCR 可准确鉴别某些比较近似的病原体，如蓝舌病病毒与流行性出血热病毒、牛巴贝斯虫与二联巴贝斯虫等。PCR 结合其他核酸分析技术，在精确区分病毒不同型、不同株、不同分离物的相关性方面具有独特的优势，可从分子水平上区分不同的毒株并解释它们之间的差异。

此外，PCR 还广泛应用于分子克隆、基因突变、核酸序列分析、癌基因和抗癌基因以及抗病毒药物等研究中。

2. PCR 应用概况 从诞生至今，PCR 已在生物学研究领域得到了广泛的应用，将 PCR 用于动物传染病的检疫研究也日趋广泛。

自 1990 年始，将 PCR 应用于动物传染病的诊断等研究的报道，可归纳如下。

(1) 快速诊断各类病毒病：用 PCR 成功进行检测的动物传染病病毒包括蓝舌病病毒、口蹄疫病毒、牛病毒性腹泻病毒、牛白血病病毒、马鼻肺炎病毒、恶性卡他热病毒、伪狂犬病病毒、狂犬病病毒、非洲猪瘟病毒、禽传染性支气管炎病毒、禽传染性喉气管炎病毒、马传染性肺炎病毒、马立克氏病病毒、牛冠状病毒、鱼传染性造血器官坏死病病毒、轮状病毒、水貂阿留申病病毒、山羊关节炎脑炎病毒、梅迪-维斯纳病毒、猪细小病毒等。

(2) 由其他病原体引起的传染病的研究：目前已报道的有致病性大肠杆菌毒素基因、牛胎儿弯曲杆菌、牛分枝杆菌、炭疽杆菌芽孢、钩端螺旋体、牛巴贝斯虫和弓形虫等的 PCR 检测研究。在食品微生物的检测中，PCR 技术的应用也日趋广泛。

（二）酶联免疫吸附试验

自从 Engvall 和 Perlman(1971 年)首次报道建立酶联免疫吸附试验(ELISA)以来，ELISA 由于具有快速、敏感、简便、易于标准化等优点，得到了迅速的发展和广泛应用。尽管早期的 ELISA 由于特异性不够高而妨碍了其在实际中应用的步伐，但随着方法的不断改进、材料的不断更新，尤其是采用基因工程方法制备包被抗原，采用针对某一抗原表位的单克隆抗体进行阻断 ELISA 试验后，大大提高了 ELISA 的特异性，加之电脑化程度极高的 ELISA 检测仪的使用，使 ELISA 更为简便、实用和标准化，从而使其成为广泛应用的检测方法之一。

目前 ELISA 已被广泛应用于多种细菌和病毒等疾病的诊断，在动物检疫方面，ELISA 在猪传染性胃肠炎、牛副结核病、牛传染性鼻气管炎、猪伪狂犬病、蓝舌病等的诊断中已成为广泛采用的标准方法。

1. 基本原理 ELISA 的基本原理是酶分子与抗体或抗抗体分子共价结合，此种结合不会改变抗体的免疫学特性，也不影响酶的生物学活性。此种酶标抗体可与吸附在固相载体上的抗原或抗体发生特异性结合。滴加底物溶液后，底物可在酶作用下使其所含的供氢体由无色的还原型变成有色的氧化型，出现颜色反应。因此，可通过底物的颜色反应来判定有无相应的免疫反应，颜色反应的深浅与标本中相应抗体或抗原的量成正比。此种显色反应可通过 ELISA 检测仪进行定量测定，这样就将酶化学反应的敏感性和抗原抗体反应的特异性结合起来，使 ELISA 成为一种既特异又敏感的检测方法。

2. ELISA 的基本类型、用途 根据 ELISA 所用的固相载体而分为三大类型：一类是采用聚苯乙烯微量板为载体的 ELISA，即通常所指的 ELISA(微量板 ELISA)；另一类是用硝酸纤维膜为载体

的 ELISA，称为斑点 ELISA（Dot-ELISA）；再一类是采用疏水性聚酯布作为载体的 ELISA，称为布 ELISA(C-ELISA)。在微量板 ELISA 中，又根据其性质不同分为：①间接 ELISA，主要用于检测抗体；②双抗体夹心 ELISA，主要用于检测大分子抗原；③双夹心 ELISA，此法与双抗体夹心 ELISA 的主要区别在于——它是采用酶标抗抗体检查多种大分子抗原，它不仅不必标记每一种抗体，还可提高试验的敏感性；④竞争 ELISA，此法主要用于测定小分子抗原及半抗原，其原理类似于放射免疫测定；⑤阻断 ELISA，主要用于检测特异性抗体；⑥抗体捕捉 ELISA，主要用于先确定抗体是否具有 IgM 型特异性，然后再来鉴定被检抗体是否有针对抗原的特异性。

（三）血清学检测技术

微课 6-2-2

1. 血凝和血凝抑制试验 某些病毒或病毒的血凝素，能选择性地使某种或某几种动物的红细胞发生凝集，这种凝集红细胞的现象称为血凝（hemagglutination，HA），也称直接血凝反应，当病毒的悬液中加入特异性抗体后，且这种抗体的量足以抑制病毒颗粒或其血凝素，则红细胞表面的受体就不能与病毒颗粒或其血凝素直接接触，这时红细胞的凝集现象就被抑制，称为血凝抑制（hemagglutination inhibition，HI），也称血凝抑制反应。

（1）原理：血凝的原理因不同的病毒而有所不同，如痘病毒对鸡的红细胞发生凝集并不是病毒本身的作用，而是痘病毒的产物类脂蛋白的作用。而流感病毒的血凝作用是病毒囊膜上的血凝素与红细胞表面的受体糖蛋白相互吸附而引发的。

（2）直接血凝试验和血凝抑制试验的应用：直接血凝试验主要用于血库中红细胞抗原的分型、病毒抗原的鉴定等。血凝抑制试验主要用来测定血清中抗体的滴度、病毒的鉴定、监测病毒抗原的变异、流行病学的调查、动物群体疫情的监测等。

2. 间接血凝试验和反向间接血凝试验

（1）原理：凝集反应中抗体球蛋白分子与其特异的抗原相遇时，在一定的条件下，便可形成抗原抗体复合物，由于这种复合物分子团很小，如果抗原抗体的含量过少，则不能形成肉眼可见的凝集。若设法将抗原结合或吸附到比其体积大千万倍的红细胞表面上，则只要少量的抗体就可以使红细胞通过抗原抗体的特异性结合而出现肉眼可见的凝集现象。这就大大地提高了凝集反应的敏感性。于是人们将红细胞经过鞣酸或其他偶联剂处理，使得多糖抗原或蛋白质抗原能被红细胞表面的受体结合或吸附，这种被抗原致敏的红细胞遇到相应的抗体时，在一定的条件下，由于抗原抗体的特异性结合而间接地引起红细胞的凝集，这一试验称为间接血凝试验。若在抗血清中先加入与致敏红细胞相同的抗原，在一定的条件下，经过一定时间后再加上这种抗原致敏的红细胞就不再发生红细胞的凝集，即抑制了原有的血凝反应，这种现象称为间接血凝抑制反应。同样，如果用抗体球蛋白致敏红细胞，也能与相应的抗原在一定的条件下引起凝集反应，这称为反向间接血凝试验。当在与致敏红细胞的抗体相应的抗原液中，先加入相应的特异性抗体，在一定的条件下，经过一定的时间后再加入这种抗体致敏的红细胞，由于抗原先和特异性抗体结合，这种致敏红细胞的抗体就不能与抗原起反应，呈现血凝抑制现象，这称为反向间接血凝抑制试验。一般用抗原致敏红细胞比较容易，而用抗体致敏红细胞比较困难，主要原因是抗血清中蛋白质的成分很复杂，其中除了具有抗体活性免疫球蛋白之外，还有非抗体活性免疫球蛋白，这两种免疫球蛋白很难分开，而且这两种免疫球蛋白均能同时结合或吸附在红细胞表面，一旦非抗体活性免疫球蛋白在红细胞表面达到一定数量时，抗体致敏的红细胞就不能再与相应的抗原形成可见的凝集。因此，一般实验室均用抗原来致敏红细胞。

（2）间接血凝试验和反向间接血凝试验的应用：间接血凝试验和反向间接血凝试验是以红细胞为载体，根据抗原抗体的特异性结合的原理，用已知抗原或抗体来检测未知的抗体或抗原的一种微量、快速、敏感的血清学方法。其用途很广。

①测定非传染病的抗体。如类风湿性关节炎的类风湿因子(RF)及自身抗体、激素抗体等。

②测定传染病的抗体。用于流行病学的调查，如布鲁氏菌病、螺旋体病、猪支原体肺炎等。

③用间接血凝试验进行某些病毒、细菌的鉴定和分型。

④间接血凝试验可用于血浆中 IgG 和其他蛋白组分的测定及对免疫球蛋白的基因分析。

⑤间接血凝试验用于进出口动物及其产品的检疫。如用间接血凝试验检疫进口猪的支原体肺炎;用反向间接血凝试验检疫进口肉制品中口蹄疫病毒等。

3. 琼脂扩散试验 凝胶中抗原抗体沉淀反应最早于 1905 年为研究利泽冈现象而首先被应用。1932 年本方法被应用于鉴定细菌菌株,但当时在凝胶中出现的沉淀带仍被认为是利泽冈现象。1946 年 Oudin 在试管中进行了免疫扩散试验,该试验对抗原混合物进行分析。1948 年 Elek 和 Ouchterlony 分别建立了琼脂双向双扩散法,可以同时鉴定、比较两种以上抗原或抗体,并相继研究了免疫扩散的理论依据,使免疫化学分析技术向前迈进了一大步。

随着科学技术的进步,免疫扩散法与其他技术结合产生了许多新的技术,如免疫电泳、免疫液流电泳、酶免疫扩散等,使之在生物学和医学等领域得到更广泛的应用。

在凝胶扩散法之前的许多免疫化学技术,不能提供抗原混合物标准分析方法。最初设计出凝胶扩散试验的目的是对单一抗原或抗体进行定量分析,在凝胶中的任何免疫化学研究都必须从定性分析开始。应该注意:无论是在定量或定性试验中,只有在抗血清中存在足够浓度的抗体情况下才能检出抗原,反之亦然。

琼脂扩散试验可分为以下四种类型:单向单扩散试验,单向双扩散试验,双向单扩散试验,双向双扩散试验。在检疫实践中最为常用的是双向双扩散试验,一般所称的琼脂扩散试验多指双向双扩散试验。

4. 凝集试验 某些微生物颗粒性抗原的悬液与含有相应的特异性抗体的血清混合,在一定条件下,抗原与抗体结合,凝集在一起,形成肉眼可见的凝集物,这种现象称为凝集(agglutination),或直接凝集(direct agglutination)。凝集中的抗原称为凝集原(agglutinogen),抗体称为凝集素(agglutinin)。凝集反应是早期建立起来的四个古典的血清学方法(凝集反应、沉淀反应、补体结合反应和中和反应)之一,在微生物学和传染病诊断中有广泛的应用。按操作方法,分为试管法、玻板法、玻片法和微量法等。

凝集反应用于测定血清中抗体含量时,将血清连续稀释(一般用倍比稀释)后,加定量的抗原;测抗原含量时,将抗原连续稀释后加定量的抗体。抗原抗体反应时,出现明显反应终点的抗血清或抗原制剂的最高稀释度称为效价或滴度(titer)。

(1) 试管凝集试验:试管凝集试验是一种定量试验。用已知抗原测定受检血清中有无某种抗体及其滴度,以辅助诊断或进行流行病学调查。试验可在小试管内或有孔塑料板上进行,将血清用生理盐水在各管或孔内进行倍比稀释,然后加入等量的抗原悬液,振荡混合,置于 37 ℃水浴(或温箱)4 h,取出于室温放置过夜,观察结果。临床上常用的有布鲁氏菌病试管凝集反应。

(2) 定量玻板凝集试验:在玻板或载玻片上进行,取适当稀释的待检血液或血清与抗原悬液各一滴滴在玻板上,阳性者数分钟后出现团块状或絮片状凝集。常用的有鸡白痢、鸡伤寒全血平板凝集试验和布鲁氏菌病平板凝集试验、猪伪狂犬病乳胶凝集试验等。

(3) 定性玻片凝集试验:定性玻片凝集试验是一种定性试验。可用已知抗体来检测未知抗原。若鉴定新分离的菌种时,可取已知抗体滴加在玻片上,取待检菌液一滴与其混匀。数分钟后,如出现肉眼可见的凝集现象,为阳性反应。该法简便快速,既可用于布鲁氏菌病等抗体检测,又可用于沙门氏菌等细菌鉴定。

(4) 微量凝集试验:微量凝集试验是一种简便的定量试验,尤其适合进行大规模的流行病学调查。

(四) 变态反应

1. 基本原理 变态反应也叫过敏反应,其实质是异常的免疫反应或病理性的免疫反应。动物患某些传染病后,由于病原微生物(病原体)或其代谢产物对动物机体的不断刺激,动物机体致敏。当过敏的机体再次受到同种病原微生物刺激时,则表现出异常高度反应性,这种反应性可以表现在

Note

动物的外部器官或皮肤上。因此，用已知的变应原（引起变态反应的物质，也叫过敏原）给动物点眼，皮下、皮内注射，观察是否出现特异性变态反应，进行变态反应诊断。

2. 实际应用 某些传染源引起的传染性变态反应，具有很高的特异性，可用于传染病诊断，主要应用于一些慢性传染病的检疫与监测，尤其适合动物群体检疫、畜群净化，是牛结核病、马鼻疽病检疫的常规方法。在动物疫病诊断和检疫中，常用的方法有皮内反应法、点眼法和皮下反应法。抗原制剂有鼻疽菌素、结核菌素、布鲁氏菌水解素、副结核菌素等，接种的部位因为动物种类和传染病而异，马采用颈侧和眼睑，牛、羊除颈侧外，还可在尾根及肩脚中央部位，猪大多在耳根后，鸡在肉髯部位，猴在眼睑或腹部皮肤。各种抗原制剂接种的剂量也有不同，可参见使用说明。

以结核菌素为致敏原时，常用皮内注射，于被检动物皮内注射小剂量结核菌素，24～72 h 注射部位可出现炎性反应，根据皮肤肿胀面积和肿胀皮厚度，可作出判定。在进出口动物（如牛、羊、猪）的检疫中多用牛型和禽型两种提纯结核菌素（PPD），在不同位置同时注射作对比。此法对牛可区别特异性和非特异性反应；对羊可诊断牛型结核病与副结核病；猪则可诊断牛型结核病与禽型结核病。

点眼法：以马鼻疽为例，将鼻疽菌素 3～4 滴滴入马眼结膜囊内，点眼后经 3 h、6 h、9 h、24 h 观察反应，若马眼内出现脓性分泌物，眼结膜潮红、肿胀则为阳性反应。对于阴性和可疑的马，相隔 5～6 天后可做第 2 次或第 3 次重检，以增加检出率。

皮下注射比皮内注射操作烦琐，而且检出率低，皮下的反应不如皮内敏感易判断，因此较少采用。

（五）中和试验

动物受到病毒感染后，体内产生特异性中和抗体，并与相应的病毒粒子呈现特异性结合，因而阻止病毒对敏感细胞的吸附，或抑制其侵入，使病毒失去感染能力。中和试验（neutralization test）是以测定病毒的感染力为基础，以比较病毒受免疫血清中和后的残存感染力为依据，来判定免疫血清中和病毒的能力。

中和试验常用的有两种方法：一种是固定病毒用量与等量系列倍比稀释的血清混合，另一种是固定血清用量与等量系列对数稀释（即十倍递次稀释）的病毒混合；然后把血清病毒混合物置于适当的条件下作用一定时间后，接种于敏感细胞、鸡胚或动物，测定血清阻止病毒感染宿主的能力及其效价。如果接种血清病毒混合物的宿主与对照（指仅接种病毒的宿主）一样出现病变或死亡，说明血清中没有相应的中和抗体，中和反应不仅能定性而且能定量，故中和试验可应用于以下几种情况。

1. 病毒株的种型鉴定 中和试验具有较高的特异性，利用同一病毒的不同型的毒株或不同型标准血清，即可测定相应血清或病毒的型，所以，中和试验不但可以定属而且可以定型。

2. 测定血清抗体效价 中和抗体出现于病毒感染的较早期，在体内的维持时间较长，动物体内中和抗体水平的高低，可显示动物抵抗病毒的能力。

3. 分析病毒的抗原性 毒素和抗毒素亦可进行中和试验，其方法与病毒中和试验基本相同。

用组织细胞进行中和试验，有常量法和微量法两种。因微量法简便，结果易于判定，适用于做大批量试验，所以近年来得到了广泛的应用。

（六）单克隆抗体技术

自 1975 年 Kohler 和 Milstein 报道，通过细胞融合建立能产生单克隆抗体（简称单抗）的杂交瘤技术以来，这个最基础的具有开创性的理论在生物科学的基础研究以及医学、预防医学、农业科学等领域得到了广泛应用和实践，充分显示了它对生命科学各领域产生的巨大而深远的影响，由于单抗有着免疫血清或抗体无法比拟的优点，迄今全世界已研制成数以千计的单抗，有的已投入市场，有的正在进行应用考核和深入观察。

1. 单抗在诊断学中的应用 单抗应用最广泛的是诊断，主要用于病原体诊断、病理诊断和生理诊断，随着微生物学、寄生虫学、免疫学的研究发展，人类对感染性疾病和寄生虫病有了新的认识，一个病原体存在着许多性质不同的抗原，在同一抗原上，又可能存在许多性质不同的属、种、群、型特异

性抗原，采用杂交瘤技术，可以获得识别不同抗原或抗原决定簇的单抗，从而可以对感染性疾病和寄生虫病进行快速准确的诊断，同时可以用于调查疾病流行情况，进行流行毒株或虫株的分类鉴定，为疫病的防疫治疗提供资料。目前应用单抗诊断试剂诊断的人、畜禽、植物等病毒、细菌或寄生虫病已有上百种，其中包括狂犬病、乙型脑炎等人兽共患病三十余种；鸡新城疫、马立克氏病、猪瘟等畜禽病二十余种；植物病毒病十余种；人、畜禽细菌病二十余种；弓形虫、疟疾、旋毛虫等寄生虫病三十余种。另外，单抗还成功应用于含量极微的激素、细菌毒素、神经递质和肿瘤细胞抗原的诊断。

2. 单抗应用于临床治疗 用单抗治疗肿瘤是医学界寄予厚望的一项研究，目前已研制出的肿瘤单抗有胃肠道肿瘤、黑色素瘤、肺癌等数十种，用单抗可能的治疗途径是采用高亲和并特异的单抗，偶联药物或毒素（生物导弹）后可定向杀伤肿瘤，目前该研究在实验动物中已获得成功，而单独使用单抗治疗人恶性肿瘤获得成功的例子在国外也有报道。使用单抗治疗畜禽传染病，尤其是病毒病如鸡传染性法氏囊病，成效十分显著。

3. 单抗是生物学研究的有力工具 目前，单抗已广泛应用于不同学科，其中一部分是为基础理论研究服务的，在病原方面可用于分类、分型和鉴定毒株，可用于探查抗原结构以及用于抗感染免疫机制和中和抗原的研究，结合分子生物学方法，可以确定病毒抗原蛋白的编码基因，基因突变和转译产物的加工、处理、组装过程，从而进一步研制基因重组疫苗。作为一种特异的生物探针，通过单抗的免疫组化定位，可以研究细胞的生理功能和疾病的病因、发病机制；对激素和受体可利用单抗进行免疫分析、免疫细胞化学定位，大大促进了激素和受体结构与功能、激素作用机制以及内分泌自身免疫性疾病病因的研究进展。另外，单抗已应用于神经系统、血液系统、药理学和系统发育学、畜牧育种及性别控制等学科的研究工作中，极大地推动了整个生物学科的发展。

知识拓展与链接

高致病性禽流感诊断技术

禽流感检疫技术规范

口蹄疫诊断技术

口蹄疫检疫技术规范

课程评价与作业

课程评价

通过对现代生物学技术在动物检疫中运用知识的深入讲解，学生熟练掌握动物检疫相关的生物学技术基本知识。教师将各种教学方法结合起来，使学生更深入地掌握知识，调动学生的学习兴趣，通过多种形式的互动，使课堂学习气氛轻松愉快，真正达到教学目标。

思考与练习

动物检疫的生物学技术有哪些？有何应用价值？

扫码看课件
6-3

任务三　动物产品检疫技术

学习目标

▲知识目标

1. 了解皮张检疫的意义，掌握皮张实验室检疫的技术。
2. 掌握精液、胚胎的一般性状和检疫内容。

▲技能目标

1. 通过动物检疫技术知识的学习，学会产地检疫和实验室检疫。
2. 通过学习奶牛场及其动物产品检疫，掌握乳品检疫技术。

▲思政目标

1. 明礼守法，办事公道，爱岗敬业，诚信友善。
2. 树立崇高的职业理想。

▲知识点

1. 皮张检疫的概念和方法。
2. 精液、胚胎检疫程序。
3. 奶牛场及其动物产品检疫的要求。

一、皮张检疫

（一）皮的基本概念

皮是覆盖于动物体表，具有保护、感觉、分泌、排泄、调节体温、吸收等功能。皮肤一般可分为3层：表皮、真皮、皮下组织。它属于被皮系统。

（二）皮张现场检疫

动物皮张包括生毛皮、生板皮、鲜皮、盐渍皮、猪鬃、马鬃、马尾、羊毛、驼毛、鸭绒毛、羽毛等。它们作为工业畜、禽产品的原料，往往都混有各种病原体，易对人、畜造成危害，因此必须加强检疫工作。

1. 查证验物　查证该批产品的来源，当地有无疫情（如有，询问流行情况），同时索取检疫证明和消毒证明，并检查证物是否相符。

2. 实验室检疫　包括生皮、原毛的实验室检疫，现主要进行炭疽杆菌的快速检疫。

（1）样品的处理：先将皮毛剪碎，称取3 g左右放入灭菌三角瓶中，加入适量的0.5%洗涤液，以充分浸泡为宜（用5%漂白粉溶液洗涤也可），人工或机械振荡10～15 min后，静置10 min，取混悬液10 mL加入离心管，于2000 r/min离心10 min，弃上清液，再加入3～5 mL灭菌蒸馏水，于60 ℃水浴30 min。

（2）分离培养：取水浴后混悬液0.05 mL接种于血平板中，用L形玻棒涂匀（L形玻棒需经酒精火焰灭菌），37 ℃培养18～24 h。

（3）鉴定。

①菌落特征。菌落扁平，不透明，表面干燥、粗糙、有微细结构，边缘不整齐，似狮子头状（卷发状），常带有逗号状小尾突起的粗糙型（R）较大菌落，菌落直径为2～3 mm，呈灰白色，在血平板上不溶血。

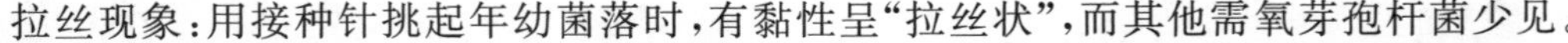

拉丝现象：用接种针挑起年幼菌落时，有黏性呈“拉丝状”，而其他需氧芽孢杆菌少见。

②细菌形态。炭疽杆菌为革兰氏阳性菌，呈链状或散在的杆状。在液体培养基中形成 10～20 个菌体相连的长链，呈竹节状，散在的菌体两端呈直截状，似砖头，若在培养基中时间较长，有时也能形成芽孢。

③炭疽杆菌噬菌体裂解试验。挑取可疑菌落的 1/3，点种在普通琼脂平板上，用灭菌的 L 形玻棒涂匀，用接种环挑取一满环炭疽噬菌体，点种在中间，37 ℃恒温箱中孵育 3～5 h，观察结果，以出现清亮噬菌体斑为炭疽杆菌噬菌体裂解试验阳性。

④串珠试验。挑取可疑菌落的 1/3，按上述方法将细菌均匀涂布，用灭菌的眼科镊子夹取一片青霉素干纸片轻压在涂布区域中心，37 ℃培养 1.5～3 h，观察结果，若菌体变圆呈念珠状则为阳性。

⑤荚膜肿胀试验。将上述菌落的 1/3 接种于活性炭 $NaHCO_3$ 琼脂平板上，放在 CO_2 培养袋或 CO_2 培养箱（CO_2 浓度为 20%～40%）中，37 ℃培养 5 h，取少许培养物涂片做荚膜染色，镜下观察菌体，若菌体周围有边界清晰的荚膜则为阳性。

(4) 结果判定：具有典型菌落和菌体形态特征，且炭疽杆菌噬菌体裂解试验、串珠试验均为阳性的芽孢杆菌为炭疽杆菌，在此基础上，荚膜肿胀试验为阳性的细菌，为强毒炭疽杆菌。

（三）皮张的感官检疫

1. 生皮 健康生皮的肉面呈淡黄色或黄白色，真皮层切面致密、弹性好，背皮厚度适中且均匀一致，无外伤、血管痕、虫蚀、破损、蛇眼、疥癣等缺陷。肥度高的牲畜皮质结实滑润，被毛有光泽，肉面呈淡黄色；中等肥度呈黄白色；瘦弱的牲畜，皮质粗糙瘦薄，被毛干燥无光泽，肉面呈蓝白色。改良牲畜的皮张质量比土种牲畜的皮张质量好。盐腌或干燥保存的皮张，肉面上基本保持原有色泽。夏秋季在日光直接照射下干燥的皮张肉面变为黑色。

从死亡或因病宰杀的尸体上剥下来的生皮，其肉面呈暗红色，常因充血使皮张肉面呈蓝紫红色，皮下血管充血呈树枝状，皮板上有较多残留的肉屑和脂肪，有的还出现不同形式的病变。

皮张完整性有缺陷的感官特征主要表现在如下方面。

(1) 动物生前形成的缺陷。如瘘管，寄生虫引起的蛇眼、疥癣，机械作用造成的挫伤、角伤及其他伤痕等。

(2) 屠宰剥皮、初加工时造成的缺陷。如孔洞、切伤、削痕及肉脂残留等。

(3) 防腐保存不当造成的缺陷。如腐烂、烫伤（由于夏季温度过高，铺晒的鲜皮真皮层纤维组织发生变性或变质，造成皮张脆硬，缺乏弹性）、霉烂、虫蚀等。

2. 猪鬃 质量良好的猪鬃颜色纯净而有光泽，毛根粗壮，岔尖不深，无杂毛、霉毛，油毛少，干燥，无残留皮肉，无泥沙、灰渣、草棍等杂质。

3. 兽毛和羽毛 质量良好的兽毛和羽毛应符合质量标准，无杂毛、油毛、毛梗和灰沙。无腐烂、生蛆和生虫等现象。无内脏杂物，无潮湿、发霉和发生特殊气味。

（四）建立皮张检疫档案

(1) 皮张产地实行养殖档案跟踪制度，档案信息应当准确、真实、完整、及时，并保存两年以上，确保皮张质量的可追溯性。

(2) 皮张产地应当建立涉及养殖全过程的养殖档案。

(3) 皮张产地应当建立防疫记录。

①日常健康检查记录。畜群每天的健康状况、死亡数和死亡原因等。

②预防和治疗记录。发病时间、症状、预防或治疗用药的经过；药品名称、使用方法、生产厂家及批号、治疗结果、执行人等。

③免疫记录。疫苗种类、免疫时间、剂量、批号、生产厂家和疫苗领用、存放、执行人等。

④消毒记录。包括消毒剂种类、生产厂家、批号、使用日期、地点、方式、剂量等，遵守《畜禽产品消毒规范》(GB/T 16569—1996)。

(4) 销售记录、销售日期、数量、质量、购买单位名称、地址、运输情况等。

（五）检疫后处理

(1) 确诊为蓝舌病、口蹄疫等一类动物疫病或当地新发疫病，或某些如炭疽、鼻疽、马传染性贫血等二类疫病的畜禽生皮和原毛，一律严格按《畜禽病害肉尸及其产品无害化处理规程》和《畜禽产品消毒规范》处理。接触过带病原体的生皮、原毛的场地、用具、车辆及人员也必须进行彻底消毒。

(2) 原料中有生蛆、生虫、发霉等现象，应及时剔出，进行通风、晾晒和消毒。

二、精液、胚胎检疫

（一）精液一般性状的检疫

对精液的一般性状进行检疫，主要检查精液的颜色、精子的活力、精子的密度、精子的畸形率以及精液的酸碱度。

（二）精液中所携带病原体的种类

精液可以携带的主要的动物疫病病原体包括：结核分枝杆菌、副结核分枝杆菌、布鲁氏菌、胎儿弯曲杆菌、钩端螺旋体、口蹄疫病毒、白血病病毒、牛瘟病毒、蓝舌病病毒、牛传染性鼻气管炎病毒、牛病毒性腹泻病毒、Q 热病毒、支原体、非洲猪瘟病毒、日本脑炎病毒、猪细小病毒、伪狂犬病病毒、猪瘟病毒、猪水疱病病毒、裂谷热病毒、牛结节性疱疹病毒、牛胎三毛滴虫、鞭虫、霉菌、真菌等。

（三）牛冷冻精液中所携带病原体的种类

牛冷冻精液中所携带的病原体包括：牛传染性鼻气管炎病毒、牛病毒性腹泻病毒、水疱性口炎病毒、布鲁氏菌、口蹄疫病毒、支原体、结核分枝杆菌、副结核分枝杆菌、胎儿弯曲杆菌、钩端螺旋体、蓝舌病病毒、白血病病毒、牛瘟病毒、Q 热病毒、牛结节性疱疹病毒、牛胎三毛滴虫、霉菌、真菌等。

（四）进口精液、胚胎的检疫程序

目前牛、羊、猪或其他动物的精液、胚胎的检疫仅针对从国外引进的检疫，目的在于引进优良品种和提高繁殖性能。对入境精液、胚胎依照《中华人民共和国进出境动植物检疫法》《中华人民共和国进出境动植物检疫法实施条例》及其他相关规定进行检疫。对每批进口的精液、胚胎均应按照我国与输出国所签订的双边精液、胚胎检疫议定书的要求执行检疫。

1. 境外产地检疫 为了确保引进的动物精液或胚胎符合卫生条件，国家出入境检验检疫局依照我国与输出国签署的输入动物精液或胚胎的检疫和卫生条件议定书，派兽医到输出国的养殖场、人工授精中心及有关实验室配合输出国官方兽医机构执行检疫任务。

会同输出国官方兽医商定检疫工作计划，了解整个输出国动物疫情，特别是本次拟出口动物精液或胚胎所在地的疫情；确认输出动物精液或胚胎的人工授精中心符合议定书要求，特别是在议定书中要求的该授精中心在指定的时间和范围内无议定书中所规定的疫病或临诊症状，查阅有关的疫病监测记录档案，询问地方兽医有关动物疫情、疫病诊治的情况；对中心内所有动物进行临诊检查，保证供精动物是临床健康的；到官方认可的实验室参与对供精动物疫病的检疫工作。

(1) 精液：精液样品应采自符合双边动物检疫协定或中国有关兽医卫生要求的合格供体公畜。供体公畜（动物）应全身清洁，身体及蹄不带任何粪便或食物残渣；供体公畜（动物）包皮周围的毛不宜过长（一般剪至 2 cm 为宜），采精前用生理盐水将包皮、包皮周围及阴囊冲洗干净。

采精场所及试情畜（台畜）应清洁卫生，每次采精前应仔细清洗；采精操作人员应戴灭菌手套，以防供体公畜（动物）阴茎意外滑出时，操作人员的手与阴茎直接接触；每次采精前，对人工阴道、精液收集管等器具应彻底清洗消毒，人工阴道使用的润滑剂及涂抹润滑剂的器具亦应消毒灭菌。

精液稀释液应新鲜无菌，一般不超过 72 h，储存在 5 ℃的条件下。用牛乳、蛋黄配制精液稀释液时，精液稀释液的这些成分必须无病原体或经过消毒（牛乳在 92 ℃经 3～5 min 处理，鸡蛋必须来自 SPF 鸡群）。精液稀释液中可加入青霉素、链霉素和多黏菌素。精液采集时应有助手配合，当公畜

(动物)爬跨试情畜(动物)或台畜时,采精操作人员用左手拉住公畜包皮,同时用右手将已消毒灭菌的人工阴道套到阴茎上。当公畜射精结束后,取下精液收集管,送实验室稀释,分装成每支(粒)50 μL 或 25 μL。分装好的精液必须放在液氮中保存和运送。

采样标准:一般按一头公畜(动物)一个采精批号,作为一个计算单位,100 支(粒)以下采样 4%～5%,101～500 支(粒)采样 3%～4%,501～1000 支(粒)采样 2%～3%,1000 支(粒)以上采样 1%～2%。

(2) 胚胎:胚胎样品应采自符合双边动物检疫协定或中国有关兽医卫生要求的合格供胚胎畜。保证胚胎没有病原微生物,主要以检疫供胚动物、受胚动物、胚胎采集或冲洗及胚胎透明带是否完整为决策依据,原则上不以胚胎作为检测样品,供胚动物及受胚动物的检疫将按照我国与输出国所签订的双边胚胎检疫议定书的要求执行。

胚胎透明带检查:在显微条件下,把胚胎放大 50 倍以上,检查透明带表面,并证实透明带完整无损,无黏附杂物。

胚胎按国际胚胎移植协会(IETS)规定的方法冲洗,且在冲洗前、后透明带完整无损伤。

采集液、冲洗液样品检查:将采集液置于消毒容器中,静置 1 h 后弃去上清液,将底部含有碎片的液体(约 100 mL)倒入消毒瓶内。如果用滤器过滤采集胚胎,将滤器上被阻碎片洗下倒入 100 mL 的滤液里;洗液为收集胚胎的最后 4 次冲洗液。上述样品应置于 4 ℃保存,并在 24 h 内进行检疫,否则应置于－70 ℃冷冻待检。

放在无菌安瓿或细菌管内的胚胎,应储存在消毒的液氮容器内,凡从同一供体动物采集的胚胎应放在同一安瓿内。

2. 精液的检疫消毒处理 采用消毒剂对精液外包装进行消毒,消毒后加贴统一规定使用的外包装消毒封签标志。

三、奶牛场及其动物产品的检疫

(一) 奶牛场的防疫要求

1. 奶牛场的卫生防疫要求

(1) 档案信息。

①具备完整的报表和记录生产周报表、生产月报表;冷库出入记录、挤奶设备使用记录、乳品消毒记录、免疫接种记录、商品销售记录。

②所有技术资料应归档保存 2 年以上。

(2) 产品质量。

①按照牛乳质量标准选择合格乳品,不合格者不准出场。

②按照当地有关牛乳质量和经营服务规定做好售后服务。

③按照食品安全国家标准巴氏杀菌乳(GB 19645—2010)制作巴氏杀菌乳。

(3) 健全防疫制度。

①奶牛场必须有一套完整的防疫、消毒制度,进出人员、车辆、物品等应严格消毒,严防厂区内与厂区外交叉污染。

②按照挤奶流程严格消毒奶牛和牛乳。

③废弃物应集中收集,经无害化处理后符合《畜禽养殖业污染物排放标准》(GB 18596—2001)的规定。

④每次挤奶结束后,应对挤奶设备、挤奶室进行彻底清洗、消毒。

⑤乳品应放置于经清洗、消毒的奶瓶内销售。

2. 奶牛的卫生防疫要求

(1) 卫生防疫制度健全有效,能认真贯彻执行《中华人民共和国动物防疫法》《家畜家禽防疫条

例》以及各省的有关规定。

(2) 严格执行免疫程序，具有免疫监测设备及制度，有效地控制有关法律法规规定的一、二类传染病的发生，场内保证无结核病、布鲁氏菌病、传染性鼻气管炎、口蹄疫、白血病等传染病。

(3) 一旦发生传染病或寄生虫病，要迅速采取隔离、消毒等防疫措施，并立即报告当地动物防疫机构，接受其防疫检查和监督指导。

(4) 场内卫生清洁，常年做好消毒工作。非生产人员不得进入生产区；生产区设有洗涤、更衣、消毒设施。大门及畜舍、饲料库入口处应设存放有效消毒剂的消毒池，进入畜舍必须更换工作服和鞋。对病死家畜进行无害化处理，环境、舍内及设备保持清洁并定期消毒，舍内有害成分应控制在允许范围内；粪便、垃圾等应妥善处理。

(5) 档案信息。

①奶牛场实行养殖档案跟踪制度。档案信息应当准确、真实、完整、及时，并保存 2 年以上，确保牛乳质量的可追溯性。

②奶牛场应当建立涉及养殖全过程的养殖档案。

③生产记录。

a. 饲养期信息。种畜来源、品种、引入日期与数量等引种信息，存栏畜日龄、体重、存栏数、畜舍温湿度、饲喂量等。

b. 生产性能信息。

c. 饲料信息。饲料配方、饲料(原粮)来源、型号、生产日期和使用情况等。

④防疫记录。

a. 日常健康检查记录。畜群每天的健康状况、死亡数和死亡原因等。

b. 预防和治疗记录。发病时间、症状、预防或治疗用药的经过；药物名称、使用方法、生产单位及批号、治疗结果、执行人等。

c. 免疫记录。疫苗种类、免疫时间、剂量、批号、生产厂家和疫苗领用、存放、执行人等。

⑤消毒记录。包括消毒剂种类、生产厂家、批号、使用日期、地点、方式、剂量等。

⑥无害化处理记录。根据处理情况做好记录。

⑦销售记录。销售日期、数量、质量、购买单位名称、地址、运输情况等。

⑧牛乳质量记录。牛乳出售时的质量、等级等。

（二）牛乳的检疫方法

(1) 动物产品必须来自非疫区。

(2) 动物产品的供体必须无国家规定的动物疫病，供体有健康合格证明。

(3) 牛乳的消毒处理有低温长时消毒法、高温短时消毒法和超高温瞬时灭菌法等。

①低温长时消毒法，又叫巴氏杀菌法：将牛乳置于 60 ℃下保持半小时左右，从而达到巴氏杀菌的目的。

②高温短时消毒法：用于液态乳的高温短时间杀菌工艺，是将牛乳加热到 72～75 ℃，或者 82～85 ℃，之后保持 15～20 s，然后再进行冷却。

③超高温瞬时灭菌法：这是目前最先进的杀菌方法，是指将原料乳在连续流动的状态下通过热交换器迅速加热到 135～140 ℃，保持 3～4 s，从而达到商业无菌的杀菌方法。

④检疫后处理。

a. 牛乳经感官检查合格，应签发检疫证书(结核病、布鲁氏菌病检疫应为阴性)。

b. 凡结核病、布鲁氏菌病检疫阳性者，不能作产品用。

c. 正常牛乳色泽为乳白色或稍带微黄色；质地均匀细腻，呈均匀的流体，无沉淀、凝块和杂质，无黏稠和浓厚现象；具有乳特有的乳香味；滋味纯正，具有鲜乳独具的纯香味，可口而稍甜。

d. 有缺陷的牛乳色泽较良质鲜乳为差，带青色、浅粉色、黄绿色或色泽灰暗；可见微小的颗粒、脂肪聚粘表层呈液化状态或呈稠而不匀的溶液状，有乳凝结成的致密凝块或絮状物；稍有异味或异味明显如酸臭味、牛粪味、金属味、鱼腥味、汽油味等；滋味微酸，或有咸味、苦味等。

e. 检疫消毒后于外包装加贴统一规定的消毒封签标志。

知识拓展与链接

动物皮张源性成分鉴定实时荧光定性 PCR 法

猪常温精液生产与保存技术规范

牛冷冻精液包装、标签、贮存和运输

牛胚胎生产技术规程

奶牛场卫生规范

课程评价与作业

1. 课程评价

通过对皮张、精液、胚胎以及奶牛场检疫技术知识的深入讲解，学生熟练掌握动物产品检疫基本知识。教师将各种教学方法结合起来，使学生更深入地掌握知识，调动学生的学习兴趣，通过多种形式的互动，使课堂学习气氛轻松愉快，真正达到教学目标。

2. 作业

线上评测

思考与练习

1. 动物皮张包括哪些？应如何检疫？
2. 对提供精液、胚胎、牛乳的种畜有哪些要求？

项目七　主要疫病的检疫

扫码看课件

7-1

任务一　主要共患疫病的检疫

学习目标

▲知识目标

1. 掌握主要共患疫病的检疫要点，包括病原体、临床症状和病理变化。
2. 掌握有关共患疫病的鉴别方法。
3. 掌握主要共患疫病的检疫方法和检疫后的处理措施。

▲技能目标

1. 掌握常见动物疫病的临诊检疫要点。
2. 能熟练应用常用的实验室检疫方法和技能进行疫病检疫。
3. 具备对动物检疫中常见共患疫病检疫后处理的能力。

▲思政目标

1. 具有良好的思想政治素养、行为规范和职业道德。
2. 树立爱岗敬业精神，培养生物安全意识。
3. 具有较强责任感和严谨的工作态度。
4. 熟练进行重要动物疫病的诊断和防控。

▲知识点

1. 主要共患疫病的临诊检疫要点。
2. 主要共患疫病的检疫方法。
3. 主要共患疫病检疫后的处理方法。

一、主要共患疫病的检疫

（一）口蹄疫

口蹄疫俗名“口疮”“蹄癀”，可感染猪、牛、羊等家畜在内的70多种动物，家畜中黄牛、奶牛最为敏感，猪为其次，水牛、牦牛、绵羊、山羊易感性低。该病传播途径多、速度快，曾多次在世界范围内暴发流行，造成巨大的经济损失。

【病原体】　口蹄疫是由口蹄疫病毒引起的偶蹄动物的一种急性、热性、高度接触性传染病。口蹄疫病毒属于微核糖核酸病毒科口蹄疫病毒属。目前已知口蹄疫病毒在全世界有七个主型：A、O、C、南非1、南非2、南非3和亚洲1型，以及65个以上的亚型。

【流行特点】　牛尤其是犊牛对口蹄疫病毒最易感，骆驼、绵羊、山羊次之。近年来猪感染发病多。本病具有流行快、传播广、发病急、危害大等流行病学特点，疫区发病率可达50%～100%，犊牛死亡率较高，其他则较低。病畜和潜伏期动物是最危险的传染源。病畜的水疱液、乳汁、尿液、口涎、泪液和粪便中均含有病毒。该病入侵途径主要是消化道，也可经呼吸道传染。本病有明显的季节

Note

性，秋末开始，冬季加剧，春天减缓，夏季平息。

【临床症状】 其临诊特征是在口腔黏膜、蹄部和乳房皮肤出现水疱和溃烂。最短潜伏期 1～2 天，最长 7 天。病畜体温升高到 40～41 ℃，在口腔的唇内、舌面、齿龈和颊部黏膜以及蹄部柔软部皮肤和乳房上发生水疱，水疱约在一昼夜破溃，形成边缘整齐、底面浅平的烂斑。猪以蹄部水疱为主，严重的蹄壳脱落、跛行，病猪站立不稳或卧地不起。牛多侵害口腔，除有水疱、烂斑外，还见大量流涎，反刍停止。恶性口蹄疫主要见于犊牛和仔猪，侵害心肌，呈急性心脏停搏死亡。

【病理变化】 除口腔和蹄部的病变外，咽部、气管、支气管和胃黏膜有时发生圆形烂斑和溃疡，上盖有黑棕色斑块。真胃和大小肠黏膜有出血性肠炎，肺呈浆液性浸润，心包内有大量混浊而黏稠的液体。恶性口蹄疫可在心肌切面上见到灰白色或淡黄色条纹与斑点，称“虎斑心”。

【检疫方法】

①取水疱皮、水疱液或血液等病料进行实验室检疫。特异性诊断的常规方法是补体结合试验和乳鼠中和实验。

视频：口蹄疫的诊断

②相关抗原 VIA 琼脂凝胶免疫扩散试验和对流免疫电泳试验。

③目前实际条件下，反向间接红细胞凝集试验具有重要的检疫实用价值。口蹄疫反向间接红细胞凝集试验的判定：被检病料与某种毒型红细胞诊断液出现“＋＋”以上凝集的即为某型口蹄疫；或者某种毒型的凝集效价高于其他毒型效价 2 个对数滴度以上者，也可判定为某型口蹄疫。

【检疫处理】 确诊为口蹄疫时，应迅速上报疫情，鉴定毒型、划定疫区、严密封锁、组织联防。疫点内畜及畜产品不得出入。家畜交易市场要暂时封闭，交通要道设立临时性检疫消毒哨卡。

死畜焚烧或深埋，病畜和可疑病畜扑杀处理。病畜排泄物，分泌物污染的用具、场所用 2%烧碱溶液或 1%～2%福尔马林、20%石灰乳喷洒消毒。对疫区和受威胁区的健康易感家畜进行紧急预防接种。

疫区内最后一头病畜痊愈、死亡或扑杀后 14 天内不出现新的病例，并经终末消毒，动物防疫监督机构按规定审验合格后，由当地畜牧兽医行政管理部门向发布封锁令的人民政府申请解除封锁。但痊愈的病畜在解除封锁后 3 个月内不得运出。

【防疫措施】 全群防疫，一年 3 次，每次间隔 21 天加强免疫一针。隔离消毒：病畜及其排泄物是主要传染源，尤其是发病初期排毒量最多，毒力最强。所以病畜必须尽快隔离消毒。口蹄疫病毒对外界环境抵抗力非常强，但对酸和碱敏感，可以选用 1%～2%氢氧化钠溶液，10%石灰乳，1%～2%甲醛溶液，0.2%～0.5%过氧乙酸溶液等对环境进行消毒，对于没发病的畜群及时隔离。

视频：口蹄疫的防治

（二）炭疽

炭疽是由炭疽杆菌引起的各种家畜和人的一种急性、热性、败血性传染病。人因接触病畜及其产品及食用病畜的肉类而发生感染。自然条件下，食草动物最易感，人中等敏感，主要发生于与动物及畜产品加工接触较多及误食病畜肉的人员。

【病原体】 炭疽杆菌是一种不运动的革兰氏阳性大杆菌，在血液中单个或成对存在，少数呈 3～5 个菌体组成的短链，菌体两端平截，有明显的荚膜；在培养物中菌体呈竹节状的长链，不易形成荚膜；体内菌体无芽孢，但在体外接触空气后很快形成芽孢。芽孢的抵抗力很强，干燥环境下能存活多年，在高压蒸汽下，10 min 才能杀死。

【流行特点】 各种家畜和野生动物均可感染，其中食草动物中牛、羊、马最易感，常呈地方性流行。有一定的季节性，夏季雨水多，洪水泛滥，吸血昆虫多，易发生传播。

【临床症状】 临床上主要表现为皮肤坏死、溃疡、焦痂和周围组织广泛水肿及毒血症症状，皮下及浆膜下结缔组织出血性浸润；血液凝固不良，呈煤焦油样。最急性型病例突然高热，骤然死亡，从鼻、口等天然孔流出血性泡沫，阴道、肛门流出不凝固血样。急性型病例体温升高，食欲减退或废绝，精神极度沉郁。亚急性型病例病程稍长，以颈下、胸前、肩甲、腹下、乳房和外阴处皮下发生界限清楚的局灶性炎性水肿，初期热痛，后变冷继而溃烂，不断流出黄色液体，长期不愈形成炭疽痈。猪多为慢性经过。临床症状不明显，仅表现沉郁、厌食、呕吐、下痢等症状，多在屠宰后才发现有咽炭疽、肠

炭疽。

【病理变化】 尸体迅速腐败、膨胀明显，尸僵不全，肛门突出，天然孔有黑色血液，血液凝固不良，呈煤焦油状；全身皮下、肌间、浆膜下胶样浸润，全身淋巴结肿大出血，呈黑色或黑红色，脾脏肿大2～5倍。脾髓软化如泥；肺充血水肿，胃肠道呈出血性坏死性炎症，尤以十二指肠和空肠严重，有炭疽痈。

【检疫方法】

①细菌学检查：以镜检方法为主。在防止病原体扩散的条件下采取病料。生前耳静脉采血、水肿液或血便，死后可以立即采集耳尖血和四肢末端血涂片。宰后检疫时，可取淋巴结涂片。涂片用瑞氏染色（荚膜染色更好）镜检发现单个、成对或短链状有荚膜的粗大杆菌。在已腐败的尸体材料上，炭疽杆菌常崩解消失，镜检只见到荚膜即"菌影"。

②环状沉淀试验：用可疑病料的浸出液制备沉淀原。沉淀原与炭疽沉淀素在沉淀反应管中重叠，接触面呈清晰白色环状者为阳性反应；接触面呈现模糊不清的类似白色环状者为可疑；接触面无白色环状者为阴性反应。

③其他试验：有动物试验、琼脂扩散沉淀试验、荧光抗体试验、间接凝集试验、对流免疫电泳试验等。

【检疫处理】 确检是炭疽时，立即上报疫情，并积极采取扑灭措施。封锁疫点，就地隔离病畜，追查疫源畜和可疑家畜。病畜和可疑家畜，用青霉素结合抗炭疽血清治疗；对假定健康动物用炭疽无毒芽孢苗紧急预防接种。尸体严禁解剖。焚烧深埋 2 m 以上。粪便、垫草、废弃物也应焚烧。凡被病死畜接触过的场地、用具等都要用 20%漂白粉或 10%热水碱溶液彻底消毒，连续 3 次。疫点内最后一头病畜死亡或痊愈，经 15 天无新病例，预防接种已产生免疫，再经过一次彻底的终末消毒，方可解除封锁。

【防疫措施】 同上。

（三）高致病性禽流感

高致病性禽流感，又称真性鸡瘟、欧洲鸡瘟，是由 A 型流感病毒引起禽以及人和多种动物共患的高度接触性传染病，我国将其列为一类动物疫病。

【病原体】 禽流感病毒属于 RNA 病毒的正黏病毒科、甲型流感病毒属。典型病毒粒子呈球形，也有的呈杆状或丝状，直径 80～120 nm，有囊膜。基因组为分节段单股负链 RNA。依据其外膜血凝素（H）和神经氨酸酶（N）蛋白抗原性的不同，可分为 16 个 H 亚型（H1～H16）和 9 个 N 亚型（N1～N9）。感染人的禽流感病毒亚型主要为 H5N1、H9N2、H7N7，其中感染 H5N1 的患者病情重，病死率高。病毒的抵抗力不强，一般消毒剂能很快杀死，60 ℃ 10 min 可杀死该病毒。

【流行特点】 禽流感病毒主要感染禽类，鸡、火鸡、鸭、鹅、鹌鹑、鸵鸟、孔雀等多种禽类易感。以鸡和火鸡最为易感，不分年龄、品种、性别均可感染发病。多种野鸟也可感染发病。人和其他动物（猪、马和海洋哺乳动物）亦可感染发病。病禽是本病的主要传染源，康复禽类和隐性感染者，在一定时间内也可带毒、排毒，主要经消化道、呼吸道传播，病毒可长期在污染的水、粪便等环境中存活。粪便、污染的空气是主要传播媒介。本病常突然暴发，迅速传播，呈流行性或大流行性。发病率和死亡率均可高达 100%。一年四季均可发生，以寒冷季节多发。

【临床症状】 潜伏期短，通常为 3～5 天，最长 21 天。高致病性禽流感，病禽突然发病，体温迅速升高（达 41.5 ℃以上），食欲废绝；精神极度沉郁，呆立、闭目昏睡，头、颈部尤其冠与肉髯水肿、发绀，并常有淡色的皮肤坏死区；鼻有黏液性分泌物，呼吸困难；流泪、咳嗽、打喷嚏，口流黏液；腿鳞出血，产蛋急剧下降或停止。病程往往很短（2～3 天），常于症状出现后数小时内死亡，病死率可达 100%。鸭、鹅等水禽可见神经症状和腹泻症状，有时见角膜炎。

低致病性禽流感，病禽体温升高，精神沉郁，采食量下降，呼吸困难。咳嗽、打喷嚏，头颈出现水肿，产蛋量明显下降，易出现软壳蛋和畸形蛋。病死率低或不出现死亡。

【病理变化】

高致病性禽流感：表现为皮下、浆膜下、黏膜、肌肉及各内脏器官的广泛性出血。喉头、气管出血，肌胃、腺胃黏膜面有出血、溃疡；胰腺出血、坏死；肝脏肿大，有灰黄色坏死点。盲肠扁桃体肿大，出血；有些病例肾脏肿大，出现尿酸盐沉积；输卵管严重充血或出血，输卵管内有大量黄白色黏液或乳白色分泌物，卵巢变形，卵泡充血、出血，常引起腹膜炎；心外膜、心冠及腹部脂肪出血；某些病例的心包囊有浆液纤维素性渗出物。

低致病性禽流感：主要表现为呼吸道及输卵管有较多的黏液或干酪样物质，有时可见呼吸道、消化道黏膜出血，卵泡有充血或出血现象。

【检疫方法】

①病原体检测：可通过病毒分离鉴定、分子生物学诊断方法（RT-PCR）、禽流感病毒致病指数测定（将含毒鸡胚尿囊液羽静脉接种试验鸡。测定致病指数，评价是否为高致病性毒株）等进行诊断。也可用核酸探针技术检测禽流感病毒。

②血清学试验：血清抗体检测，可用琼脂扩散法、血凝抑制试验、ELISA、补体结合试验等方法测定禽流感病毒抗体。琼脂扩散法、补体结合试验、ELISA、斑点 ELISA 为群特异性抗体检测法。血凝抑制试验为型特异性抗体检测法。

【检疫处理】 一旦发现禽类发病急、传播迅速、死亡率高等异常情况，应立即上报疫情，进行检测，确诊后迅速划定疫点、疫区、受威胁区。

对疫区（由疫点边缘向外延伸 3 km 的区域）实行封锁；扑杀疫点内所有禽只，并销毁所有病死禽、被扑杀禽及禽类产品；扑杀疫区内所有家禽，连同病死禽及禽类产品一并销毁；对疫点、疫区的禽类排泄物、被污染饲料、垫料、污水等进行无害化处理；对被污染的物品、所有与禽类接触过的物品、交通工具、用具、禽舍、场地进行彻底消毒。禁止禽类进出疫区及禽类产品运出疫区。

对受威胁区（疫区边缘向外延伸 5 km 的区域）所有易感禽类进行紧急强制免疫，建立完整的免疫档案；对所有禽类实行疫情监测，掌握疫情动态。关闭疫点及周边 13 km 内所有家禽及其产品交易市场。经过 21 天以上，疫区内未发现新的病例，经有关部门验收合格由政府发布解除封锁令。

【防疫措施】 严格按照《高致病性禽流感防治技术规范》进行防治。平时应加强检疫，一旦发现可疑病例，立即确诊，确诊为高致病性禽流感时，立即封锁和隔离，并上报有关部门。无害化处理染疫鸡群及其污染物。总的防治原则如下：①加大检疫力度，严防疫情传入；②加强饲养管理，提高环境控制水平；③加强消毒，做好基础防疫工作；④加大监测力度，严格处理疫情；⑤做好免疫接种，增强抗感染能力；⑥严防高危人群感染，确保无疫情发生。

（四）海绵状脑病

牛海绵状脑病（BSE）俗称“疯牛病”，以潜伏期长，行为反常、运动失调、轻瘫、体重减轻、脑灰质海绵状水肿和神经元空泡形成为特征。本病于 1985 年在英国发生，以后美国、加拿大、新西兰等地出现少量病例。

【病原体】 朊病毒或阮蛋白（PrP）是一种特殊不含核酸但具有感染性的蛋白粒子。该病毒异常顽固，普通的烹饪温度，常用消毒剂和紫外消毒均无效。

【流行特点】 易感动物有牛、羊、猪、羚羊、猴、鹿、猫、犬、水貂、小鼠和鸡等。多发于 3～5 岁的奶牛，其中以成年奶牛发病率最高。动物主要由于摄入混有痒病病羊或疯牛病病牛尸体加工成的骨肉粉而经消化道感染。该病毒可引起人的一种病死率极高的中枢神经退化病——新型克雅病。

【临床症状】 潜伏期长达 2～8 年。多数病例表现出中枢神经系统的临诊症状。常见病牛烦躁不安，行为反常，对声音和触摸敏感。病牛常由于恐惧、狂躁而表现出攻击性；共济失调，步态不稳，常乱踢乱蹬以致摔倒，磨牙，低头伸颈呈痴呆状，故称疯牛病。少数病牛可见头部和肩部肌肉颤抖和抽搐。后期出现强直性痉挛，体重及泌乳量迅速下降。耳对称性活动困难，常一只伸向前，另一只伸向后或保持正常。病牛食欲正常，粪便坚硬，体温偏高，呼吸频率增加，最后常因极度消瘦而死亡。

【病理变化】 病理学特征是大脑灰质部分形成海绵状空泡，脑干灰质两侧呈对称性病变，神经纤维网有中等数量的不连续的卵形或球形空洞，尸体剖检无明显肉眼可见病变。

【检疫方法】

①脑组织病理学检查：定性诊断常以大脑组织病理学检查为主。采集病变多发部位，如丘脑、中脑、脑桥、延髓等组织，经10%福尔马林固定后送检。经切片染色镜检可见，病牛典型的病理变化为脑干灰质对称的特定神经元核周体或神经纤维网（胞质）中出现海绵状空泡变性；神经元数目减少，空泡变性常伴随星状细胞肥大；血管周围有单核细胞浸润。

②检测病原蛋白：目前BSE检测主要采用特异性强、灵敏度高的PrP免疫印迹和免疫组织化学方法。

【检疫处理】 本病为OIE规定必须通报的动物疫病，我国尚未发现疯牛病临床病例。一旦发现可疑病牛，应立即隔离、消毒和报告上级有关部门确诊。对已确诊的病牛和可疑牛，甚至对整个牛群和与之相关联的牛全部扑杀，焚毁尸体并彻底消毒。防止本病的主要措施是在牛饲料中禁止添加由反刍动物屠宰废料制成的蛋白质饲料和肉骨粉。

（五）狂犬病

狂犬病俗称疯狗病，是由狂犬病病毒引起的一种人兽共患的中枢神经系统急性、接触性传染病。临诊特征是神经兴奋和意识障碍，继之局部或全身麻痹而死。狂犬病是重要的人兽共患病，病死率达100%。1885年法国科学家巴斯德首次将利用兔脑脊髓制备的减毒狂犬疫苗应用于人体治疗获得成功，这是人类历史上首次征服狂犬病，从而为疫苗预防狂犬病开了先河。本病在世界很多国家存在，造成人畜死亡。我国部分省市和地区亦有本病的发生。

【病原体】 狂犬病病毒外形呈弹状(60～400) nm×(60～85) nm，一端钝圆，一端平凹，有囊膜，内含衣壳呈螺旋对称。核酸是单股不分节负链RNA。在动物体内主要存在于中枢神经组织、唾液腺和唾液内。在唾液腺和中枢神经（尤其在脑海马角、大脑皮层、小脑）细胞的胞质内形成狂犬病特异的包涵体，称内基氏小体，呈圆形或卵圆形，染色后呈嗜酸性反应。

【流行特点】 潜伏期的变动很大，这与动物的易感性，伤口距中枢的距离，侵入病毒的毒力和数量有关，一般为2～8周，最短8天，长者可达数月或一年以上。本病呈现散发性流行，各种畜禽对本病都有易感性，尤其以犬科和猫科动物敏感，病死率高达100%。

【临床症状】 各种动物的主要临床表现都相似。

①前期或沉郁期：病犬精神沉郁，不听使唤。病犬食欲反常，喜吃异物，唾液分泌逐渐增多，后躯软弱。

②兴奋期或狂暴期：此期2～4天。病犬高度兴奋，表现狂暴并常攻击人畜。狂暴的发作往往和沉郁交替出现。病犬常在野外游荡，咬伤人畜，随着病势发展，陷于意识障碍，反射紊乱，狂咬。动物显著消瘦，吠声嘶哑，流涎和夹尾等。

③麻痹期：1～2天，麻痹急剧发展，流涎显著，不久四肢及后躯麻痹，卧地不起，最后因呼吸中枢麻痹或衰竭而死。

【病理变化】 尸体消瘦，常有咬伤和裂伤，剖检后胃内空虚有异物。

【检疫方法】

①病理组织学检查：病毒在动物体内主要存在于中枢神经组织、唾液腺和唾液内。在唾液腺和中枢神经（尤其在脑海马角、大脑皮层、小脑）细胞的胞质内形成狂犬病特异的包涵体，叫内基氏小体，呈圆形或卵圆形，染色后呈嗜酸性反应。脑触片法是迅速而经济的方法，将出现脑炎症状的患病动物捕杀，取大脑海马角或小脑做触片，用含碱性复红加美兰的染液染色、镜检，内基氏小体呈淡紫色。

②荧光抗体法：一种迅速而特异性很强的诊断方法。取可疑病脑组织或唾液腺制成冰冻切片或触片，用荧光抗体染色，在荧光显微镜下观察，胞质内出现黄绿色荧光颗粒者即为阳性。

③动物接种试验：以小鼠最为敏感，并可提高阳性检出率。

【检疫处理】 被狂犬病或疑似狂犬病病畜咬伤的家畜，在咬伤后未超过8天且未发现狂犬病症

状者，准予屠宰；其肉尸、内脏应经高温处理后出场。超过 8 天者不准屠宰。对病畜采取不放血的方式扑杀、深埋或烧毁，不得剥食。对粪便、垫料污染物等进行焚毁；栏舍、用具、污染场所必须进行彻底消毒。怀疑为患病动物时隔离观察时间为 14 天，怀疑为感染动物时观察期至少为 3 个月，怀疑为患病动物及其产品时不可利用。

【防疫措施】 目前我国采取的是“管、免、灭”的综合防制措施。管理家犬登记，凡未登记者视为无主犬。加强免疫，有计划地对家犬实施发放免疫证。现采用狂犬病弱毒冻干疫苗，一次肌内注射，免疫期一年以上，既安全，又有效。消灭野犬，无免疫证犬。

（六）布鲁氏菌病

布鲁氏菌病是由布鲁氏菌引起的一种人兽共患的地方性慢性传染病。其特征是生殖器官和胎膜发炎，引起母畜流产、早产、不孕，公畜睾丸炎、附睾炎、滑液囊炎等。

【病原体】 布鲁氏菌是一种革兰氏阴性的不运动细菌，无荚膜（光滑型有微荚膜），触酶、氧化酶阳性，绝对嗜氧菌，可还原硝酸盐，细胞内寄生，可以在很多种家畜体内存活。布鲁氏菌属有六个种，即马耳他布鲁氏菌（羊型布鲁氏菌）、流产布鲁氏菌（牛型布鲁氏菌）、猪布鲁氏菌和犬布鲁氏菌、林鼠布鲁氏菌、绵羊布鲁氏菌。

【流行特点】 家畜中牛、羊、猪最易感。性成熟家畜较幼畜易感，母畜比公畜易感，尤其怀孕母畜最易感。无明显季节性，在产犊、产羔季节多发。呈慢性经过，地方性流行。

【临床症状】 潜伏期长短不一，短的两周，长的可达半年。孕畜流产，流产可发生于怀孕的任何时期，但通常以怀孕后期多见，牛常发生在妊娠后 6～8 个月；羊常发生在妊娠后 3～4 个月；猪则常发生在妊娠后 4～12 周。流产前可能出现阴唇、乳房肿胀，阴道黏膜潮红、水肿，阴道流出灰白色分泌物等分娩症状。流产多为死胎，弱胎产出不久即死亡。牛还可见胎盘滞留、子宫炎，有的经久不育。此外，还可见乳房炎、关节炎和滑液囊炎。公畜常发睾丸炎、附睾炎，睾丸、附睾肿胀、疼痛、硬固。

【病理变化】 子宫绒毛膜间隙有黄色胶样渗出物，绒毛膜坏死，胎膜水肿，黄色胶样浸润。胎儿皮下及肌间结缔组织出血性浆液浸润，黏膜有出血点，胸腔和腹腔有微红色液体。肝、脾和淋巴结有不同程度肿大，有时有坏死灶。

【检疫方法】

①细菌学检查：以镜检为主。取流产胎儿胃液、胎盘或母畜流产 2～3 天阴道分泌物抹片，用改良萋-尼氏抗酸染色法，或改良柯氏染色法，染色镜检，布鲁氏菌呈红色且橙黄色，其他细菌或组织呈蓝色。镜检，均可见到球状或短杆状小杆菌。

②血清学检查：以凝集反应应用最广泛。常用的凝集试验有试管凝集试验和平板凝集试验。被检血清 50%以上凝集的最高稀释度为凝集价。大家畜（马、牛）凝集价在 1∶100 以上者则为阳性，1∶50者为可疑；小家畜（猪、羊）凝集价在 1∶50 者则为阳性，1∶25 者为可疑。

③变态反应：用于猪、羊的布鲁氏菌病。猪、羊感染布鲁氏菌后 1 个月左右出现皮肤变态反应。注射部位明显水肿，凭肉眼即可看出者，为阳性反应；肿胀部明显，通过触诊、与对侧对比即可察觉者，为可疑反应；注射部位无反应或仅有一个小硬结者，为阴性反应。

【检疫处理】 一旦确诊，对患病动物全部扑杀，对受威胁的畜群实施隔离。患病动物及其流产胎儿、胎衣、排泄物、乳及乳制品等销毁处理。对污染的畜舍、产房、牧地、用具进行严格消毒，并开展流行病学调查和疫源追踪，对同群动物进行检测。

宰后检疫出的布鲁氏菌病病畜体及胴体、内脏和副产品一律销毁。对污染的畜舍、产房、牧地、用具等进行严格消毒。

【防疫措施】

①加强检疫：提倡自繁自养，不从外地购买家畜。新购入的家畜，必须隔离观察一个月，并做两次布鲁氏菌检疫，确认健康后，方能合群。每年配种前，种公畜也必须进行检疫，确认健康后方能配种。养殖场每年需做两次检疫，检出的病畜，应严格隔离饲养，固定放牧地点及饮水场，严禁与健康

Note

家畜接触。

②定期免疫:布鲁氏菌病常发地区的家畜,每年都要定期预防免疫。在检疫后淘汰病畜的基础上,第 1 年进行基础免疫,第 2 年进行加强免疫,第 3 年进行巩固免疫,从而达到净化畜群的目的。

③严格消毒:对病畜污染的畜舍、运动场、饲槽及各种饲养用具等,用 5%克辽林或来苏儿溶液、10%~20%石灰乳、2%氢氧化钠溶液等进行消毒。流产胎儿、胎衣、羊水及产道分泌物等,更要妥善消毒处理。病畜的皮,用 3%~5%来苏儿浸泡 24 h 后方可利用。乳汁煮沸消毒,粪便发酵处理。

④培育健康幼畜:50%以上的隐性病畜,在良好的隔离条件下,用健康公畜的精液人工授精,从而培育健康幼畜。幼畜出生食初乳后隔离喂消毒乳和健康乳,经检疫为阴性后,送入健康群,以此达到净化疫场的目的。

(七)结核杆菌病

结核杆菌病是由结核分枝杆菌引起的人、畜和禽类的一种慢性传染病。其特征为渐进性消瘦和在患病组织器官形成结核结节、干酪样病灶和钙化病变。

【病原体】 结核分枝杆菌主要有三个型,即牛型、人型和禽型,为两端钝圆、平直或稍弯曲的细长杆菌。不产生芽孢和荚膜,无鞭毛也不能运动,为革兰氏阳性菌,用一般染色法较难着色,常用抗酸染色法。结核分枝杆菌为严格需氧菌,在培养基上生长都比较缓慢。

结核分枝杆菌在外界环境中生存力较强。对干燥和湿冷的抵抗力强,对热抵抗力差,60 ℃ 30 min 即可死亡。

【流行特点】 家畜中以牛尤其是奶牛最易感,其次是猪和鸡。慢性经过且多隐性感染,呈散发或地方性流行。

【临床症状】 潜伏期长短不一,短的十几天,长的几个月,甚至数年,牛以肺结核、淋巴结核和乳房结核较为多见。表现为原因不明的渐进性消瘦,顽固性咳嗽,体表淋巴结(肩前、股前、腹股沟、颌下等)肿大,有硬结而无热痛。乳房上淋巴结肿大,乳腺上有大小不等的凹凸不平的无热痛硬结。犊牛顽固性腹泻和迅速消瘦。猪结核主要见扁桃体和颌下淋巴结有结核病灶,表现为淋巴结肿大、硬固,表面凹凸不平,以后化脓或干酪样变,破溃后不易愈合。鸡结核常发生在肠道、肝和脾。病鸡食欲减退,日见消瘦、贫血、腹泻。

【病理变化】 患病组织器官上发生增生性结核结节和渗出性干酪样坏死或形成钙化灶。牛结核病灶最常见于肺、肺门淋巴结、纵隔淋巴结;其次是肠系膜淋巴结和头颈淋巴结;也见于胃肠道黏膜、乳房和胸腹腔浆膜等处。在患病器官上有很多突起的白色或黄色结节,切开后呈干酪样坏死。有的钙化,有的坏死组织溶解排出后形成空洞。禽结核病灶多见于肠道、肝、脾、骨和关节。肠管表面有突出的溃疡,肝脾肿大,切面有大小不等的结节状干酪样病灶。感染关节肿大,且内含干酪样物质。

视频:牛提纯结核菌素皮内注射

【检疫方法】

①细菌学检查:以镜检为主。取乳、淋巴结作病料,进行抗酸染色,镜检。结核分枝杆菌为红色,其他菌为蓝色。

②变态反应:这是畜群检疫诊断的主要方法,即用结核菌素皮内注射和点眼。

视频:牛结核病提纯结核菌素变态反应试验结果判定

牛皮内注射:局部有热痛,呈界限不明显的弥漫性水肿,触及硬固如捏粉状,肿胀面积在 35 mm×45 mm 以上;或上述反应较轻,而皮厚差超过 8 mm 者,为阳性反应;炎性反应不明显,肿胀面积在 35 mm×45 mm 以下,或皮厚差在 8 mm 以下者,为疑似反应;无炎性水肿,或仅有无热坚实的明显界限的硬结,皮厚差不超过 5 mm 者,为阴性反应。

点眼试验:在眼睛周边或结膜囊及眼角内,有两个大米粒大小或 10 mm 以上的黄白色脓性分泌物流出;或上述反应较轻,但有明显的结膜充血、水肿、流泪,并有全身反应者,为阳性反应。

③鸡用禽型结核菌素肉髯外侧注射,48 h 后检查肉髯增厚、下垂、发热呈弥漫性水肿者,为阳性反应;肿胀不明显者,为疑似反应;无变化者,为阴性反应。

【检疫处理】 确检为结核杆菌病时,立即淘汰阳性病牛和阳性猪、禽。有特殊价值的阳性种畜,

应隔离治疗。对出现阳性病例的畜禽舍，用5%来苏儿，10%漂白粉或3%福尔马林进行彻底消毒。平时做好定期检疫和临诊检查，培育健康畜禽。

【防疫措施】

①牛结核病的定期检疫：对牛结核病，要每年检疫2次，确诊为阳性牛时，则要将其淘汰；对于阳性牛群，则要在第一次检疫30天后进行第二次检疫，之后每隔30～45天检疫一次。

②牛结核病发病牛群控制措施：对发病的牛隔离治疗，以防疫病扩散；牛舍定期进行消毒，可以使用5%～10%热碱水、10%漂白粉、3%福尔马林、3%苛性钠和3%～5%来苏儿消毒。

③对受威胁的犊牛：可进行卡介苗接种，一般在出生后30天时，在牛胸垂皮下注射50～100 mL，以后每年要接种一次。

④做好消毒工作：每年进行2～4次消毒。每次发现阳性病牛时要进行一次临时的大消毒。消毒用药为20%石灰水或20%漂白粉。

（八）猪链球菌病2型

猪链球菌病2型是由猪链球菌2型引起的出血性败血症及以脑膜脑炎为特征的一种细菌性人兽共患传染病。表现为跛行和急性死亡；慢性型链球菌病的特征为关节炎、心内膜炎和化脓性淋巴结炎。在猪链球菌众多血清型中，猪链球菌2型是猪的最主要病原体，致病性最强，而且可感染特定的人群，并致发病和死亡。

【病原体】 链球菌属的细菌种类繁多，自然界中分布广泛。在健康动物及人呼吸道、生殖道等也有链球菌存在。现已发现其荚膜抗原血清型有35种以上。但是，并非所有的血清型都有致病性。大多数致病性血清型在1～9血清型。猪链球菌2型为最常见和毒力最强的血清型，呈球形或卵圆形，直径0.6～1.0 μm，呈链状排列，短者由4～8个细菌组成，长者由20～30个细菌组成。幼龄培养物大多可见到透明质酸形成的荚膜 。无芽孢，无鞭毛，革兰氏染色阳性。

【流行特点】 猪链球菌病的流行无明显的季节性，一年四季均可发生，但7—10月易出现大面积流行，有夏、秋季多发，潮湿闷热的天气多发的特点。各种年龄的猪都易感，但新生仔猪和哺乳仔猪的发病率、病死率最高，其次是生长肥育猪。成年猪较少发病。急性败血型链球菌病呈地方流行性，可于短期内波及同群，并急性死亡。猪链球菌病主要通过消化道、呼吸道、受损的皮肤及黏膜感染。

【临床症状】 本病根据临诊症状，可分为败血症型、脑膜脑炎型、关节炎型和化脓性淋巴结炎型。

①败血症型：体温41.5 ℃以上，高热不退，精神委顿，呼吸困难，病后期耳尖、四肢下端、腹下出现紫红斑，如不及时治疗，可在1～3天内死亡，急性死亡可从天然孔流出凝固不良的暗红色血液。

②脑膜炎型：多见于哺乳仔猪和断奶猪，以转圈、磨牙等神经症状为主。

③关节炎型：表现为关节肿胀、化脓、跛行症状。

④化脓性淋巴结炎型：在咽、耳下、颈部、臀部及背部出现局灶性脓肿。

【病理变化】

①败血症型：全身淋巴结不同程度肿大、充血或出血，心包积液，胸腔有大量黄色混浊液体，有纤维素渗出物，脾肿大。

②脑膜炎型：主要是脑膜充血、出血、溢血，心包膜粗糙，心包液中有纤维素渗出物，全身淋巴结出血、充血。

③关节炎型：关节肿大，关节囊内有黄色胶样液体，严重者可见关节软骨坏死，关节周围有多发性化脓灶。

【检疫方法】

①涂片镜检：病料（病猪的耳静脉血、前腔静脉血、胸腹腔和关节腔的渗出液或肝、脾等组织）涂片染色镜检，可见革兰氏阳性的链球菌短链。

②动物试验：10%病料悬液接种于小鼠（皮下0.1～0.2 mL）或家兔（皮下或腹腔0.5～1 mL）。

12～72 h 动物死亡。

③环状沉淀试验：用于检查慢性型病猪、带菌猪或恢复猪，病猪感染后 2～3 周出现抗体且可保持 6～12 个月。具体方法同炭疽环状沉淀试验，在两液重叠后 15～20 min 观察反应结果。

【检疫处理】 当确诊发生猪链球菌病 2 型流行时，应迅速上报疫情，划定疫点、疫区、受威胁区。病死家畜立刻进行无害化处理。疫区实施封锁，病猪及同群猪进行扑杀销毁，其排泄物、可能被污染的饲料、水等进行无害化处理。对被污染的物品、交通工具、用具、畜舍进行严格彻底消毒，对假健康动物立即进行强制免疫接种或用药物预防，并隔离观察 14 天。

宰前检出病猪应紧急隔离治疗，恢复后两周方能宰杀；宰后发现可疑病变者应进行无害化处理。急宰猪应另设急宰间进行处理，防止污染健康猪肉。凡急宰病猪未经无害化处理不准出售。死猪应进行无害化处理，有可能污染的场地、用具应严格消毒，并采取预防性防疫措施。

【防疫措施】 隔离病猪，清除传染源，宰后发现可疑病猪的胴体，经高温处理后方可食用。免疫预防疫区（场）在 60 日龄首次免疫接种猪链球菌病氢氧化铝胶苗，以后无论大小猪每年春秋各免疫一次。加强屠宰场及生猪交易市场的消毒卫生制度。

（九）痘病

由痘病毒科中的痘病毒引起的急性传染病。其特征是在皮肤、某些部位的黏膜和内脏器官形成痘疹或增生性和肿瘤样病变。其典型病症常见于绵羊和山羊、鸡和猪，人感染痘病能引起天花。

【病原体】 引起各种动物痘病的病毒分属于痘病毒科、脊椎动物痘病毒亚科的正痘病毒属、山羊痘病毒属、猪痘病毒属和鸡痘病毒属，均为双股 DNA。痘病毒结构复杂。病毒粒呈砖形或椭圆形。痘病毒对热的抵抗力不强。55 ℃ 20 min 或 37 ℃ 24 h，均可使病毒丧失感染力。对冷和干燥的抵抗力较强，冻干至少可以保存三年。在 pH 为 3 的环境下，病毒可逐渐丧失感染力。紫外线或直射阳光可将病毒迅速杀死。0.5%福尔马林、3%石炭酸等可在数分钟内使其丧失感染力。常用的碱溶液或酒精 10 min 可使其灭活。

【流行特点】

羊痘：以绵羊痘较为常见，自然情况下，一年四季均可发生，多发于冬春季节。

禽痘：一年四季均可发生，以春秋两季和蚊子活跃的季节最易流行。

猪痘：一种由牛痘病毒和猪痘病毒引起的急性热性传染病。病毒存在于病猪的水疱、脓疱和痘痂中，有时也存在于黏膜分泌物和血液中。由感染痘病的猪体互相拥挤接触而传染，饲料、饮水对本病也有传染性，虱、蚊、蝇也是本病的传染媒介。

【临床症状】

①羊痘：其特征是皮肤和黏膜上发生特异的痘疹，可见到典型的斑疹、丘疹、水疱、脓疱和结痂等病理过程，在动物痘病中死亡率较高。本病主要经呼吸道感染，也可通过损伤的皮肤或黏膜感染。以细毛羊最为易感，羔羊比成年羊易感，病死率亦高，易引起孕羊流产。病羊体温升高达 41～42 ℃，结膜潮红，有浆液、黏液或脓性分泌物从鼻孔流出。呼吸和脉搏增速，经 1～4 天发痘。痘疹多发生于皮肤无毛或少毛部分，如眼周围、唇、鼻、乳房、外生殖器、四肢和尾内侧。

②禽痘：依侵犯部位不同，分为皮肤型、黏膜型、混合型，偶有败血型。

皮肤型：以头部皮肤多发，常见于冠、肉髯、喙角、眼皮和耳球上，有时见于腿、爪、泄殖腔和翅内侧，以形成一种特殊的痘疹为特征。起初出现细薄的灰色麸皮状覆盖物，迅速长出灰白色小结节，有时结节数目很多，互相连接融合，产生大块的厚痂，以后痂皮逐渐脱落，形成瘢痕。

黏膜型：多发于雏鸡，病死率较高，雏鸡可达 50%。以口腔和咽喉黏膜发生纤维素坏死性炎为特征。在口腔、食道或气管黏膜可见到溃疡或形成一层灰黄色干酪样的假膜，似白喉样黄白色病灶，所以又称白喉型。

混合型：皮肤和黏膜均被侵害，兼有上述两型症状，病情严重者死亡率高。

败血型：少见，若发生则以严重的全身症状开始，继而发生肠炎而死亡。

只有当病畜禽症状明显时才可作出初步诊断，若引起继发感染，临诊检疫较困难。必须进行实

验室诊断，才能进一步确诊。

③猪痘：病猪体温可上升到 41～42 ℃，精神不振，食欲减退，耳、鼻端、眼睑、唇、腹下部等被毛稀少和皮肤柔软处出现小红斑，逐渐增大如黄豆粒大小、中心硬实的圆形丘疹，2～3 天变成水疱，以后变为脓疱，继而脓疱渐干燥而形成褐色干痂，脱痂后露出红色瘢痕。有的严重病例水疱可结痂，形成溃疡，并流出红色液体。有的可在口、鼻、咽及气管的黏膜上发生水疱，破裂而形成糜烂和溃疡，并有腹泻现象发生。这种恶性猪痘，死亡的较多。

【病理变化】

①羊痘：在前胃或第四胃黏膜上，往往有结节、糜烂或溃疡。咽和支气管黏膜亦常有痘疹。在肺部可见干酪样结节和卡他性肺炎区。肠道黏膜少有痘疹变化。此外，常见细菌性败血症变化，如肝脂肪变性、心肌变性、淋巴结急性肿胀等。病羊常死于继发感染。

②禽痘：除具有典型的皮肤和黏膜的痘斑外，口腔黏膜的病变有的可蔓延到气管、食道和肠。肠黏膜有小出血点，体腔内积有浆液性渗出物。肝、脾、肾肿大。心肌有的呈现实质变性。

③猪痘：除皮肤病变外，病猪的口、咽、气管及支气管黏膜也有痘疹病变。

【检疫方法】

①绵羊痘：典型病例可根据皮肤、黏膜发生的特异性痘疹，结合流行特点做出诊断，非典型病例可进行包涵体检查。

②鸡痘：黏膜型的鸡痘，可采取病料（痘痂或假膜）做成 1∶5 的悬浮液，通过划破冠、肉髯或皮下注射等途径接种易感鸡，如有痘病毒存在，被接种鸡在 5～7 天出现典型的皮肤痘疹。此外，也可进行包涵体检查或用血清学方法进行诊断。

③猪痘：区别猪痘由何种病毒引起时，可将病料接种家兔，痘苗病毒可在接种部位引起痘疹，而猪痘病毒不感染家兔。必要时可进行病毒的分离鉴定。

【检疫处理】

①绵羊痘：确诊后应立即隔离病羊，封锁疫点。对疫区内未发病的羊及受威胁的羊群进行紧急免疫接种。目前常用的疫苗是绵羊痘鸡胚化弱毒苗，不论羊只大小，一律在尾根部皱褶处或尾内侧进行皮内注射 0.5 mL。注射后 4～6 天产生可靠的免疫力，免疫期持续 1 年。

绵羊痘和山羊痘为我国一类动物疫病，检疫中一经发现，立即上报，即应按照一类动物疫病的处理原则，立即采取严厉的扑灭措施，迅速控制疫情。在动物防疫监督机构的监督下，对疫点内的病羊及其同群羊彻底扑杀。对疫区实行封锁，全面彻底消毒；对受威胁区易感动物开展紧急免疫接种。对病死羊只全部销毁，禁止流入市场，并对厩舍、用具、场地等进行全面而彻底的消毒；对假定健康和受威胁区羊群，全面接种羊痘弱毒苗。

②禽痘为二类动物疫病，一经检出要进行销毁，对所用的场地、设备等用碱性消毒液进行消毒。

【防疫措施】

①绵羊痘：平时做好羊只的饲养管理，圈舍经常打扫、消毒。做好保膘、防寒保暖工作。每年定期用绵羊痘鸡胚化弱毒苗免疫，无论羊只大小，一律在尾根部或尾内侧进行皮内注射 0.5 mL。

②禽痘：可采用鸡痘鹌鹑化弱毒苗，经皮肤刺种接种免疫。初次免疫一般在 15 日龄前后，第二次在开产前进行。平时做好消毒措施，保持禽舍通风换气，尽量消杀禽群中的外寄生虫和环境中的蚊、蝇等，对控制痘病具有重要作用。新引种的家禽，要进行隔离观察，查明无病后方可合群，一旦发生本病，要隔离病禽，病重者淘汰，死者深埋或焚烧。

③猪痘：发现猪痘流行时，应进行隔离饲养，以免互相传染；彻底清扫猪舍，用 1.5%石炭酸或 3%来苏儿喷洒消毒，以迅速杀灭痘病毒；将猪舍的垫草及粪便堆积泥封发酵。

（十）巴氏杆菌病

巴氏杆菌病是主要由多杀性巴氏杆菌所引起的发生于各种家畜、家禽、野生动物和人类的一种急性传染病的总称。急性病例以败血症和炎性出血过程为主要特征，所以又名出血性败血症，简称“出败”。本病分布广泛，世界各地均有发生。

【病原体】 多杀性巴氏杆菌为一种两段钝圆，中央微突的短杆菌或球杆菌，长 0.6～2.5 μm，宽 0.25～0.6 μm，不形成芽孢，不运动，无鞭毛，革兰氏染色阴性的需氧兼性厌氧菌。

【流行特点】 多杀性巴氏杆菌对多种动物（家畜、野兽、禽类）和人均有致病性。家畜中以牛 、猪发病较多；绵羊也易感，鹿、骆驼和马亦可发病，但较少见；家禽和兔也易感染。当家畜饲养在不卫生的环境中，由于寒冷、闷热、气候剧变、潮湿、拥挤、通风不良、营养缺乏、饲料突变、长途运输、其他诱因，而使其抵抗力降低时，致病菌即可乘机侵入体内，经淋巴液而入血流，发生内源性传染。传播途径：①消化道：病畜排泄物、分泌物不断排出有毒力的致病菌，污染饲料、饮水、用具和外界环境而传播。②呼吸道：由咳嗽、打喷嚏排出致病菌，通过飞沫传播。③吸血昆虫和接触皮肤、黏膜的伤口也可传播。一般情况下，不同畜、禽间不易互相感染。本病的发生一般无明显的季节性，本病一般为散发，有时可呈地方流行性。鸭群发病时，多呈流行性。

【临床症状】

①猪：又称猪肺疫，潜伏期 1～5 天，临诊上一般分为最急性型、急性型和慢性型。

最急性型：俗称“锁喉风”，突然发病，迅速死亡。病程稍长、症状明显的可表现为体温升高（41～42 ℃），食欲废绝，全身衰弱，颈下咽喉部发热、红肿。病猪呼吸极度困难，常作犬坐势，伸长头颈呼吸，可视黏膜发绀，迅速恶化，很快死亡。病程 1～2 天。病死率 100%，未见自然康复的。

急性型：本病主要和常见的病型。除具有败血症的一般症状外，还表现为急性胸膜肺炎，体温升高（40～41 ℃），呼吸困难，咳嗽，触诊胸部疼痛。听诊有啰音和摩擦音。初便秘，后腹泻。病猪消瘦无力，卧地不起，多因窒息而死。病程 5～8 天，若未死亡则转为慢性型。

慢性型：主要表现为慢性肺炎和慢性胃炎症状。有时出现持续性咳嗽与呼吸困难，常有泻痢现象。

②鸡：又称禽霍乱，自然感染的潜伏期为 2～9 天。

最急性型：常见于流行初期，以产蛋率高的鸡最常见。病鸡无前驱症状，晚间一切正常，吃得很饱，次日发病死在鸡舍内。

急性型：此型最为常见，病鸡主要表现为精神沉郁，羽毛松乱，缩颈闭眼，头缩在翅下，不愿走动，离群呆立。病鸡常有腹泻，排出黄色、灰白色或绿色的稀粪。体温升高到 43～44 ℃，减食或不食，渴欲增加。呼吸困难，口、鼻分泌物增加。鸡冠和肉髯变青紫色，有的病鸡肉髯肿胀，有热痛感。产蛋鸡停止产蛋。最后发生衰竭，昏迷而死亡，病程短的约半天，长的 1～3 天。

慢性型：由急性型不死转变而来，多见于流行后期。以慢性肺炎、慢性呼吸道炎和慢性胃肠炎较多见。病鸡鼻孔有黏性分泌物流出，鼻窦肿大，喉头积有分泌物而影响呼吸，经常腹泻。病鸡消瘦，精神委顿，冠苍白。有些病鸡一侧或两侧肉髯显著肿大，随后可能有脓性干酪样物质，或干结、坏死、脱落。有的病鸡有关节炎，常局限于脚或翼关节和腱鞘处，表现为关节肿大、疼痛、脚趾麻痹，因而发生跛行。病程可拖至一个月以上，但生长发育和产蛋长期不能恢复。

③牛：又名牛出血性败血病，潜伏期 2～5 天。可分为败血型、水肿型和肺炎型。

败血型：病初发高烧，可达 41～42 ℃，随之出现全身症状。腹痛，下痢，混有黏液及血液，恶臭，拉稀开始后，体温随之下降，迅速死亡。病程多为 12～24 h。

水肿型：除呈现全身症状外，在颈部、咽喉部及胸前的皮下结缔组织，出现迅速扩展的炎性水肿，伴发舌及周围组织的高度肿胀，病畜高度呼吸困难，皮肤和黏膜普遍发绀。往往因窒息而死，病程多为 12～36 h。

肺炎型：主要胸膜炎和纤维素性肺炎症状。病畜便秘，有时下痢，并混有血液。病程较长的一般可到 3 天或一周之间。

水肿型及肺炎型：在败血型的基础上发展起来的。病死率可达 80%以上。

【病理变化】

①猪：又称猪肺疫。

最急性型：主要为全身黏膜、浆膜和皮下组织有大量出血点，尤以咽喉部及其周围结缔组织的出

血性浆液浸润最为明显。切开颈部皮肤时,可见大量胶冻样淡黄色纤维素性浆液。全身淋巴结出血,切面红色。肺急性水肿。脾有出血,但不肿大。

急性型:除了全身黏膜、浆膜、实质器官和淋巴结的出血性病变外,特征性的病变是纤维素性肺炎。肺有不同程度的肝变区,周围常伴有水肿和气肿,切面呈大理石纹理。胸膜常有纤维素性附着物,严重的胸膜与病肺粘连。胸腔及心包积液。胸腔淋巴结肿胀,切面发红,多汁。

②鸡。

最急性型:死亡的病鸡无特殊病变,有时只能看见心外膜有少许出血点。

急性型:病变较为明显,病鸡的腹膜、皮下组织及腹部脂肪常见小出血点。心包变厚,心包内积有大量不透明淡黄色液体,有的含纤维素絮状液体,心外膜、心冠脂肪出血尤为明显。肺有充血或出血点。肝脏的病变具有特征性,肝稍肿,质变脆,呈棕色或黄棕色。肝表面散布有许多灰白色、针头大的坏死点。脾脏一般不见明显变化,或稍微肿大,质地较柔软。肌胃出血显著,肠道尤其是十二指肠呈卡他性和出血性肠炎,肠内容物含有血液。

慢性型:因侵害的器官不同而有差异。当呼吸道症状为主时,见到鼻腔和鼻窦内有大量黏性分泌物,某些病例见肺硬变。局限于关节炎和腱鞘炎的病例,主要见关节肿大变形,有炎性渗出物和干酪样坏死。公鸡的肉髯肿大,内有干酪样的渗出物,母鸡的卵巢明显出血,有时卵泡变形,似半煮熟样。

③牛:又称牛出败。

败血型:呈一般败血症变化。内脏器官出血,在黏膜、浆膜以及肺、皮下组织有出血点。脾脏无变化,肝脏和肾脏实质变性。淋巴结显著水肿。胸腹腔内有大量渗出液。

水肿型:在咽喉部或颈部皮下,有时延及肢体皮下有浆液浸润,切开水肿部流出深黄色透明液体,间或杂有出血。咽周围组织和会厌软骨韧带呈黄色胶样浸润,咽淋巴结和前颈淋巴结高度急性肿胀,上呼吸道黏膜潮红。

肺炎型:主要表现为胸膜炎和纤维素性肺炎。胸腔中有大量浆液性纤维素性渗出液。整个肺有不同肝变期的变化,肺切面呈大理石状。

【检疫方法】

①微生物学检查:病料采集,取病畜禽的组织如肝、肺、脾等,体液,分泌物及局部病灶的渗出液。镜检:对原始病料涂片进行革兰氏染色,镜检应为革兰氏阴性菌。用印度墨汁等染料染色,可见清晰的荚膜。培养:同时接种鲜血琼脂和麦康凯琼脂培养基,37 ℃培养 24 h,观察细菌的生长情况、菌落特征、溶血性,并染色镜检。

②生化试验:多杀性巴氏杆菌在 48 h 内可分解葡萄糖、果糖、蔗糖和甘露糖,产酸不产气。一般不发酵乳糖、鼠李糖、菊糖、水杨苷和肌醇。可产生硫化氢,能形成靛基质,甲基红试验(MR 试验)和 V-P 试验均为阴性。触酶和氧化酶试验均为阳性。溶血性巴氏杆菌不产生靛基质,能发酵乳糖产酸,能发酵葡萄糖、糖原、肌醇、麦芽糖、淀粉;不发酵侧金盏花醇、菊糖和赤藓醇。

③动物实验:常用的实验动物有小鼠和家兔。实验动物死亡后立即剖检,并取心血和实质脏器分离和涂片染色镜检,见大量两极浓染的细菌即可确诊。

【检疫处理】 发现本病时,应立即采取隔离、紧急免疫、药物防治、消毒等措施;将已发病或体温升高的动物全部隔离,健康的动物立即接种疫苗,或用药物预防,对污染的环境进行彻底消毒。

内脏及病变显著的肉尸作工业用或销毁;无病变或病变轻微且被割除的肉尸,高温处理后出场;血液作工业用或销毁,皮张、羽毛消毒后出场。

【防疫措施】 加强饲养管理,消除可能降低抵抗力的发病原因;搞好圈舍环境卫生,定期进行消毒。发现本病时,应立即采取隔离、紧急免疫、药物防治、消毒等措施。

(十一)沙门氏菌病

沙门氏菌病,又名副伤寒,是由沙门氏菌属细菌引起的各种动物和人的一类传染病的总称。临诊上多表现为败血症和肠炎,也可使怀孕母畜发生流产。

【病原体】 沙门氏菌属有 58 种 O 抗原、54 种 H 抗原,个别菌还有 Vi 抗原,包括 2000 多个血清

型。沙门氏菌的形态呈直杆状、两端钝圆，为中等大小的革兰氏阴性菌、不形成荚膜和芽孢，具有鞭毛，有运动性，个别菌株可偶尔出现无鞭毛的变种，多数有菌毛。

【流行特点】 沙门氏菌病患病动物是本病的主要传染源，经口感染是其最重要的传染途径，而被污染的饮水则是主要的传播媒介，各种因素均可诱发本病。

【临床症状】

①猪：猪沙门氏菌病又名仔猪副伤寒，发生于 4 个月龄以内的断乳仔猪，成年猪和哺乳猪很少发病。主要由猪霍乱沙门氏菌和伤寒沙门氏菌引起。

症状：急性病例发烧 40 ℃左右，鼻端、耳和四肢末端皮肤发绀，营养状况良好，无其他特异症状。慢性病例消瘦，毛粗乱，下痢。粪便呈粥状或水样，黄褐色、灰绿色或黑褐色，有恶臭；发生肺炎时有咳嗽和呼吸增快等症状。不死的猪发育停滞，成僵猪。

②牛：牛沙门氏菌病主要由鼠伤寒沙门氏菌，都柏林沙门氏菌或纽波特沙门氏菌所致。

成年牛：此病常出现高热（40～41 ℃）、昏迷、食欲废绝、下痢。粪便恶臭，含有纤维素絮片，间杂有黏膜。下痢开始后体温降至正常或较正常略高。病牛可于发病 24 h 内死亡，多数则于 1～5 天死亡。怀孕母牛多数发生流产，产奶量下降，还有些牛感染后呈隐性经过，仅从粪中排菌，但数日后即停止排菌。

犊牛：如牛群内存在带菌母牛，则可于生后 48 h 内即表现拒食、卧地、迅速衰竭等症状，常于 3～5 天死亡。多数犊牛常于 10～14 日龄发病，病初体温升高（40～41℃），24 h 后排出灰黄色液状粪便，混有黏液和血丝，一般于症状出现后 5～7 天死亡，病死率有时可达 50%，病程延长时，腕和跗关节可能肿大，有的还有支气管炎和肺炎症状。

③羊：主要由鼠伤寒沙门氏菌、羊流产沙门氏菌、都柏林沙门氏菌引起的羊的一种传染病。以羊发生下痢，孕羊流产为特征。

下痢型羔羊副伤寒：多见于 15～20 日龄的羔羊，病初精神沉郁，体温升高到 40 ℃，低头弓背，食欲减退或拒食。身体衰弱、憔悴，趴地不起，经 1～5 天死亡。大多数病羔羊出现腹痛、腹泻，排出大量灰黄色糊状粪便，迅速出现脱水症状，眼球下陷，体力减弱，有的病羔羊出现呼吸急促、流出黏液性鼻液、咳嗽等症状。

流产型副伤寒：流产多见于妊娠的最后 2 个月。病羊在流产前体温升高到 40～41 ℃，厌食，精神沉郁，部分羊有腹泻症状，阴道有分泌物流出。病羊产下的活羔羊比较衰弱，不吃奶，并可有腹泻，一般于 1～7 天死亡。病羊伴发肠炎、胃肠炎和败血症。

④禽：禽沙门氏菌病——鸡白痢，是一个概括性术语，指由沙门氏菌属中的任何一个或多个成员所引起禽类的一大群急性或慢性疾病。鸡白痢是由鸡白痢沙门氏菌引起的鸡的传染病。本病特征为雏鸡感染后常呈急性败血症，发病率和死亡率都高，成年鸡感染后，多呈慢性或隐性带菌，可随粪便排出，因卵巢带菌，严重影响孵化率和雏鸡成活率。

雏鸡：雏鸡和雏火鸡两者的症状相似。潜伏期 4～5 天，故出壳后感染的雏鸡，多在孵出后几天才出现明显症状。7～10 天雏鸡群内病雏鸡逐渐增多，在第 2、3 周达高峰。发病雏鸡呈最急性者，无症状，迅速死亡。稍缓者表现为精神委顿，绒毛松乱，两翼下垂，缩头颈，闭眼昏睡，不愿走动，拥挤在一起。病初食欲减少，而后停食，多数出现软嗉症状，同时腹泻，排稀薄如糨糊状粪便，肛门周围绒毛被粪便污染，有的因粪便干结封住肛门，影响排粪。由于肛门周围炎症引起疼痛，故常发出尖锐的叫声，最后因呼吸困难及心力衰竭而死。有的病雏鸡出现眼盲，或跛行。病程短的 1 天，一般为 4～7 天，20 天以上的雏鸡病程较长。3 周龄以上发病的极少死亡。耐过鸡生长发育不良，成为慢性病禽或带菌者。

中鸡（育成鸡）：该病多发生于 40～80 天的鸡，地面平养的鸡群发病率较网上和育雏笼育成的高。从品种上看，褐羽产褐壳蛋鸡种发病率高。另外，育成鸡发病多受应激因素的影响，如鸡群密度过大，环境卫生条件恶劣，饲养管理粗放，气候突变，饲料突然改变或品质低下等。本病发生突然，全群鸡只食欲、精神尚可，但鸡群中不断出现精神、食欲差和下痢的鸡只，常突然死亡。死亡不见高峰而是每天都有鸡只死亡，数量不一。该病病程较长，可拖延 20～30 天，死亡率可达 10%～20%。

成年鸡：多呈慢性经过或隐性感染。一般不见明显的临床症状，当鸡群感染比较多时，可明显影响产蛋量，产蛋量高峰不高，维持时间亦短，死淘率升高。有的鸡表现为鸡冠萎缩，有的鸡开产时鸡冠发育尚好，以后则表现出鸡冠逐渐变小，发绀。病鸡有时下痢。仔细观察鸡群可发现有的鸡寡产或根本不产蛋。极少数病鸡表现为精神委顿，头翅下垂，腹泻，排白色稀粪，产卵停止。有的感染鸡因卵黄囊炎引起腹膜炎，腹膜增生而呈“垂腹”现象，有时成年鸡可呈急性发病。

【病理变化】

①仔猪副伤寒。

急性败血型：全身淋巴结肿大，呈弥漫性出血、周边出血或有出血斑；心内外膜、喉头、肾、膀胱黏膜、肠浆膜均散在出血斑，与猪瘟极相似；所不同的是脾脏肿大，呈紫红色，散在小坏死灶；皮肤可见大的出血斑，盲肠、结肠严重出血，肝淤血，散见坏死点。

②牛。

肝散在局灶坏死，胆囊壁增厚，脾肿大，质较韧硬，也见坏死灶；小肠呈卡他性炎或出血，肠系膜淋巴结髓样肿胀，肺尖叶、心叶紫红色实变，呈纤维素性肺炎变化。关节、腱鞘和关节腔有胶样浸润。

③羊。

下痢型羊可见病羊消瘦。真胃和肠道空虚，黏膜充血，内容物稀薄。肠系膜淋巴结肿大充血，脾脏充血，肾脏皮质部与心内外膜有小出血点。

流产型羊出现死产或初产羔羊几天内死亡，呈现败血症病变。组织水肿、充血，肝脾肿大，有灰色坏死灶。胎盘水肿出血。母羊有急性子宫炎，流产或产死胎的子宫肿胀，有坏死组织、渗出物和滞留的胎盘。

④禽。

雏鸡：日龄短、发病后很快死亡的雏鸡，病变不明显。肝肿大，充血或有条纹状出血。其他脏器充血。卵黄囊变化不大。病程延长者卵黄吸收不良，其内容物色黄如油脂状或干酪样；心肌、肺、肝、盲肠、大肠及肌胃肌肉中有坏死灶或结节。有些病例有心外膜炎，肝或有点状出血及坏死点，胆囊肿大，脾有时肿大，肾充血或贫血，输尿管充满尿酸盐而扩张，盲肠中有干酪样物质堵塞肠腔，有时还混有血液，肠壁增厚，常有腹膜炎。在上述器官病变中，以肝的病变最为常见，其次为肺、心、肌胃及盲肠的病变。死于几日龄的病雏鸡，见出血性肺炎，稍大的病雏鸡，肺可见灰黄色结节和灰色肝变。

成年鸡：慢性带菌的母鸡，最常见的病变为卵子变形、变色、质地改变以及卵子呈囊状，有腹膜炎，伴有急性或慢性心包炎。受害的卵子常呈油脂或干酪样，卵黄膜增厚，变性的卵子或仍附在卵巢上，常有长短粗细不一的卵蒂（柄状物）与卵巢相连，脱落的卵子深藏在腹腔的脂肪性组织内。有些卵子则自输卵管逆行而坠入腹腔，有些则阻塞在输卵管内，引起广泛的腹膜炎及腹腔脏器粘连。可以发现腹腔积液，特别见于大鸡。心脏变化稍轻，但常有心包炎，其严重程度和病程长短有关。轻者只见心包膜透明度较差，含有微混的心包液。重者心包膜变厚而不透明，逐渐粘连，心包液显著增多，在腹腔脂肪中或肌胃及肠壁上有时发现琥珀色干酪样小囊包。

成年公鸡的病变，常局限于睾丸及输精管。睾丸极度萎缩，同时出现小脓肿。输精管管腔增大，充满稠密的均质渗出物。

【检疫方法】 根据流行病学、临诊症状和病理变化，只能做出初步诊断，确诊需从病畜（禽）的血液、内脏器官、粪便，或流产胎儿胃内容物、肝、脾取材，做沙门氏菌的分离和鉴定。单克隆抗体技术已用于进行本病的快速诊断。

【检疫处理】 发现本病时，应立即采取隔离、紧急免疫、药物防治、消毒等措施；将已发病或体温升高的动物全部隔离，健康的动物立即接种疫苗，或用药物预防，对污染的环境进行彻底消毒。

内脏及病变显著的肉尸作工业用或销毁；无病变或病变轻微且被割除的肉尸，高温处理后出场；血液作工业用或销毁，皮张、羽毛消毒后出场。

【防疫措施】 加强饲养管理，消除发病原因；对常发本病的猪群，可在饲料中添加抗生素。接种

疫苗防治沙门氏菌病。发现本病，立即隔离消毒，进行紧急免疫接种。

二、主要共患寄生虫的检疫

（一）弓形虫病

弓形虫病是由弓形虫科弓形虫属的龚地弓形虫寄生于动物和人有核细胞内引起的一种人兽共患寄生虫病，该病呈世界性分布，属二类动物疫病。中间宿主范围极为广泛，包括人、畜、禽及野生动物等，养殖动物中以猪最为多见；猫是唯一的终末宿主。人因接触或生食患本病动物的肉类而感染，对人致病性强，可引起神经、呼吸及消化系统病变。

【病原体】 弓形虫科弓形虫属的龚地弓形虫，虫体发育过程要经历速殖子、包囊、裂殖体、配子体、卵囊5个阶段。裂殖生殖出现于中间宿主和终末宿主体内。卵囊在终末宿主肠上皮细胞内形成，排出时不孢子化。孢子化卵囊、滋养体、包囊多种阶段均可传播该病。

【流行特点】 速殖子、包囊、卵囊等各阶段虫体都可引起动物感染发病，且感染途径多样，除了主要经消化道感染外，也可通过呼吸道、损伤的皮肤和黏膜及眼感染，母体中的病原体还可通过胎盘感染胎儿。一般多呈隐性感染，感染率高，发病率低。而幼龄动物多呈显性感染且症状较重、死亡率高。没有严格季节性，但秋冬季和早春发病率较高，呈散发或地方性流行。

视频：显性感染

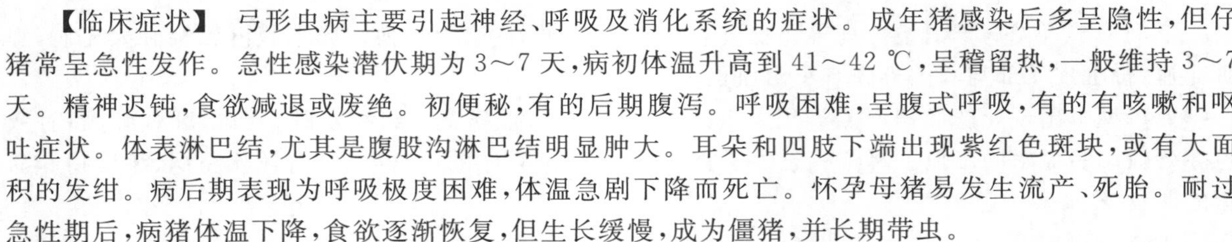
【临床症状】 弓形虫病主要引起神经、呼吸及消化系统的症状。成年猪感染后多呈隐性，但仔猪常呈急性发作。急性感染潜伏期为3～7天，病初体温升高到41～42 ℃，呈稽留热，一般维持3～7天。精神迟钝，食欲减退或废绝。初便秘，有的后期腹泻。呼吸困难，呈腹式呼吸，有的有咳嗽和呕吐症状。体表淋巴结，尤其是腹股沟淋巴结明显肿大。耳朵和四肢下端出现紫红色斑块，或有大面积的发绀。病后期表现为呼吸极度困难，体温急剧下降而死亡。怀孕母猪易发生流产、死胎。耐过急性期后，病猪体温下降，食欲逐渐恢复，但生长缓慢，成为僵猪，并长期带虫。

【病理变化】 全身脏器和组织常出现肉眼可见的病变。全身淋巴结肿大，尤以肠系膜淋巴结最为显著，呈绳索状，切面外翻，多汁，常有大小不一的灰白色或灰黄色坏死灶和出血点；肺脏水肿、出血和坏死；肝脏肿大，常散见针尖大到米粒大的坏死灶；脾肿大，棕红色；肾土黄色，有散在的小点状出血或坏死灶、心包腔、胸腹腔有积液。

【检疫方法】

①病原体检查：取血液、腹腔积液或淋巴结、肝、肺等病料，直接涂片或触片，吉姆萨染色或瑞氏染色镜检。弓形虫滋养体呈香蕉形或月牙形，一端稍尖，一端钝圆，胞质蓝色，核紫红色。发现滋养体即可确诊。

②动物接种试验：取死亡动物的肺、肝、淋巴结，或急性病例的腹腔积液、血液作为病料，于小白鼠腹腔接种。1周后剖杀取其腹腔积液或脏器抹片，染色镜检，发现弓形虫滋养体即判为阳性。阴性者需传代至少3次。

③血清学检查：主要有色素试验、间接血凝试验、间接荧光抗体试验、酶联免疫吸附试验、补体结合试验、兔体中和试验等。

【检疫处理】 严重感染者，整个胴体和内脏作工业用或销毁；病变轻微者，剔除病变部分作工业用或销毁，其余部分高温处理后出场。

【防疫措施】 同上。

（二）棘球蚴病

棘球蚴病又称包虫病，是由带科带属的棘球绦虫的幼虫——棘球蚴引起的一种人兽共患寄生虫病，属二类动物疫病。人、畜和一些野生动物均可感染，人多因吃生的或半生不熟的含有棘球蚴的动物肉而感染。成虫寄生于动物小肠，幼虫寄生于肝、肺等处。本病分布较广，对人畜危害极大，严重影响患病动物的生长发育，导致乳、肉、毛的产量和质量降低，甚至导致动物死亡。

【病原体】 棘球绦虫主要的有细粒棘球绦虫和多房棘球绦虫两种，均为小型绦虫，体长2～6 mm，由一个头节和3～4个体节构成，最后一个体节较大，内含大量虫卵。头节上有吸盘、顶突和小沟。

Note

棘球蚴囊泡有三种，即单房囊、无头囊和多房囊。前者多见于绵羊和猪，囊泡呈球形或不规则形，大小不等，由豌豆大到人头大，与周围组织有明显界限，触摸有波动感，囊壁紧张，有一定弹性，囊内充满无色透明液体；在牛有时可见到一种无头节的棘球蚴，称为无头囊棘球蚴。多房囊棘球蚴多发生于牛，几乎全位于肝脏，有时也见于猪；这种棘球蚴特征是囊泡小，成群密集，呈葡萄串状，囊内仅含黄色蜂蜜样胶状物而无头节。

【流行特点】 犬是主要的感染来源。在自然流行区域内，野生动物在疾病传播上起重要作用，往往与其他野生哺乳动物一起形成自然疫源地，人和家畜进入后即可能被感染。含有孕节或虫卵的粪便排出体外，污染饲料、饮水或草场，牛、羊、猪、人食入这种体节或虫卵即被感染。

【临床症状】 家畜中受害较重的是牛、羊、猪，特别是绵羊，在每年早春青黄不接时可引起大批死亡。在感染初期或轻度感染时无明显症状。寄生于肺时，常出现呼吸困难、咳嗽和气喘；寄生于肝、肺时，病畜营养不良、消瘦、极度衰弱等。各种动物都可因囊泡破裂而产生严重的过敏反应而致死。

【病理变化】 宰后检验可见尸体消瘦，肝、肺表面凹凸不平，切开肝、肺可见到大小不等的囊泡，小的豆粒大，大的如人头，包囊壁厚而坚韧、不透明，切开包囊有黄白色液体流出，液体内有许多大小不等的砂粒样白色颗粒。由于压迫作用，在虫体周围的组织萎缩，相应组织器官的功能下降。

【检疫方法】 仅根据临床症状一般不能确诊此病。在疫区内怀疑为本病时，可利用 X 光或超声波检查；也可用变态反应诊断，即用新鲜棘球蚴囊液，无菌过滤至绝不含原头蚴后，在牛颈部皮内注射 0.2 mL，注射后 5～10 min 观察，若皮肤出现红斑，并有肿胀或水肿者即为阳性，此法准确率达 70%。

【防疫措施】 疫区的牧羊犬和护场犬等要加强饲养管理，定期驱虫。排出的虫体与粪便集中焚烧，彻底销毁，以防散布病原体。严禁犬在畜舍、饲料库及饮水处饲养及出入，以免饲料与饮水被犬粪污染。严格检验和处理染病器官。各屠宰场不允许养犬和有犬的活动。

知识拓展与链接

高致病性禽流感诊断技术

动物结核病诊断技术

猪链球菌 2 型荧光 PCR 检测方法

GBT 18646—2018 动物布鲁氏菌病诊断技术

课程评价与作业

1. 课程评价

通过对共患疫病的传染病和寄生虫病的深入讲解，学生熟悉主要共患疫病的临诊检疫要点，包括疫病的临床症状和病理变化，熟练掌握不同疫病的实验室检疫技术，能够区别诊断不同疫病，并具备不同疫病检疫后处理的能力。教师将各种教学方法结合起来，以学生为主体，教师为主导，充分调动主体和主导的积极性，教学过程设计符合学生的认识规律，真正达到预期的教学目标。

2. 作业

线上评测

思考与练习

1. 口蹄疫的临诊检疫特点有哪些？
2. 如何判定高致病性禽流感疑似病理？
3. 如何用变态反应检测牛结核杆菌病？结果如何判定？

扫码看课件7-2

任务二　猪主要疫病的检疫

学习目标

▲知识目标
1. 掌握猪主要疫病的检疫要点，包括病原体、临床症状和病理变化。
2. 掌握猪有关疫病的检疫方法。
3. 掌握猪主要疫病检疫后的处理措施。

▲技能目标
1. 掌握常见猪疫病的临诊检疫要点。
2. 能熟练应用常用的实验室检疫方法和技能进行疫病检疫。
3. 具备对猪疫病检疫中常见疫病检疫后处理的能力。

▲思政目标
1. 具有良好的思想政治素养、行为规范和职业道德。
2. 树立爱岗敬业精神，培养生物安全意识。
3. 具有较强责任感和严谨的工作态度。
4. 熟练进行重要动物疫病的诊断和防控。

▲知识点
1. 猪主要疫病的临诊检疫要点。
2. 猪主要疫病的实验室检疫方法。
3. 猪主要疫病检疫后的处理方法。

一、猪主要传染病的检疫

（一）猪瘟

视频：猪瘟病理变化

猪瘟是由猪瘟病毒引起猪的高度传染性和致死性的传染病。特征为高热稽留，小血管变性而引起的广泛出血、梗死和坏死。

【病原体】　猪瘟病毒是单股RNA病毒，属于黄病毒科、瘟病毒属。病毒呈球形，直径38～44 nm。猪瘟病毒对理化因素的抵抗力较强。血液中的猪瘟病毒需56 ℃ 10 min才能被灭活，室温能存活2～5个月。

视频：猪瘟流行病学

【流行特点】　本病毒在自然条件下只感染猪，不同年龄、性别、品种的猪和野猪都易感，一年四季均可发生。病猪是主要传染源，病猪排泄物和分泌物，病死猪和脏器及尸体，急宰病猪的血、肉、内脏，废水，废料，污染的饲料，饮水都可散播病毒。猪瘟的传播主要为接触传播和经消化道感染。此外，患病和弱毒株感染的母猪也可以经胎盘垂直感染胎儿，产生弱仔猪、死胎、木乃伊胎等。

【临床症状】

①典型猪瘟。

最急性型：多见于流行初期，病猪高烧不退、全身痉挛、四肢抽搐、皮肤和黏膜发绀，有出血点，可在1～3天死亡。

急性型：病猪高烧不退，怕冷发抖，常卧一处或钻入垫草内闭目嗜睡；眼结膜炎，眼睑水肿，分泌物增加；病后期鼻端、唇、耳、四肢、腹下皮肤出血严重，呈紫黑色；病猪排粪困难，不久出现腹泻，呈糊状或水样状，混有血丝，一般1～3周死亡。

亚急性型：与急性型相似，但病情缓和，病程3～4周。

慢性型：病猪体温升高不明显，病程长，可超过1个月；贫血、消瘦，食欲时好时坏，便秘与腹泻交替发生；耳尖、尾尖及皮肤经常发生坏死；怀孕母猪感染可能不发病，但病毒可通过胎盘传给胎儿，引起死胎、弱胎或产出弱小仔猪或断奶后出现腹泻。

②非典型猪瘟。

神经型：见阵发性神经症状，嗜睡磨牙；全身痉挛，转圈后退；侧卧游泳状；感觉过敏，触动时尖叫。

温和型：病情缓和，稍有发热，病程较长。成年猪能康复，发病率和病死率较典型猪瘟低。

颤抖型：发生于新生仔猪，症状如霹雳舞样；病程不长，先后死亡。

【病理变化】 典型猪瘟，各内脏器官普遍出血、淋巴结周边出血呈大理石样，严重的呈黑枣样；肾脏贫血，呈土黄色，有针尖状出血点；膀胱黏膜、喉头、会厌软骨、胆囊黏膜等处有出血斑点；脾脏一般不肿大，边缘有紫红色锯齿状梗死灶。病程较长的慢性猪瘟，以坏死性肠炎为特征，大肠(回盲瓣处)有纽扣状溃疡。

【检疫方法】

①病毒学检查：猪体交互免疫试验或兔体交互免疫试验具有可靠的确定检疫意义，但所需时间稍长。鸡新城疫病毒强化试验，病料为无菌浸出液，接种于猪睾丸细胞培养，4天后加入新城疫强毒，再培养4天，若细胞出现病变则为猪瘟。也可加入抗猪瘟血清进行中和试验。

②血清学检查：补体结合试验、琼脂双向扩散试验已被荧光抗体试验和间接标记免疫吸附试验所取代。这些免疫标记技术能获得可靠的结论。

视频：猪瘟的防治

【检疫处理】 发现本病，迅速上报疫情。一旦确诊，立即划定疫点、疫区和受威胁区，实施封锁、隔离措施。扑杀疫点内所有的病猪和带毒猪，并将所有病死猪、被扑杀猪及其产品作销毁处理；对疫区内易感猪实施紧急强制免疫；停止疫区内猪及其产品的交易活动，禁止易感猪及其产品运出；对受威胁区易感猪实施紧急强制免疫；对猪实行疫情监测和免疫效果监测。对排泄物、被污染的或可能污染的饲料和垫料、污水等进行无害化处理；对被污染的物品、交通工具、畜舍、场地进行严格消毒。

视频：间接免疫荧光法检测猪瘟病毒

【防疫措施】 必须采取综合性措施：

①定期预防接种，每年春、秋两季，除对成年猪普遍进行一次猪瘟兔化弱毒疫苗接种外，对断奶仔猪及新购进的猪都要及时防疫接种。

②紧急免疫接种，在已发生疫情的猪群中，做紧急预防接种，能起到控制疫情和防止疫情蔓延的作用，接种时可先从周围无病区和无病猪舍的猪开始，之后接种同群猪，病猪一般不接种。为加强免疫力，接种时可适当增加剂量。

视频：猪瘟疫苗接种技术

③加强饲养管理，定期进行猪圈消毒，提高猪群整体抗病力，杜绝从疫区购猪。新购入的猪应隔离观察30天，证实无病，并接种猪瘟疫苗后方可混群。

④加强消毒，在猪瘟流行期间，饲养用具每隔3～5天消毒一次。病猪消毒后，彻底消除粪便、污物，铲除表土，垫上新土，猪粪应堆积发酵。

（二）非洲猪瘟（ASF）

非洲猪瘟是由非洲猪瘟病毒引起的猪的一种急性发热、传染性很强的病毒性疫病。其特征是发病过程短，死亡率高达100%，病猪临床表现为发热，皮肤发绀，淋巴结、肾、胃肠黏膜明显出血。猪是非洲猪瘟病毒的唯一自然宿主，除了家猪和野猪外，其他动物不感染该病毒。

【病原体】 非洲猪瘟病毒是非洲猪瘟科非洲猪瘟病毒属的重要成员，病毒粒子的直径为175～

215 nm，呈二十面体对称，有囊膜。基因组为双股线状 DNA，大小为 170～190 kb。在猪体内，非洲猪瘟病毒可在几种类型的细胞质中，尤其是在网状内皮细胞和单核巨噬细胞中复制。该病毒可在钝缘蜱中增殖，并使其成为主要的传播媒介。

【流行特点】 非洲猪瘟病毒于 2018 年在我国沈阳首次被发现。传染源为软蜱(钝缘蜱)、带毒野猪、带毒家猪，也可以通过软蜱叮咬、带毒猪与易感猪接触造成感染，间接接触排泄物及污染物如粪、尿、血而引起感染。非洲猪瘟病毒在未煮熟的猪肉组织中能存活数月，在腌肉制品中也能长期存活。

【临床症状】 自然感染潜伏期 5～9 天，往往更短，临床实验感染则为 2～5 天，非洲猪瘟潜伏期为 4～19 天。

最急性型：无明显临床症状，病猪仅突发高热后死亡，病死率达 100%。

急性型：精神委顿、持续高热、厌食、呕吐、呼吸困难。体表皮肤出血、发绀，尤其耳部、腹下部多见不规则出血坏死斑。病猪只可能出现呕吐、腹泻、血便。病程 7 天左右，死亡前 1～2 天可出现食欲废绝、身体发绀发紫、共济失调。怀孕母猪流产。

亚急性型：临床症状与急性型相似，只是病程更长，症状严重程度及病死率较低。幸存猪可在一个月后恢复，临床症状与急性型的临床症状相似，除较为明显的血管病变外，主要表现为出血和水肿、发烧、食欲不振。关节因积液和纤维化而肿胀，行走时出现疼痛。

慢性型：不规则波动的发热，发生肺炎致呼吸异常，皮肤出现出血斑和坏死，母猪流产病死率低，多数感染猪康复并终身带毒。

隐性型：多发生于非洲野猪，病程缓慢且无临床症状，由于病毒含量很低，甚至无法进行实验室确诊。

【病理变化】 急性型和亚急性型主要表现为严重出血及淋巴结损伤，慢性型病变不典型。

急性型：剖检主要可见脾脏充血肿大、器官出血，尤其以内脏淋巴结出血最为显著。脾脏充血肿大，呈黑紫色，柔软质脆，切面凸起。淋巴结出血，髓质部最为严重，剖开淋巴结后，可见大理石样病变，肾皮质点状出血。心肌柔软，心内、外膜见出血斑点。严重病例时可见胃肠黏膜出血、膀胱黏膜出血、肝脏肿大、肺充血水肿。

亚急性型：胆囊壁极度水肿、肾脏周边极度水肿，脾脏部分充血肿大，肝、胃、肠系膜和肾淋巴结出血、水肿，肾脏皮质、髓质、肾盂严重出血。

慢性型：剖检肺部有干酪样坏死(局部有钙化灶)的肺炎、纤维素性心包炎；淋巴结肿大，局部出血。

【检疫方法】 非洲猪瘟与猪的其他出血性疾病的症状和病变都很相似，必须用实验室方法才能鉴别。①红细胞吸附试验：将健康猪的白细胞与疑似非洲猪瘟猪的血液或组织提取物在 37 ℃下培养，如见许多红细胞吸附在白细胞上，形成玫瑰花状或桑葚状，则为阳性。②免疫荧光试验：荧光显微镜下观察，如见细胞质内有明亮荧光团，则为阳性。③动物接种试验。④酶联免疫吸附试验：对照成立时(阳性血清吸收值大于 0.3，阴性血清吸收值小于 0.1)，若待检样品的吸收值大于 0.3，则判定为阳性。

【检疫处理】 检疫中发现发病的，应尽快上报疫情，一旦确认疫情，立即划定疫点、疫区，采取封锁、扑杀、无害化处理、消毒等处置措施，禁止所有生猪及易感动物和产品运入或流出封锁区。对病死猪、排泄物、被污染饲料、垫料等进行无害化处理。

【防疫措施】 建立多道防线和多级屏障，在疫点周围 3 km 范围内扑杀所有生猪并进行无害化处理，对猪场进行全面消毒，对排泄物进行无害化处理；在疫区外围设立检验检疫站和消毒站，控制动物运输车辆的移运，对出入的人员和车辆进行消毒；在疫区、受威胁区及周边地区开展疫情筛查、防控措施准备和知识普及工作，同时要注意对野猪和蜱的监控，最大限度地阻止疫情传播；各猪场应建立严格的生物安全制度，并严格执行。

（三）猪繁殖与呼吸综合征（PRRS）

猪繁殖与呼吸综合征又称高致病性猪蓝耳病，是一种由病毒引起的猪繁殖障碍和呼吸道疾病的传染病。主要特征为病猪高热、皮肤发红、耳尖发紫、母猪繁殖障碍、仔猪出现呼吸道症状及并发其他传染病。高致病性猪蓝耳病有极高的发病率和死亡率，对养猪业的危害极大。2006 年以前，该病在我国个别猪场也有零星散发，2006 年春季后，“猪高热病”在我国的南方各地区陆续发生，呈暴发性流行，造成大批猪死亡。

【病原体】 该病毒呈卵圆形，有囊膜，直径在 40～60 nm 之间，表面有约 5 nm 大小的突起。核衣壳呈二十面体对称，直径为 25～30 nm。基因组为单股正链 RNA 病毒。病毒对外界环境抵抗力相对较弱，在 4 ℃下仅存活一个月，37 ℃存活 18 h，56 ℃存活 15 min 以内，干燥可很快使病毒失活。对有机溶剂十分敏感，经氯仿处理后，其感染性可下降 99.99%。在空气中可以保持 3 周左右的感染力，对常用的化学消毒剂的抵抗力不强。

视频：猪蓝耳病的病原体

【流行特点】 仅发生于猪。各种年龄、性别、品种、体质的猪均能感染，而以妊娠和 1 月龄以内的仔猪最易感，并表现出典型的临床症状。肥育猪症状较轻。本病发病无明显的季节性。流行过程慢，一般 3～4 周，长的可达 6～12 周。饲养管理不当，天气寒冷等因素是诱发本病的主要原因。

【临床症状】 潜伏期一般为 14 天。病初母猪出现发热、嗜睡、食欲不振、咳嗽、呼吸急迫，后期呈现流产、早产、木乃伊胎、弱仔等。仔猪以 2～28 日龄感染后症状明显，死亡率高达 80%，大多数出生仔猪表现为呼吸困难、肌肉震颤、后肢麻痹、共济失调。少数病例耳部发紫，皮下出现一过性血斑。公猪精液质量下降，精子数量减少、活力低。感染本病的猪有时表现为耳部、外阴、尾、鼻、腹部发绀，其皮肤出现青紫色斑块，故又称为蓝耳病。育成猪出现双眼肿胀、结膜炎和腹泻，并出现间质性肺炎。

【病理变化】 剖检发病初期的猪一般都可见肺脏病变，肺脏的病变呈胰样变，散布斑点状淤血（花斑肺）。有的病猪胃底有片状弥漫性出血，肝脏边缘有白色坏死灶，淋巴结肿大出血，切面外翻多汁，呈弥漫性出血，尤其腹股沟淋巴结高度肿胀，一般肿大 2～5 倍；脾肿大，表面有散在性出血点，边缘有梗死灶；肾稍肿大，呈土黄色，有出血点；膀胱有针尖大点状出血。有的病猪表现为胸腔积液（胸水）、腹腔积液（腹水）、心包积液；有的病死猪主要表现为心包炎、心肌炎、胸膜与肺粘连。有的病死猪表现为肾、膀胱、咽喉部有出血点，淋巴结有大理石状出血。

【检疫方法】

①病毒分离与鉴定：对病猪的肺、死胎儿的肠和腹腔积液、胎儿血清、母猪血液、鼻拭子和粪便等进行病毒分离。病料经处理后，再经 0.45 μm 滤膜，取滤液接种猪肺泡巨噬细胞培养，培养 5 天后，用免疫过氧化物酶法染色。检查肺泡巨噬细胞中 PRRSV 抗原；或将上述处理好的病料接种 CL-2621 或 Mark-145 细胞培养，37 ℃培养 7 天观察 CPE，并用特异血清制备间接荧光抗体，检测 PRRSV 抗原。也可以在 CL-2621 或 Mark-145 细胞培养中进行试验，鉴定病毒。

②应用间接 ELISA 法检测抗体：其敏感性和特异性都较好，法国将此法作为监测和诊断的常规方法。RT-PCR 法能直接检测出细胞培养物和精液中的 PRRSV。

③荷兰提出了简易诊断方法 即以母猪 80%以上发生流产，20%以上发生死胎，25%以上仔猪死亡为指标。若 3 项指标中有 2 项符合就可以确诊为本病。

【检疫处理】 检疫中发现发病时，应尽快上报疫情，一旦确认疫情，立即划定疫点、疫区，应扑杀疫点内所有病猪和同群猪；对病死猪、排泄物、被污染饲料、垫料等进行无害化处理。要彻底消毒，并对疫区及受威胁区内所有猪进行紧急强化免疫，并加强进口猪的检疫和本病检测，以防本病的扩散。

【防疫措施】 对于本病的防疫要做好：①坚持自繁自养的原则，建立稳定的种猪群，不轻易引种。如必须引种，坚决禁止引入阳性带毒猪。引入后必须建立适当的隔离区，做好监测工作，一般需隔离检疫 4～5 周，健康者方可混群饲养。②规模化猪场要彻底实现全进全出，至少要做到产房和保育两个阶段的全进全出。③做好猪群饲养管理，建立健全规模化猪场的生物安全体系，定期对猪舍和环境进行消毒，对发病猪场要严密封锁，对发病猪场周围的猪场也要采取一定的措施，避免疾病扩散，对流产的胎衣、死胎及死猪都要做好无害化处理，产房彻底消毒；隔离病猪，对症治疗，改善饲喂条件等。

（四）猪丹毒

猪丹毒是由猪丹毒杆菌引起的一种传染病，急性型呈败血症症状，亚急性型在皮肤上出现紫红色疹块，慢性型为非化脓性关节炎和疣状心内膜炎。主要侵害架子猪。

【病原体】 猪丹毒杆菌为菌体平直或弯曲的纤细小杆菌，革兰氏染色阳性，无鞭毛，无荚膜，不产生芽孢，不能运动。本菌是无芽孢杆菌中抵抗力较强的，尤其是对腐败和干燥环境有较强的抵抗力，尸体内可存活 9 个月，干燥状态下可存活 3 周。对常用消毒剂抵抗力不强，在 1%漂白粉、2%福尔马林、1%氢氧化钠或 5%碳酸中很快死亡。

【流行特点】 猪丹毒主要发生于猪，不同年龄的猪均易感，但以架子猪发病为多。其他家畜如牛、羊、犬、马和禽类包括鸡、鸭、鹅、火鸡、鸽子、麻雀、孔雀等也有病例报告。主要经消化道传播，也可经破损的皮肤和黏膜感染宿主（如人的职业感染），此外还可借助吸血昆虫、鼠类和鸟类来传播。猪丹毒常呈暴发性流行，特别是架子猪（3～6 月龄）多发，猪丹毒一年四季都有发生，但气候较暖和、炎热、多雨的季节（5—9 月）多发。

【临床症状】

①急性型（败血型）：个别病猪不出现任何症状而突然死亡。多数猪病情稍缓，体温在 42 ℃以上，稽留热，眼结膜充血、眼亮有神，粪干便秘。耳、颈、背部等处皮肤出现充血、淤血的红斑，指压褪色。病猪常于 3～4 天死亡，死亡率高。

②亚急性型（疹块型）：体温升高，皮肤上有圆形、方形疹块，稍凸出于皮肤表面，呈红色或紫色，中间色浅，边缘色深，指压褪色并有硬感，病程 1～2 周。

③慢性型：常见多发性关节炎和慢性心内膜炎，也可见慢性坏死性皮炎。病程一至数月。

【病理变化】

急性型：皮肤紫红色或有紫红斑，淋巴结肿大，切面多汁，呈紫红色，胃和十二指肠呈急性出血性卡他性炎，肾淤血肿大，呈紫红色，脾脏呈急性充血肿大。

亚急性型：以皮肤上有界限明显、形状多样（方形、菱形、圆形等）的红色疹块为特征。疹块初起颜色苍白，周边呈粉红色，继之苍白区的中央发红，并逐渐向四周扩展，直到整个疹块变为紫红色乃至黑红色，痂皮逐渐脱落，露出新生组织。

慢性型：常见在左心房室瓣（二尖瓣）有疣状赘生物，有的在主动脉瓣形成菜花样赘生物，有的同时出现单发或多发性关节炎，有的皮肤成片坏死或整个耳壳、尾巴坏死脱落。

【检疫方法】

①细菌学检查：无菌采集发病猪的耳静脉血和切开疹块挤压出的血液或渗出液或病死猪的心血、肝、脾、肾及淋巴结，制成涂片，用瑞氏染色或革兰氏染色法染色，镜检。可在白细胞内发现革兰氏染色阳性，菌体平直或稍弯曲的纤细小杆菌或单个、成堆的不分枝长丝状菌体成丛状排列。将病料培养于鲜血琼脂或马丁肉汤中，纯培养后观察，菌落小，表面光滑，边缘整齐，有蓝绿色荧光，明胶穿刺呈试管刷状生长，不液化。

②动物实验：将病料（或培养物）用生理盐水制成 1∶(5～10) 的乳剂，分别给小白鼠（皮下注射 0.2 mL）、鸽子（肌内注射 1 mL）和豚鼠接种，小白鼠和鸽子可在 2～5 天死亡，豚鼠健活，小白鼠和鸽子尸体内可检出大量的猪丹毒杆菌。

③血清学诊断：血清培养凝集试验的凝集价与抗体免疫水平有相关性，可用于本病的检测和血清抗体水平的评价；SPA 协同凝集试验，可用于该菌的鉴别和菌株分型；琼脂扩散试验既可检测也可用于菌株血清型鉴定；荧光抗体可用作快速诊断，直接检查病料中的猪丹毒杆菌。

【检疫处理】 肉尸及内脏有显著病变者，其肉尸、内脏和血液化制或销毁，有轻微病变的肉尸及内脏高温处理，血液化制或销毁，规定高温处理的肉尸和内脏应在 24 h 内处理完毕，超过 24 h 者，应延长高温处理时间半小时，内脏化制或销毁。病愈的猪，皮肤上仅显黑灰色痕迹，皮下无病变者，可于病部割除后出场。在发生疫情时，用 5%碳酸或 3%来苏儿消毒圈舍。

Note

【防疫措施】 一要改善饲养管理，增强机体抵抗力。二要清圈消毒，猪舍和运动场地应经常清扫并用热碱水或石灰乳消毒，粪便进行无害化处理，猪圈每年用石灰乳涂刷 2～3 次。三要坚持自繁自养。四要定期预防接种。每年春、秋两季用猪丹毒疫苗对猪进行预防接种。

（五）猪圆环病毒病

猪圆环病毒病是由猪圆环病毒（PCV）引起猪的多系统功能障碍性疾病，主要感染 6～12 周龄猪，其特征是引起淋巴系统疾病、渐进性消瘦、呼吸道症状，造成病猪免疫功能下降、生产性能降低；其特征为免疫力下降、消瘦、腹泻、呼吸困难。

【病原体】 猪圆环病毒在分类学上属圆环病毒科圆环病毒属，为已知的最小的动物病毒。病毒粒子直径 14～17 nm，呈二十面体对称结构，无囊膜，含有共价闭合的单股环状负链 DNA。该病毒对外界理化因子的抵抗力相当强，即便在酸性环境及 72 ℃的高温环境中也能存活一段时间，氯仿作用不失活，无血凝活性。现已知 PCV 有两个血清型，即 PCV1 和 PCV2。PCV1 为非致病性的病毒。PCV2 为致病性的病毒，它是断奶仔猪多系统衰竭综合征（PMWS）的主要病原体。

【流行特点】 主要发生于断奶后仔猪，哺乳猪很少发病并且发育良好。一般本病集中于 6～12 周龄的仔猪。

【临床症状】

视频：猪圆环病毒病的诊断

断奶仔猪多系统衰竭综合征（PMWS）：主要发生在 5～12 周龄的仔猪，病猪呈渐进性消瘦或生长迟缓，厌食、精神沉郁、行动迟缓、皮肤苍白、被毛蓬乱、呼吸困难，出现以咳嗽为特征的呼吸障碍。体表浅淋巴结肿大，肿胀的淋巴结有时可被触摸到，特别是腹股沟浅淋巴结；贫血和可视黏膜黄疸。在同一头猪可能见不到上述所有临床症状，但在发病猪群可见到所有的症状。本病发病缓慢，猪群一次发病可持续 12～18 个月。

先天性颤抖的症状：颤抖由轻微到严重不等，一窝猪中感染的数目变化也较大。严重颤抖的病仔猪常在出生后 1 周内因不能吮乳而饥饿致死。耐过 1 周的乳猪能存活，3 周龄时康复。颤抖是两侧性的，乳猪躺卧或睡眠时颤抖停止。外部刺激如突然声响或寒冷等能引发或增强颤抖。

常见的混合感染：圆环病毒感染可引起猪的免疫抑制，从而使机体更易感染其他病原体，这也是圆环病毒与猪的许多疾病混合感染有关的原因。常见的混合感染有 PRRSV、PRV（伪狂犬病毒）、PPV（细小病毒）、肺炎支原体、多杀性巴氏杆菌、PEDV（流行性腹泻病毒）、SIV（猪流感病毒），有的为二重感染或三重感染，其病猪的病死率也将大大提高，有的可达 25%～40%。

【病理变化】 病猪消瘦，贫血，皮肤苍白，黄疸（疑似 PMWS 的猪有 20%出现），剖检淋巴结异常肿胀，内脏和外周淋巴结肿大到正常体积的 3～4 倍，切面为均匀的白色。肺部有灰褐色炎症和肿胀，呈弥漫性病变，比重增加，坚硬似橡皮样。肝脏发暗，呈浅黄色到橘黄色外观，萎缩，肝小叶间结缔组织增生，肝脏有以肝细胞坏死为特征的肝炎。肾脏水肿（有的可达正常的 5 倍），苍白，被膜下有坏死灶；脾脏轻度肿大，质地如肉。胰、小肠和结肠也常有肿大及坏死病变。心脏有多灶性心肌炎。

【检疫方法】

①病理学检查：此法在病猪死后极有诊断价值。当发现病死猪全身淋巴结肿大，肺退化不全或形成固化、致密病灶时，应怀疑是猪圆环病毒病。可见淋巴组织内淋巴细胞减少，单核吞噬细胞类细胞浸润及形成多核巨细胞，若在这些细胞中发现嗜碱性或两性染色的细胞质内包涵体，则基本可以确诊。

②血清学检查：生前诊断猪圆环病毒病最有效的一种方法。诊断本病的方法有间接免疫荧光试验（IFA）、酶联免疫吸附试验（ELISA）、聚合酶链式反应（PCR）。

IFA 主要用于检测细胞培养物中的 PCV 抗原；ELISA 主要用于检测血清中的病毒抗体。其检出率为 99.58%，IFA 的检出率仅为 97.14%。所以该方法可用于 PCV2 抗体的大规模监测。PCR 是一种快速、简便、特异的诊断方法。采用 PCV2 特异的或群特异的引物对病猪的组织、鼻腔分泌物和粪便进行基因扩增，根据扩增产物的限制性酶切图谱和碱基序列确认 PCV 感染，并可对 PCV1 和 PCV2 定型。

【检疫处理】 一旦发现可疑病猪及时隔离，并加强消毒。切断传播途径，杜绝疫情传播。

【防疫措施】 猪圆环病毒病作为一种免疫抑制性疾病，目前还没有特效治疗药物，无特异性防治措施，因此临床上应采用综合防控措施来预防疫情的发生。一是要严格引种，引进的后备母猪、种公猪以及购买的精液应进行严格的检疫。有条件尽可能建立自繁自养和全进全出的饲养模式。二是加强饲养管理，提高猪的抵抗力，减少应激。饲养密度适中，温度、湿度适合，减少日常应激。三是做好日常消毒、粪污及病死动物的无害化处理。四是加强猪蓝耳病、猪瘟、肺炎支原体病等其他疫病的预防控制。

（六）猪伪狂犬病

猪伪狂犬病是由猪伪狂犬病病毒引起的猪的急性传染病。该病在猪呈暴发性流行。可引起妊娠母猪流产、死胎，公猪不育，新生仔猪大量死亡，育肥猪呼吸困难、生长停滞等，是危害全球养猪业的重大传染病之一。

【病原体】 猪伪狂犬病病毒属于疱疹病毒科猪疱疹病毒属，病毒粒子为圆形，直径 150～180 nm，核衣壳直径为 105～110 nm。病毒粒子的最外层是病毒囊膜，它是由宿主细胞衍生而来的脂质双层结构。猪伪狂犬病病毒是疱疹病毒科中抵抗力较强的一种。在 37 ℃下的半衰期为 7 h，8 ℃可存活 46 天，而在 25 ℃干草、树枝、食物上可存活 10～30 天，但短期保存病毒时，4 ℃较－15 ℃和－20 ℃冻结保存更好。病毒在 pH 4～9 之间保持稳定。5%石炭酸处理 2 min 即可灭活，但 0.5%石炭酸处理 32 天后仍具有感染性。0.5%～1%氢氧化钠可迅速使其灭活。对乙醚、氯仿等脂溶剂以及福尔马林和紫外线照射敏感。

【流行特点】 伪狂犬病自然发生于猪、牛、绵羊、犬和猫，另外，多种野生动物、食肉动物也易感。空气传播则是伪狂犬病病毒扩散的最主要途径，病毒主要通过鼻分泌物传播，乳汁和精液也是可能的传播方式。伪狂犬病的发生具有一定的季节性，多发生在寒冷的季节，但其他季节也有发生。

【临床症状】

视频：伪狂犬临床症状

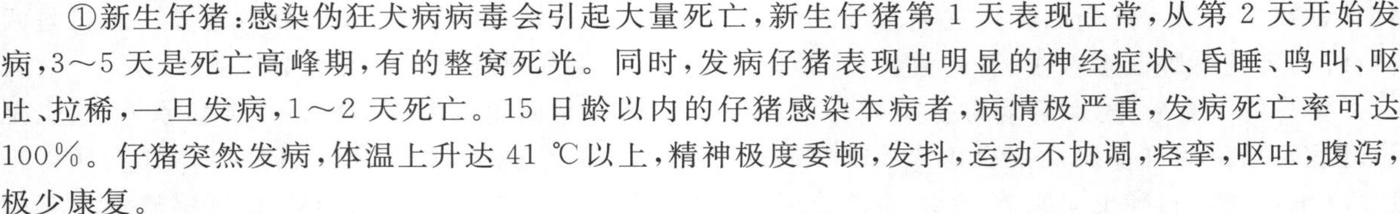

①新生仔猪：感染伪狂犬病病毒会引起大量死亡，新生仔猪第 1 天表现正常，从第 2 天开始发病，3～5 天是死亡高峰期，有的整窝死光。同时，发病仔猪表现出明显的神经症状、昏睡、鸣叫、呕吐、拉稀，一旦发病，1～2 天死亡。15 日龄以内的仔猪感染本病者，病情极严重，发病死亡率可达 100%。仔猪突然发病，体温上升达 41 ℃以上，精神极度委顿，发抖，运动不协调，痉挛，呕吐，腹泻，极少康复。

②断奶仔猪：感染伪狂犬病病毒，发病率在 20%～40%，死亡率在 10%～20%，主要表现为神经症状、拉稀、呕吐等。

③成年猪：一般为隐性感染，若有症状也很轻微，易于恢复。主要表现为发热、精神沉郁，有些病猪呕吐、咳嗽，一般于 4～8 天完全恢复。

④怀孕母猪：可发生流产、产木乃伊胎儿或死胎，其中以死胎为主，无论是头胎母猪还是经产母猪都发病。

⑤种猪：不育症，母猪屡配不孕，返情率高达 90%，有反复配种数次都屡配不上的。

此外，公猪感染伪狂犬病病毒后，表现出睾丸肿胀、萎缩，丧失种用能力。

【病理变化】 伪狂犬病病毒感染一般无特征性病变。眼观主要见肾脏有针尖状出血点，其他肉眼病变不明显。可见不同程度的卡他性胃肠炎，中枢神经系统症状明显时，脑膜明显充血，脑脊髓液过多，肝、脾等实质脏器常可见灰白色坏死病灶，肺充血、水肿和坏死点。子宫内感染后可发展为溶解坏死性胎盘炎。

视频：猪伪狂犬病的病理变化

【检疫方法】

①病毒分离鉴定。诊断伪狂犬病的可靠方法。患病动物的多种病料组织如脑、心、肝、脾、肺、肾、扁桃体等均可用于病毒的分离，但以脑组织和扁桃体较为理想，另外，鼻咽分泌物也可用于病毒的分离。分离到病毒后再用标准阳性血清做中和试验以确诊本病。

②切片。组织切片荧光抗体检测。取患病动物的病料（如脑或扁桃体）的压片或冰冻切片，做直接免疫荧光试验。

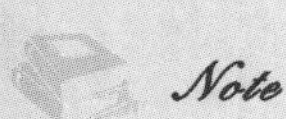

③PCR 检测猪伪狂犬病病毒。利用 PCR 可从患病动物的分泌物（如鼻咽拭子或组织病料）中扩

增猪伪狂犬病病毒的基因，从而对患病动物进行确诊。PCR 与病毒分离鉴定相比，具有快速、敏感、特异性强等优点，能同时检测大批量的样品，并且能进行活体检测，适合于临诊诊断。

④血清学诊断。多种血清学方法可用于伪狂犬病的诊断，应用广泛的有中和试验、酶联免疫吸附试验、乳胶凝集试验、补体结合试验及间接免疫荧光试验等。

【检疫处理】 检疫中发现病畜应急宰。对营养良好的胴体且病变较轻者，在除去病变部分后，其他胴体、内脏经高温处理后允许出厂；消瘦的胴体且病变明显者，胴体和内脏作工业用或销毁。

检疫后处理检出伪狂犬病时，立即隔离病畜。被污染的用具、畜舍等环境，用 2%烧碱溶液或 10%石灰乳消毒，在最后一次消毒后至少 30 天，可再放入健康动物。

【防疫措施】 开展灭鼠工作。在疫区不仅要做好免疫接种，还要严格控制犬、猫、鸟类和其他禽类进入猪场，严格控制人员来往，并做好消毒工作及血清学监测。

二、猪主要寄生虫病的检疫

（一）猪囊尾蚴病

猪囊尾蚴病又称猪囊虫病，是由带科带属的猪带绦虫的幼虫——猪囊尾蚴（寄生于猪的肌肉和其他器官中）所引起的疾病。猪囊尾蚴也可感染犬、猫等动物以及人，人常因吃入含有猪囊尾蚴的病猪肉而被感染，成虫寄生于人的小肠，可导致肠炎、腹痛、肠痉挛、贫血、消瘦、消化不良等症状。

【病原体】 猪带绦虫亦称有钩绦虫，乳白色，扁平长带状，长 2～7 m。头节呈球形，其上有四个吸盘，有顶突，顶突上有两排小钩，25～50 个。节片多，700～1000 个，未熟节片宽而短，成熟节片长宽几乎相等，呈四边形。

【流行特点】 本病发生于存在猪带绦虫病的地区，卫生条件差和猪散养的地区常呈地方性流行。一年四季均可发生。

【临床症状】 自然感染的猪一般无明显症状，重症时病猪可见眼结膜发红或有小疙瘩，舌根部有半透明的小水疱囊。当虫体寄生于脑、眼、声带等部位时，常出现神经症状、失明和叫声嘶哑等。有的病猪肩胛肌水肿增宽，臀部隆起，外观呈哑铃状或狮子状，病猪不愿走动。

【病理变化】 该病生前诊断较困难，宰后检疫时见肩胛肌、咬肌、颈部肌肉、舌肌等部位肌肉有米粒大至黄豆大灰白色半透明囊泡，囊壁有一圆形小米粒大的头节，外观似白色的石榴粒样，或有白色泡状混浊的钙化包囊。严重感染时，全身肌肉、内脏、脑和脂肪内均能发现。

【检疫方法】 用于囊虫病的免疫学检查方法有皮内变态反应、间接血凝试验、间接荧光抗体、对流免疫电泳、ELISA 以及斑点试验等，都可获得相当好的检测效果。目前最为常用的是 ELISA，检出率高、需抗原量少，有较好的敏感性，特异性强，且操作相对简便，易在基层推广应用和可用于对此病的早期诊断。

【检疫处理】 猪囊尾蚴病为我国二类动物疫病，检疫中一经发现，即应按照二类动物疫病的处理原则进行处理。在规定检疫部分（咬肌）切面视检，发现囊尾蚴和钙化虫体者，全尸作工业用或销毁。

【防疫措施】

①对猪囊虫病的预防，主要以防为主，人畜共防为原则，使群众认识到猪囊尾蚴病的巨大危害。

②加强检疫，严格处理病猪肉。

③注意公共卫生。

④改善饮食习惯，不吃生肉和半熟肉，生熟炊具要分开使用。

（二）旋毛虫病

旋毛虫病是旋毛形科毛形属的旋毛虫寄生于多种动物和人引起的一种人兽共患寄生虫病，属于二类动物疫病。本病呈世界性分布，我国流行较广。成虫寄生于小肠，幼虫寄生于全身肌肉。人因摄食了生的或半生不熟的含有旋毛虫的动物肉而遭受感染，主要临床表现为胃肠道症状、发热、肌痛及血液嗜酸性粒细胞增多等，严重者可导致死亡，是肉品卫生检验中的必检项目。

【病原体】 旋毛虫为小型线虫。前部较细，后部较粗。幼虫寄生于肌纤维内，一般形成包囊，包

囊呈柠檬状，内含一条略弯曲似螺旋状的幼虫。囊膜由两层结缔组织构成，外层甚薄，具有大量结缔组织；内层透明玻璃样，无细胞。

【流行特点】 易感动物广泛，几乎所有哺乳动物，甚至某些昆虫都能感染。家畜中猪、犬感染率高，鼠类易感，存在众多的自然疫源。

【临床症状】 动物感染后均有一定耐受性，往往无明显症状。感染严重的猪和犬，出现肌肉痉挛、麻痹，运动障碍，发热，吞咽，咀嚼困难等症状。有的呈急性卡他性肠炎，严重者呈出血性腹泻。人常见眼睑和四肢水肿。

【病理变化】 猪旋毛虫多在宰后检出，可见被侵害的肌肉发生变性、肌纤维肿胀或萎缩、横纹肌横纹消失、肌肉间结缔组织增生、关节囊肿。在肌纤维内有针尖大小的白色小点，即疑为旋毛虫幼虫形成的包囊。若包囊未钙化，呈露滴状、半透明，较肌肉的色泽淡。出血性腹泻病猪肠黏膜增厚水肿，有黏液性炎症和出血斑。

【检疫方法】 旋毛虫病生前诊断困难，可采用变态反应、间接血凝试验、酶联免疫吸附试验、补体结合试验等免疫学方法。但在宰后检疫中，仍多利用眼观结合压片镜检，大批量检疫还可以用集样消化法进行。

①病原学检查：猪肉取左右膈肌角（犬肉取腓肠肌）进行检查，方法包括直接采集肌肉进行视检、压片镜检和集样消化。压迫镜检时，在肌纤维内发现 0.25～0.5 mm、呈梭形或椭圆形的包囊，其长轴顺肌纤维平行，如针尖大小，白色者即为旋毛虫幼虫所形成，包囊内蜷缩成螺旋状的虫体即为旋毛虫幼虫。

②血清学检查：方法包括 ELISA、皮内反应、补体结合试验、对流免疫电泳、胶乳凝集试验、间接荧光抗体、皂土絮凝试验、间接血凝试验、环蚴沉淀试验等。在宰后检查中，仍多利用视检结合显微镜进行检查，大批量的检疫还可以采用集样消化法；进行宰前检疫或旋毛虫感染情况的调查时，目前常用 ELISA，对猪旋毛虫病的检疫，也可直接使用猪旋毛虫病 ELISA 诊断试剂盒，该方法灵敏、快速、特异性强。

【检疫处理】 发现旋毛虫包囊钙化虫体者，全尸作工业用，干性化制或销毁。

【防疫措施】 加强食品卫生管理与宣传教育，不食生的或未熟的哺乳动物肉及肉制品。猪肉在 −15 ℃冷藏 20 天，可将包囊杀死。提倡科学养猪，保持猪圈清洁，饲料宜加温至 55 ℃以上，消灭鼠等储存宿主。

知识拓展与链接

猪瘟抗体间接 ELISA 检测方法

猪繁殖与呼吸综合征诊断方法

猪瘟的检疫

课程评价与作业

1. 课程评价

通过对猪主要的传染病和寄生虫病的深入讲解，学生熟悉猪主要疫病的临诊检疫要点，包括疫病的临床症状和病理变化，熟练掌握不同疫病的实验室检疫技术，能够诊断不同疫病，并具备不同疫病检疫后处理的能力。教师将各种教学方法结合起来，以学生为主体，教师为主导、充分发挥主体和主导的积极性，教学过程设计符合学生的认识规律，真正达到预期的教学目标。

2. 作业

线上评测

思考与练习

1. 猪瘟和非洲猪瘟的临诊检疫有哪些不同？如何区分这两种疫病？
2. 如何判定高致病性蓝耳病的疑似病理？
3. 猪宰后检疫时，如何检疫旋毛虫病和囊尾蚴病？检疫后如何处理？

任务三　禽主要疫病的检疫

扫码看课件 7-3

学习目标

▲知识目标

1. 掌握主要禽病的检疫要点，包括病原体、临床症状和病理变化。
2. 掌握禽有关疫病的检疫方法。
3. 掌握禽主要疫病的检疫后的处理措施。

▲技能目标

1. 掌握常见禽疫病的临诊检疫要点。
2. 能熟练应用常用的实验室检疫方法和技能进行疫病检疫。
3. 具备对禽疫病检疫中常见疫病检疫后处理的能力。

▲思政目标

1. 具有良好的思想政治素养、行为规范和职业道德。
2. 树立爱岗敬业精神，培养生物安全意识。
3. 具有较强责任感和严谨的工作态度。
4. 熟练进行重要动物疫病的诊断和防控。

▲知识点

1. 禽主要疫病的检疫要点。
2. 禽主要疫病的检疫方法。
3. 禽主要疫病检疫后的处理方法。

一、禽主要传染病的检疫

（一）新城疫

新城疫又称亚洲鸡瘟、伪鸡瘟，是由新城疫病毒引起的一种急性、高度接触性传染病，主要侵害鸡和火鸡。其他禽类和野禽也能感染，还能感染人。其典型特征为呼吸困难、下痢、神经紊乱、腺胃乳头出血和小肠中后段局灶性出血和坏死。虽然已经广泛接种疫苗预防，但该病目前仍是主要和危险的禽病之一，我国将其列为一类动物疫病。

【病原体】　新城疫病毒为副黏病毒科新城疫病毒属的禽副黏病毒Ⅰ型，病毒呈球形，直径 140～170 nm，能凝集鸡、鸭、鸽子、火鸡、人、小鼠等的红细胞。病毒存在于病禽的所有组织器官、体液、分

泌物和排泄物中，以脑、脾、肺含毒量较高，以骨髓含毒时间最长。病毒的抵抗力较强，但在直射日光下很快死亡，普通消毒剂也能很快将其杀死。很多种因素都能影响消毒剂的效果，如病毒的数量、毒株的种类、温度、湿度、阳光照射、储存条件及是否存在有机物等，尤其是以有机物的存在和低温的影响作用较大。

【流行特点】 鸡、火鸡、鸭、鹅等多种家禽和野禽对本病有易感性，以鸡最易感，各种年龄鸡均可感染，雏鸡比成年鸡易感性更强。一年四季均可发生，以春、秋两季多发。病鸡、带毒鸡及其他带毒禽是本病的主要传染源。各种分泌物和排泄物均可排出病毒。感染鸡在出现症状前 24 h 即可排毒。主要传播途径是呼吸道和消化道；还可经创伤皮肤、结膜、交配等途径传染。易感鸡群感染速发型病毒(特别是嗜内脏型)后，一般呈流行性，发病率和病死率均高达 90%以上；但免疫鸡群常呈非典型，发病率和病死率均不大。

【临床症状】

①最急性型。多见于新城疫的暴发初期，鸡群无明显异常，突然出现急性死亡病例。

②急性型。最为常见。在突然死亡病例出现后几天，鸡群内病鸡明显增加。病鸡眼半闭或全闭，呈昏睡状，头颈卷缩、尾翼下垂，废食，病初期体温升高(可达 43～44 ℃)。饮水增加，但随着病情加重而废饮。冠和肉髯蓝色或紫黑色。嗉囊内充满硬结未消化的饲料或充满酸臭的液体，口角常有分泌物流出。呼吸困难，有啰音，张口伸颈，年龄越小越明显，同时发出怪叫声。下痢，粪便呈黄绿色，混有大量黏液，泄殖腔充血、出血。产蛋鸡产蛋量下降，蛋壳褪色或变成白色，软壳蛋、畸形蛋增多，种蛋受精率和孵化率明显下降。病鸡出现神经症状，以雏鸡多见。表现为全身抽搐、扭颈，呈间歇性，有的瘫腿和翅麻痹。病程 2～5 天，1 月龄以内的鸡病程短，症状不明显，病死率高。

③亚急性或慢性型。在经过急性期后仍存活的鸡，陆续出现神经症状，盲目前冲、后退，转圈，啄食不准确。头颈后仰望天或扭曲在背上方等，其中一部分鸡因采食不到饲料而逐渐衰竭死亡，但也有少数神经症状的鸡能存活并基本正常生长和增重。此型多见于流行后期的成年鸡，病死率较低。

④非典型。新城疫多见于免疫鸡群，特别是二免前后的鸡发病最多，但发病率和死亡率低于典型新城疫，仅表现为呼吸道症状和神经症状。

【病理变化】

①典型新城疫：本病的主要病理变化是全身黏膜和浆膜出血，以消化道最为严重。典型病变是腺胃乳头明显出血；小肠黏膜有紫红色的枣核状出血和坏死，病灶表面有黄色和灰绿色纤维素性假膜覆盖。假膜脱落后即成溃疡；喉、气管黏膜充血、出血，肺有时可见淤血、水肿；盲肠扁桃体常见肿大、出血和坏死；直肠黏膜常呈条纹状出血；脑膜充血或出血；肝和脾无明显变化。产蛋鸡卵泡和输卵管显著充血，卵泡膜极易破裂以致卵黄流入腹腔引起卵黄性腹膜炎。肝、脾、肾无明显的病变。

②非典型新城疫：大多可见到喉气管黏膜不同程度的充血、出血；输卵管充血、水肿；直肠黏膜、泄殖腔和盲肠、扁桃体多见出血，且回肠黏膜表面常有枣核样肿大突起。

【检疫方法】

①病毒培养鉴定：样品经处理后，接种 9～10 日龄 SPF 鸡胚，37 ℃孵育 4～7 天，收集尿囊液做 HA 试验测定效价，用特异抗血清(鸡抗血清)或 HI 试验判定 ND 病毒存在。

②血清学试验：血凝试验、血凝抑制试验、酶联免疫吸附试验等均可用于本病检测。

【检疫处理】 确诊为新城疫的鸡群和可疑鸡要全部销毁。垃圾、粪便等焚烧或深埋，笼舍、场地应彻底消毒。假定健康鸡全群隔离饲养，并进行紧急免疫接种，如在接种观察期内出现可疑鸡，亦按销毁方法处理。观察 21 天后，对临诊健康、免疫滴度达到 25 以上的鸡，经体表消毒后按健康鸡对待。发生过新城疫的鸡场在半年之内，其鸡不准出售、外运。

【防疫措施】 按照鸡的免疫程序做好本病的预防接种；发病时，封锁鸡场，严禁病鸡转运买卖。注意消毒，死鸡、粪便、羽毛及饲槽中剩余饲料等深埋或焚烧。病鸡急宰并进行无害化处理，对未发病的鸡群紧急预防接种。

（二）鸡马立克氏病

马立克氏病是马立克氏病毒引起的鸡的一种淋巴组织增生性肿瘤病，其特征为外周神经淋巴样细胞浸润和增大，引起肢（翅）麻痹，以及性腺、虹膜、各种脏器、肌肉和皮肤肿瘤病灶。本病是一种世界性疾病，是危害养鸡业健康发展的三大主要疫病之一，可引起鸡群较高的发病率和死亡率。

【病原体】 马立克氏病毒是双股DNA病毒，属于疱疹病毒科疱疹病毒甲亚科的成员，又称禽疱疹病毒2型，病毒近似球形，为二十面体对称。在机体组织内，病毒有两种存在形式：一种是病毒颗粒外面无囊膜的裸体病毒，存在于肿瘤组织中，是一种严格的细胞结合型病毒；另一种为有囊膜的完整病毒，存在于羽毛囊上皮细胞中，属非细胞结合型病毒。在细胞内常可看到核内包涵体。

有囊膜的病毒有较强的抵抗力。在垫草中经44～112天，在鸡粪中经16周仍有活力。在无细胞滤液中，经−65 ℃冻结后，210天后其滴度未见下降。病毒于4 ℃存放2周，22～25 ℃ 4天、37 ℃ 18 h、56 ℃ 30 min、60 ℃ 10 min即被灭活。

【流行特点】 鸡马立克氏病多见于2～5月龄鸡。病鸡和带毒鸡为主要传染源，病毒存在于血液，肿瘤、羽毛囊上皮，其中以后者传播作用最为重要。脱离的角化毛囊上皮、毛屑、灰尘是重要的传播媒介。高度接触传染，主要是呼吸道，其次为消化道。

【临床症状】 根据病变发生的主要部位分为四型。

①神经型（古典型）：多见于弱毒感染或HVT免疫失败的青年鸡（2～4月龄）主要侵害外周神经，造成不全或完全麻痹，可发生在机体一个或数个部位，通常多发生在两翅和两腿，多为一侧。腿横卧、劈叉，姿势有特征性，翅下垂，拖地而行。

②内脏型（急性型）：内脏器官发生肿瘤，缺乏特征性症状，突然发病，流行迅速，病程短，死亡率高。

③眼型：虹膜色素（特征）消失，变为灰色，瞳孔边缘不整，视光反应迟钝或失明。

④皮肤型：此种病型仅在宰后拔毛时发现羽毛囊肿大，形成结节或瘤状物，此种病变常见于躯干、背、大腿生长粗干羽毛部位。

【病理变化】

①古典型：受害神经肿大，增粗2～3倍，外观似水中浸泡过，黄（灰）白色，纹理不清或消失，与对侧神经对比，有助于鉴别。

②内脏型：性腺最多见，肾、脾、肝、心、肺、肠系膜、腺胃、肠道肌肉组织等出现大小不等、质地坚硬、灰白色肿瘤块，肿瘤呈弥漫性增长时，器官肿大。

③皮肤病变：以羽毛囊为中心，呈半球状突出于表面，或融合呈丘状；法氏囊通常萎缩。

组织学变化肾皮、髓质萎缩，坏死，囊肿形成，滤泡间淋巴细胞浸润。

【检疫方法】 通过病毒分离鉴定、血清学试验、组织学检查及核酸探针等方法进行确诊。琼脂扩散试验简单易行，适宜现场及基层单位采用，利用马立克氏病抗血清确定病鸡羽毛囊中有无该病毒存在，进而确诊。

【检疫处理】 鸡马立克氏病属二类动物疫病。在检疫中发现鸡马立克氏病时，应及时分群隔离，彻底淘汰病鸡、阳性鸡和可疑鸡，做好清洁、消毒和饲养管理工作。

【防疫措施】 由于雏鸡马立克氏病的易感性高，尤其是1日龄的雏鸡易感性最高，综合防疫措施如下。

①加强鸡舍环境卫生与消毒工作，尤其是孵化卫生与育雏鸡舍的消毒，防止雏鸡的早期感染，这是非常重要的，否则即使出壳后即刻免疫有效疫苗，也难防止发病。

②加强饲养管理，改善鸡群的生活条件，增强鸡体的抵抗力，对预防本病有很大的作用。饲养管理不善，环境条件差或某些传染病如球虫病等常是重要的诱发因素。

③坚持自繁自养，防止在购入鸡苗的同时将病毒带入鸡舍。采用全进全出的饲养模式，避免不同日龄的鸡混养于同一鸡舍。

④防止应激因素和预防能引起免疫抑制的疾病，如鸡传染性法氏囊病、鸡传染性贫血病毒病、网

状内皮组织增生病等。

⑤对发生本病的处理。一旦发生本病，在感染的场地清除所有的鸡，将鸡舍清洁消毒后，空置数周再引进新雏鸡。一旦开始育雏，中途不得补充新鸡。

（三）鸭瘟

鸭瘟是由鸭瘟病毒引起的鸭和鹅的一种急性、热性、败血性传染病。主要特征为体温升高，两腿麻痹，流泪和眼睑水肿，部分病鸭头颈肿大。食道和泄殖腔黏膜有坏死性假膜和溃疡，肝脏有坏死灶和出血点。

【病原体】 鸭瘟病毒为双股 DNA 病毒，属疱疹病毒科、疱疹病毒甲亚科，呈球形，有囊膜。鸭瘟病毒不能凝集动物红细胞，也无红细胞吸附作用。本病毒对外界因素的抵抗力不强，一般消毒方法都可迅速杀死。

【流行特点】 主要发生于鸭，不同日龄和品种的鸭均可感染，以番鸭、麻鸭易感性较高，北京鸭次之。成年鸭和产蛋鸭发病和死亡较为严重，病死率 90%～100%。1 个月以下雏鸭发病较少。在自然情况下，鹅和病鸭密切接触也能感染发病，在有些地区可引起流行。雏鹅敏感，病死率也高。鸡对鸭瘟抵抗力强。

鸭瘟的传播途径主要是消化道，也可以通过交配、眼结膜和呼吸道而传染，吸血昆虫也可能成为本病的传播媒介。人工感染时，经滴鼻、点眼、泄殖腔接种、皮肤刺种、肌内注射和皮下注射均可使易感鸭发病。本病一年四季都可发生，但一般以春夏之际和秋季流行较为严重。因为此时鸭群大量上市，饲养量多，各地鸭群接触频繁，如检疫不严，容易造成鸭瘟的发生和流行。某些野生水禽感染病毒后，可成为传播本病的自然疫源和媒介。

【临床症状】 潜伏期一般为 3～4 天。发病初期出现一般症状，之后两腿麻痹无力，行走困难，全身麻痹时伏卧不起，流泪和眼睑水肿，均是鸭瘟的特征。病鸭下痢，粪便稀薄，呈绿色或灰白色。肛门周围的羽毛被污染或结块。眼分泌物初为浆液性，继而黏稠或为脓样，上下眼睑常粘连。部分病鸭头部肿大或下颌水肿，故俗称"大头瘟"或"肿头瘟"。

【病理变化】 呈败血症病变，体表皮肤有许多散在的出血点，眼睑常粘连一起。其特征性病变为食道黏膜有纵行排列的灰黄色假膜覆盖或小出血斑点，假膜易剥离，剥离后食道黏膜留有溃疡；肠黏膜充血、出血，以盲肠和直肠较为严重；泄殖腔黏膜表面覆盖一层灰褐色或黄绿色假膜，黏着力很牢固，不易剥离。肝脏不肿大，肝表面有大小不等的出血点和灰黄色或灰白色坏死点，少数坏死点中间有小出血点或其周围有环形出血带。气管出血，肺脏淤血、水肿、出血。鹅感染鸭瘟病毒后的病变与鸭瘟相似。

【检疫方法】 采集病鸭肝、脾或脑等病料制成悬液，加抗生素处理后接种 10～14 日龄鸭胚分离病毒，收集尿囊液进行鉴定。常用的鉴定方法有 ELISA、中和试验、直接或间接免疫荧光试验。

【检疫处理】 确诊为鸭瘟时，立即采取隔离和消毒措施。扑杀并无害化处理病鸭和同群鸭。鸭舍、场地和污染环境彻底消毒，禁止病鸭外调和出售，停止放牧，防止病原体扩散。对可疑感染和受威胁的鸭群进行紧急疫苗接种，迅速控制疫情。

【防疫措施】 病愈鸭和人工免疫鸭均可获得坚强的免疫力。定期做好免疫接种，疫区要隔离病鸭。做好鸭舍和用具的消毒工作。病鸭及早宰杀无害化处理。被病鸭污染的池塘应停止放鸭下水，最少隔离 1 年才可使用。

（四）小鹅瘟

小鹅瘟是由小鹅瘟病毒所引起的雏鹅的一种急性或亚急性的败血性传染病。主要特征是侵害 4～20 日龄以内的雏鹅，传播快、发病率高、死亡率高。急性型表现为全身败血症，渗出性肠炎，小肠黏膜表层大片脱落，与纤维素性渗出物凝固形成栓子，形如腊肠状为其特征。

【病原体】 小鹅瘟病毒为细小病毒属，球形，直径 20～25 nm，只有一个血清型，抵抗力较强，在 −20 ℃至少存活 2 年，56 ℃达 3 h，对碱性消毒剂敏感。

【流行特点】 带毒的种鹅和发病的雏鹅是传染源。鹅和番鸭的幼雏较易感。不同品种的雏鹅易感性相似。发病的雏鹅通过粪便大量排毒，污染了饲料、饮水，经消化道感染同舍内的其他易感雏鹅，从而引起本病在雏鹅群内的流行。主要发生于20日龄以内的小鹅，1周龄以内的雏鹅死亡率可达100%，10日龄以上者死亡率一般不超过60%，雏鹅的易感性随着日龄的增长而减弱。20日龄以上的发病率低，而1月龄以上的则极少发病。

【临床症状】 潜伏期为3～5天，根据病程分为最急性、急性和亚急性3型。

①最急性型：多发生在1周龄内的雏鹅，往往不显现任何症状而突然死亡。发病率可达100%，死亡率高达95%以上。常见雏鹅精神沉郁，后数小时内即表现极度衰弱，倒地后两腿乱划，迅速死亡，死亡的雏鹅喙及爪尖发绀。

②急性型：常发生于1～2周龄的雏鹅，食欲减少或丧失，饮水增加。站立不稳，喜蹲卧，落后于群体。排出黄白色或黄绿色稀粪，并杂有气泡、纤维碎片、未消化饲料。喙端发绀，蹼色泽变暗。死前两腿麻痹或抽搐，或者出现勾头、仰头、角弓反张。

③亚急性型：多发生于流行后期，2周龄以上，尤其是3～4周龄。病雏鹅消瘦，站立不稳，腹泻，稀粪中有大量未消化的饲料、纤维碎片和气泡。少数能自愈，但生长不良。成年鹅感染小鹅瘟病毒后往往不表现明显的临床症状，但可带毒排毒，成为最重要的传染源。

【病理变化】 最急性型病例除肠道有急性卡他性炎症外，其他器官的病变一般不明显。急性型病例表现为全身败血症变化，肠道外观肿胀，小肠中下段黏膜坏死、脱落，心脏有明显急性心力衰竭变化，心脏变圆，心房扩张，心壁松弛，心肌晦暗无光泽，颜色苍白。肝脏肿大。本病的特征性变化是小肠中段、下段极度膨大，质地坚实，状如香肠，剖开肠管，可见肠腔内充塞着淡灰色或淡黄色纤维素性栓子；亚急性型病例主要表现为肠道内形成纤维素性栓子。

【检疫方法】

①病原学诊断：可取病雏鹅的脑、脾或肝的匀浆上清液，接种于12～14日龄鹅胚或原代细胞培养。鹅胚接种含毒材料后，可在5～7天内死亡，主要变化为胚体皮肤充血、出血及水肿，心肌变性呈白色。

②血清学诊断：死亡鹅胚或细胞培养中的病毒可用免疫荧光试验或中和试验进一步证实。检查血清中特异抗体的方法有中和试验、琼脂扩散试验及ELISA试验。此外还可用PCR进行检测。

【检疫处理】 小鹅瘟为我国二类动物疫病，检疫中一经发现，即应按照二类动物疫病的处理原则进行处理。发病鹅场需要严格消毒；发病和受威胁雏鹅群在隔离基础上，注射高免血清，可起到治疗和预防作用；对病死鹅要进行深埋或销毁处理；对同群未感染的雏鹅和假定健康鹅，应用小鹅瘟抗血清紧急接种治疗。

【防疫措施】 ①加强消毒，包括种蛋的消毒，全场定期消毒，对垫草、料槽、场地，应用百毒杀进行喷雾消毒。对病死鹅要进行深埋，加入消毒粉(如三氯异氰尿酸钠、生石灰等)处理。②把好引种关，引进健康鹅。防止带回疫病，已引进的要隔离饲养观察。

（五）鸡球虫病

鸡球虫病是由艾美耳属的一种或多种球虫引起的急性流行性寄生虫病。雏鸡多发出血性肠炎，排血便，发病率和死亡率均高，10～30日龄的雏鸡或35～60日龄的青年鸡的发病率和致死率可高达80%。病愈的雏鸡生长受阻，增重缓慢；成年鸡一般不发病，但为带虫者，增重和产蛋能力下降，是传播球虫病的重要病源。

【病原体】 病原体为原虫中的艾美耳科艾美耳属的球虫。世界各国已经记载的鸡球虫种类共有13种之多，我国已发现9种，在鸡肠道内寄生部位不一样，其致病力也不相同，其中有2种致病力特别强。柔嫩艾美耳球虫寄生于盲肠，致病力最强；毒害艾美耳球虫寄生于小肠中三分之一段，致病力强。在临床上这两种球虫往往混合感染。

球虫寄生于肠上皮细胞内，球虫卵囊随病鸡粪便排出体外。在温暖和潮湿环境里，卵囊经1～3

天发育成具有侵袭性的孢子卵囊，内含有发育的孢子，这种孢子卵囊被病鸡吞食后感染发病。

【流行特点】 各个品种的鸡均有易感性，15～50 日龄的鸡发病率和致死率都较高，病愈的雏鸡生长受阻，增重缓慢；成年鸡一般不发病，但为带虫者，增重和产蛋能力下降，是传播球虫病的重要病源。病鸡是主要传染源，凡被带虫鸡污染过的饲料、饮水、土壤和用具等，都有卵囊存在。鸡感染球虫的途径主要是吃了感染性卵囊。

【临床症状】 病鸡精神沉郁，羽毛蓬松，头卷缩，食欲减退，嗉囊内充满液体，鸡冠和可视黏膜贫血、苍白，逐渐消瘦，病鸡常排红色胡萝卜样粪便，若感染柔嫩艾美耳球虫，开始时粪便为咖啡色，以后变为完全的血粪，如不及时采取措施，致死率可达 50%以上。若多种球虫混合感染，粪便中带血，并含有大量脱落的肠黏膜。

【病理变化】 病鸡消瘦，鸡冠与黏膜苍白，内脏变化主要发生在肠管，病变部位和程度与球虫的种别有关，主要侵害盲肠和小肠中段。柔嫩艾美耳球虫主要侵害盲肠，盲肠显著肿大，可为正常的 3～5 倍，肠腔中充满凝固的或新鲜的暗红色血液，盲肠上皮变厚，有严重的糜烂；毒害艾美耳球虫损害小肠中段，使肠壁扩张、增厚，有严重的坏死。在裂殖体繁殖的部位，有明显的淡白色斑点，黏膜上有许多小出血点。肠管中有凝固的血液或有胡萝卜色胶冻状的内容物；巨型艾美耳球虫损害小肠中段，可使肠管扩张，肠壁增厚；内容物黏稠，呈淡灰色、淡褐色或淡红色。若多种球虫混合感染，则肠管粗大，肠黏膜上有大量的出血点，肠管中有大量的带有脱落的肠上皮细胞的紫黑色血液。

【检疫方法】 用饱和盐水漂浮法或粪便涂片查到球虫卵囊，或死后取肠黏膜触片或刮取肠黏膜涂片查到裂殖体、裂殖子或配子体，均可确诊为球虫感染，但由于鸡的带虫现象极为普遍，因此，是不是由球虫引起的发病和死亡，应根据临诊症状、流行病学资料、病理剖检情况和病原学检查结果进行综合判断。

【检疫处理】 发现病鸡，立即隔离治疗，对同群雏鸡及早进行药物治疗；彻底清除垃圾、粪便，更换垫料，改善饲养管理条件；对病鸡及时焚烧或深埋。

【防疫措施】 成年鸡与雏鸡分开喂养，以免带虫的成年鸡散播病原体导致雏鸡暴发球虫病。保持鸡舍干燥、通风和鸡场卫生，定期清除粪便，堆放发酵以杀灭卵囊。保持饲料、饮水清洁，笼具、料槽、水槽定期消毒，一般每周一次，可用沸水、热蒸汽或 3%～5%热碱水等处理。

知识拓展与链接

新城疫诊断技术

课程评价与作业

1. 课程评价

通过对禽类的传染病和寄生虫病的深入讲解，学生熟悉禽主要疫病的临诊检疫要点，包括疫病的临床症状和病理变化，熟练掌握不同疫病的实验室检疫技术，能够诊断不同疫病，并具备不同疫病检疫后处理的能力。教师将各种教学方法结合起来，以学生为主体，教师为主导，充分发挥主体和主导的积极性，教学过程设计符合学生的认识规律，真正达到预期的教学目标。

2. 作业

线上评测

思考与练习

1. 禽流感和鸡新城疫的临诊检疫要点有什么不同？如何对这两种疫病进行鉴别检疫？
2. 鸭瘟的临诊检疫要点有哪些？作为检疫人员，当发生鸭瘟时该如何处理？
3. 简述鸡球虫病的临诊检疫要点及实验室检疫方法。

任务四　牛、羊疫病的检疫与鉴别

扫码看课件
7-4

学习目标

▲知识目标

1. 了解牛、羊主要疫病的实验室检疫要点，掌握主要检疫方法。
2. 了解常见牛、羊疫病的流行病学、临床症状等特征，掌握牛、羊主要疫病的鉴别诊断方法。

▲技能目标

1. 通过学习，能够对牛、羊主要疫病进行鉴别诊断，能正确区分牛、羊主要疫病的异同。
2. 通过学习，具备对牛、羊主要疫病进行综合分析和诊断疾病的能力。

▲思政目标

牛、羊主要疫病包括牛、羊传染病和寄生虫病，它们不仅直接危害牛、羊的健康，降低其生产性能，还对畜牧业造成巨大经济损失。通过学习牛、羊主要疫病的鉴别诊断，培养学生强烈的职业使命感，以及掌握对牛、羊主要疫病综合分析和诊断的能力，从而达到对牛、羊主要疫病进行正确检疫的目的。

▲知识点

1. 牛、羊主要疫病的检疫。
2. 牛、羊主要疫病的鉴别。

一、牛、羊主要疫病的检疫

（一）牛海绵状脑病(BSE)

本病又称疯牛病。它是由感染性蛋白因子PrP(朊病毒)引起的牛的一种慢性、消耗性、致死性中枢神经系统病变的疾病。主要特征为潜伏期长，病情逐渐加重，行为反常，运动失调，轻瘫，体重减轻，脑灰质海绵状水肿和神经元空泡形成，终归死亡。它是成年牛的一种致命性神经性疾病。

【病原体】　朊病毒是一种没有核酸、具有传染性的蛋白颗粒，对物理化学因素具有非常强的抵抗力。

【流行特点】　流行无明显的季节性。种牛及带毒牛为传染源，带毒动物肉骨粉污染的饲料亦是主要的传染源。经消化道感染，亦可水平或垂直传播。其潜伏期可以长达3～8年，3～11岁牛易感，以4～6岁青壮年牛多发，奶牛比肉牛易感。

【临床症状】 行为异常，不安、恐惧、异常震惊或沉郁，不自主运动，磨牙，震颤。感觉或反应过敏，对颈部触摸、光线的明暗变化以及外部声响过度敏感，运动异常，步态呈“鹅步”状，共济失调，四肢伸展过度，有时倒地，难以站立，体重和体况下降，最后因衰竭而死。病程短的2周，长的达1年，一般在1～6个月死亡。病牛几乎全部死亡或被扑杀。

【病理变化】 尸体剖检无明显肉眼可见病变，特征病变为牛大脑灰质神经基质的海绵状病变和双侧对称分布的大脑神经元空泡病变，主要分布在延髓和脑干。

【检疫要点】

(1) 初步诊断：主要依据是以行为异常、恐惧和过敏为主的神经症状，特征性的组织病理学变化。

(2) 病理学检查：采病变多发部位延髓、脑桥、中脑、丘脑等病料供组织病理学检查，组织切片染色镜检。脑干灰、白质呈对称性海绵状变性水肿，神经纤维网中有一定数量的不连续的卵形或球形空洞；神经细胞和神经纤维网中形成海绵状空泡即可确诊。

(3) 生物技术检测：采用 PrP 免疫印迹和免疫细胞化学检查方法，特异性强、灵敏度高，已成为目前 BSE 的主要检测手段。

【检疫处理】 本病为世界动物卫生组织(OIE)规定的必须通报的动物疫病，我国的一类动物疫病。

(1) 发现疑似病例后，省级动物防疫监督机构应立即将采集的病料送国家牛海绵状脑病参考实验室进行确诊。

(2) 病牛全部扑杀、销毁，可疑病牛及其产品严禁出口和消费。

(3) 目前，我国尚无本病，为了防止牛海绵状脑病流入我国，禁止从有疯牛病发生的国家和地区进口牛、羊及精液、胚胎、肉粉、骨粉、肉制品等其他产品。

(二) 牛病毒性腹泻(黏膜病)

本病又称为黏膜病，它是由牛病毒性腹泻病毒引起的以黏膜发炎、糜烂、坏死、胃肠炎和腹泻为特征的疾病。

【病原体】 牛病毒性腹泻病毒，又名黏膜病病毒，属于黄病毒科瘟病毒属，有囊膜，呈圆形，基因组为单股 RNA。本病毒与猪瘟病毒、边界病病毒有共同抗原。

【流行特点】 常年均可发生，但易发生于冬春季节。6～18月龄幼牛易感性高，患病牛和隐性感染牛及康复后带毒牛是主要传染源，可通过粪便、呼吸道分泌物、眼分泌物排毒，污染周围环境。主要经消化道和呼吸道感染，亦可通过胎盘感染，公牛精液带毒也可传染。

【临床症状】 急性型的主要表现为突然发病，体温升高至 40～42 ℃，眼鼻有黏液性分泌物，可能有鼻镜及口腔黏膜表面糜烂、舌面上皮坏死、流涎增多等口腔损害的症状。常伴有水样腹泻，恶臭，含有大量黏液和血液。口、鼻、会阴部等处的黏膜充血、糜烂。母牛在妊娠期感染本病常流产或产先天缺陷犊牛。慢性的很少见明显的发热，主要表现为鼻镜出现糜烂，蹄部趾间皮肤坏死和蹄叶炎，引起跛行。

【病理变化】 主要病变在整段消化道，黏膜充血、出血、糜烂或溃疡等。特征性病变是食管黏膜有大小不等和形状不一的直线排列的糜烂，肠系膜淋巴结肿胀。

【检疫要点】

(1) 初步诊断：根据流行病学、临床症状和病理变化作出初检。

(2) 病原学检查：无菌采集抗凝血、鼻液、脾、淋巴结等病料，送检，细胞培养后进行病毒鉴定，亦可进行病毒荧光抗体检查。

(3) 血清学检查：无菌采血，分离血清，送检，通过琼脂扩散试验、中和试验、荧光抗体试验、补体结合试验等均可确检。

【检疫处理】 对病牛、阳性牛立即隔离扑杀，整个胴体及副产品进行无害化处理，彻底消毒；同群其他动物在隔离场或检疫机关指定的地点隔离观察。

（三）牛传染性胸膜肺炎

本病又称牛肺疫，是由丝状支原体引起牛的一种高度接触性传染病，它的主要特征是浆液性纤维素性胸膜肺炎。

【病原体】 丝状支原体，革兰氏染色阴性，可在加有血清的肉汤琼脂中生长出典型的菌落。对外界的抵抗力较弱，日光下，几小时即失去毒力。干燥、高温都可使其迅速死亡，但在病肺组织冻结状态中，能保持毒力1年以上，培养物冻干可保存毒力数年，对化学消毒剂抵抗力不强，对青霉素和磺胺类药物、龙胆紫则有抵抗力。

【流行特点】 主要感染牛，各种品种、不同年龄的牛均有较高易感性，新发病牛群常呈急性暴发，以后转为地方性流行，老疫区多呈散发。

【临床症状】 急性型表现为高热稽留，呼吸困难，鼻翼扩张，发出“吭”声，腹式呼吸，立而不卧，干咳带痛，叩诊肺部有水平浊音或实音，听诊时有啰音或摩擦音。可视黏膜发绀，腹泻和便秘交替发生，病牛迅速消瘦，呼吸更加困难，流鼻涕或口流白沫，痛苦呻吟，濒死前体温下降，常因窒息而死。整个病程15～30天。

【病理变化】 剖检可见特征性病变在肺和胸膜上，典型病变是大理石样肺和浆液纤维素性胸膜肺炎。肺实质存在不同阶段的肝变，切面红灰相间，呈大理石状花纹。肺间质水肿增宽，淋巴管扩张，呈灰白色。肺内有坏死灶。胸腔有大量含絮状纤维素性积液，胸膜肥厚、粗糙、粘连。肺门淋巴结及纵隔淋巴结肿大，出血。末期，肺组织坏死，干酪化或脓性液化，形成脓腔、空洞或瘢痕。

【检疫要点】

(1) 初步诊断：根据流行病学、临床症状和病理变化作出初检。

(2) 病原学检查：无菌采取肺组织、胸腔积液（胸水）或淋巴结等病料，接种于10%马血清马丁琼脂培养基，封严平皿防止水分蒸发，置37 ℃培养观察2～7天，选择透明、露滴状、中央有乳头状突起的圆形小菌落，进行吉姆萨染色或瑞氏染色，在显微镜下见多形菌体即可确检。

(3) 血清学检查：常用补体结合试验法，但此法有1%～2%的非特异反应，特别是注射疫苗后2～3个月内呈阳性或疑似反应，应引起注意。玻片凝集试验结合琼脂扩散试验可检出自然感染牛。荧光抗体试验可检出鼻腔分泌物中的丝状支原体。

【检疫处理】 本病为世界动物卫生组织（OIE）规定的必须通报的动物疫病，我国的一类动物疫病。

(1) 不从疫区调牛。在进境牛检疫时发现阳性的，牛群进行全部退回或扑杀销毁处理。

(2) 发现可疑病畜应立即上报疫情，采取紧急、强制性的控制和扑灭措施。扑杀病畜和同群畜，无害化处理动物尸体。对环境及器械进行彻底消毒，消灭病原体。

(3) 疫区和受威胁地区牛群可进行牛传染性胸膜肺炎弱毒菌苗的免疫接种。

（四）牛地方性白血病

本病又称牛白血病、牛淋巴肉瘤，是由牛白血病病毒引起牛的一种淋巴样细胞恶性增生，以进行性恶病质变化和全身淋巴结肿大为特征的一种慢性、进行性、接触传染性肿瘤病。

【病原体】 牛白血病病毒，属于反转录病毒科肿瘤病毒亚科，是C型RNA病毒。该病毒抵抗力较弱，超速离心等常规处理可降低毒力，56 ℃ 30 min可完全灭活。

【流行特点】 自然条件下主要感染牛，主要侵害奶牛，其次是肉牛、水牛和黄牛。4～8岁的牛易感性最高，呈地方性流行。牛地方性白血病的特点是感染率高，发病率低，病死率高。

【临床症状】 潜伏期很长，为4～5年，根据临床表现可分为亚临床型和临床型。

(1) 亚临床型：临床上无明显全身症状，仅血液中白细胞或淋巴细胞数目异常增多，多数牛可持续多年或一生。

(2) 临床型：体温一般正常，有时略升高。食欲不振、生长缓慢，体重减轻。全身淋巴结显著增大，触诊无热无痛，能移动，以下颌、腮、肩前及股前淋巴结较为明显。通常以死亡而告终，但其病程

可因肿瘤病变发生的部位、程度不同而异，一般在数周至数月之间。

【病理变化】 主要为腹股沟浅淋巴结、髂淋巴结、肠系膜淋巴结以及内脏淋巴结高度肿大，被膜紧张，呈均匀灰色，柔软，切面突出，有出血和坏死。全身出现广泛性淋巴肿瘤。各脏器、组织形成大小不等的结节性肉芽肿病灶，真胃、心脏和子宫较常发生病变。组织学检查可见肿瘤细胞浸润和增生。血液学检查可见白细胞总数增加，淋巴细胞可增加75%以上，未成熟的淋巴细胞可增加25%以上。血液学变化在病程早期最明显，随着病程的进展血象转归正常。

【检疫要点】

(1) 初步诊断：根据流行病学、症状及剖检特征可作出初检。

(2) 病原学检查：外周血淋巴细胞培养分离，然后用电子显微镜(简称电镜)或牛白血病病毒抗原测定法鉴定。在外周血中，可用聚合酶链式反应(PCR)检测病毒 DNA；在肿瘤中，可用 PCR 和原位杂交检测。

(3) 血清学检查：琼脂扩散试验是目前常用的确检方法之一。也可根据检疫条件选用补体结合试验、中和试验、酶联免疫吸附试验、荧光抗体试验或放射免疫技术等作出确检。

【检疫处理】

(1) 发现病牛，立即淘汰，隔离可疑感染牛，在隔离期间加强检疫，发现阳性立即淘汰。做好保护健康牛的综合性防范措施。

(2) 屠宰检疫检验时，凡宰前检疫发现本病及可疑病牛，用不放血方式扑杀，宰后检验，发现本病后卫生处理同宰前。

（五）牛传染性鼻气管炎

本病又称坏死性鼻炎和红鼻病，是由牛传染性鼻气管炎病毒引起的一种急性、热性、高度接触性呼吸道传染病。主要特征为呼吸道黏膜炎症、呼吸困难、流鼻汁，还可引起生殖道感染、结膜炎、脑膜脑炎、流产、乳房炎等多种病型。

【病原体】 牛传染性鼻气管炎病毒，又称牛疱疹病毒，属于疱疹病毒科水痘病毒属，呈圆形，有囊膜，基因组为双股 RNA。病毒对0.5%氢氧化钠、1%来苏儿、1%漂白粉均敏感。

【流行特点】 多发生于寒冷季节。肉牛多发，其中20～60日龄犊牛最易感，且病死率也较高。病牛和带毒牛是主要传染源，病毒随呼吸道分泌物排出，经呼吸道感染。经人工授精和交配也可传染，病毒可经胎盘侵入胎儿。舍饲牛群过分拥挤，也可促进本病的传播。

【临床症状】 潜伏期一般为4～6天，有的可达20天以上。根据患病动物感染器官的不同，可分为多种临床类型，其中最常见的为呼吸道感染，伴有结膜炎、流产和脑膜脑炎；其次是脓疱性外阴阴道炎或龟头包皮炎。

(1) 呼吸道型：病牛体温升高达39.5～42 ℃，精神委顿，食欲不振或废绝，鼻镜高度充血、发炎，称为"红鼻子"，鼻腔流出大量黏液脓性鼻汁，鼻黏膜高度充血，并散在脓疱性颗粒或浅溃疡。呼吸急促、困难，呼出气有臭味，常有咳嗽。重症病例发病后数小时内即死亡，大多数病程在10天以上。

(2)生殖道型：母牛外阴部肿胀，阴道黏膜充血，尿频且有痛感，阴道有黏液性、脓性分泌物。重者阴门黏膜散发水疱或脓疱，破裂后形成溃疡和坏死假膜。公牛龟头、包皮充血肿胀，包皮上可见与阴道黏膜相同的病变。部分公牛可不表现症状而长期带毒和排毒，成为传染源。

(3) 脑膜脑炎型：主要发生于4～6月龄犊牛，病初体温达40 ℃，流鼻汁，流泪，呼吸困难。随后表现为肌肉痉挛，兴奋，惊厥，口吐白沫，最后不能站立，角弓反张，四肢划动，最终昏迷而死亡。

(4)眼型：流泪，结膜高度充血，角膜混浊，流浆性、脓性分泌物。

(5) 流产型：多于孕后5～8个月流产或产弱胎、死胎。

(6) 肠炎型：见于2～3周龄的犊牛，在发生呼吸道症状的同时，出现腹泻，甚至排血便，病死率20%～80%，

【病理变化】 呼吸道黏膜发炎，有浅溃疡，在咽喉、气管及支气管黏膜表面有腐臭黏液性、脓性分泌物，眼结膜和角膜表面形成白斑。外阴和阴道黏膜有白斑、糜烂和溃疡。流产胎儿的肝、脾局部

坏死，部分皮下水肿。常伴有真胃黏膜发炎及溃疡，大小肠有卡他性肠炎。

【检疫要点】

(1) 初步诊断：根据流行病学、症状及剖检特征可作出初检。

(2) 病原学检查：可采集呼吸道、生殖道或眼部分泌物，脑组织及流产胎儿心、血、肺等病料，在牛肾细胞培养物中培养并进行分离，利用荧光抗体或中和试验鉴定病毒，也可用 DNA 限制性内切酶酶切分析和 PCR 等方法进行分子病原学检测。

(3) 血清学检查：采集急性期和恢复期的双份血清测定抗体的上升情况是确检的主要依据。中和试验、酶联免疫吸附试验、免疫荧光试验、琼脂扩散试验、间接血凝试验等均可确检。

【检疫处理】

(1) 发现病牛和确检阳性牛应立即用不放血方式扑杀，尸体深埋或焚烧。同群动物在隔离场或其他指定地点隔离观察并全面彻底消毒。

(2) 对可疑牛及时隔离、观察，加强检疫和消毒。

(3) 屠宰检疫检验时，凡宰前检疫发现本病及可疑病牛，用不放血方式扑杀，尸体销毁。

（六）牛流行热

本病又称三日热或暂时热，是由牛流行热病毒引起的急性、热性、全身性传染病。主要特征为突发高热、呼吸急促、流泪、消化器官的严重卡他性炎症和运动障碍。本病一般呈良性经过，大部分病牛经 2～3 天即恢复正常。

【病原体】 牛流行热病毒，又称牛暂时热病毒，属于弹状病毒科暂时热病毒属，呈子弹状或圆锥形，基因组为单股 RNA，有囊膜。病毒能耐反复冻融，对热敏感，56 ℃ 10 min，37 ℃ 18 h 灭活。

【流行特点】 本病传播迅速、传染力强，呈流行性或大流行性，但死亡率低。具有明显的季节性和周期性，一般多发生于夏末秋初，蚊、蝇滋生旺盛的季节，一次流行之后隔 6～8 年或 3～5 年流行一次。病牛是主要传染源，病毒存在于血液、脾、全身淋巴结、肺、肝等脏器中，经吸血昆虫传播感染。主要侵害奶牛和黄牛，肥胖的牛病情较严重，产奶量高的母牛发病率高。多发于 3～5 岁牛、犊牛，9 岁以上的老龄牛很少发病。

【临床症状】 潜伏期 3～7 天。体温升高可达 39.5～42.5 ℃，持续 2～3 天后恢复正常。食欲废绝，反刍停止。流泪，结膜充血，眼睑水肿。流浆性鼻液，大量流涎。四肢关节肿胀、疼痛，呈现跛行。孕牛常发生流产、早产或死胎，产奶量大幅下降或停止。病程 3～4 天，多呈良性经过。

【病理变化】 主要为间质性肺气肿、肺充血和肺水肿。病变多集中在肺的尖叶、心叶和膈叶前缘，肺脏膨胀，间质明显增宽，可见胶冻样水肿，并有气泡，触摸有捻发音，切面流出大量泡沫样暗紫色液体，有的病例有暗红色实变区。淋巴结通常肿胀和出血。消化道黏膜有充血、出血等卡他性炎症变化。

【检疫要点】

(1) 初步诊断：根据流行病学、症状及剖检特征作出初检。

(2) 病原学检查：采取高热期病牛的血液（用肝素 10 IU/mL 或 EDTA 0.5 mg/mL 抗凝），人工感染乳鼠或乳仓鼠，并通过中和试验鉴定病毒。或将病死牛的脾、肝、肺等组织及人工感染乳鼠的脑组织制成超薄切片，电镜下检查有无子弹状或圆锥形的病毒颗粒。也可取高热期病牛的血液或病料人工接种乳鼠，然后将含毒组织接种适宜的细胞培养物进行病毒分离，通过免疫荧光试验进行病毒抗原的检查。

(3) 血清学检查：可选择中和试验、补体结合试验、琼脂扩散试验、免疫荧光试验、酶联免疫吸附试验（ELISA）等进行检验。

【检疫处理】 发现病牛应立即停止调运，迅速采取隔离、封锁、消毒的措施，杀灭场内及其周边环境中的蚊、蝇等吸血昆虫，防治本病的蔓延。

（七）羊梭菌性疾病

本病是由梭状芽孢杆菌属的细菌引起羊的多种传染病的统称，包括羊快疫、羊猝狙、羊肠毒血

症、羊黑疫、羔羊痢疾等。

【病原体】

(1) 羊快疫的病原体为腐败梭菌，是革兰氏阳性、无荚膜、有椭圆形芽孢的厌气大杆菌。

(2) 羊猝狙的病原体为C型产气荚膜梭菌，是革兰氏阳性、有荚膜、芽孢卵圆形的厌气大杆菌。

(3) 羊肠毒血症又称“软肾病”，它的病原体主要为D型产气荚膜梭菌，是革兰氏阳性的厌气大杆菌，可在动物体内形成荚膜，芽孢位于菌体中央。

(4) 羊黑疫的病原体为B型诺维梭菌，是革兰氏阳性、有鞭毛、能运动、芽孢位于菌体中央的厌氧大杆菌。

(5) 羔羊痢疾的病原体为B型产气荚膜梭菌，是革兰氏阳性的厌气粗大杆菌，可在动物体内形成荚膜，芽孢位于菌体中央。

【流行特点】 羊快疫是主要发生于绵羊的急性传染病，本病多发于秋、冬和初春季节。羊猝狙产生β毒素引起绵羊的一种毒血症，多发于1～2岁的成年绵羊，常见于低洼沼泽地带，在冬、春季节多发，为地方流行性。羊肠毒血症主要发生于绵羊，多散在发生于青草旺盛及收获季节。羊黑疫多见于绵羊和山羊，常发于2～4岁肥胖羊，主要在春夏见于肝片吸虫流行的低洼潮湿地带。羔羊痢疾主要发生于7日龄以内的羔羊，在产羔季节呈地方性流行。

【临床症状】 羊快疫、羊猝狙、羊肠毒血症及羊黑疫因发病急、病程短，多数病例尚未表现明显临床症状即急性死亡或在昏迷状态死亡。羔羊痢疾潜伏期1～2天，病畜严重腹泻，粪便恶臭，呈黄绿色、黄白色或灰白色糊状或水样。后期粪便中含有血液、黏液和气泡。病羔羊逐渐衰弱，卧地不起，多在1～2天死亡。

【病理变化】

(1) 羊快疫：剖检多见真胃出血性炎症表现。

(2) 羊猝狙：剖检见病羊刚死亡时，其骨骼肌正常，死后8 h内细菌在骨骼肌中增殖，使肌间积聚血样液体，肌肉出血，有气性裂孔。

(3) 羊肠毒血症：剖检多见心包积液，心内外膜下有出血点，肺充血，肾软如泥是其典型特征。

(4) 羊黑疫：特征病变是肝脏充血肿胀，表面可有一个到多个界限清晰、直径为2～3 cm的灰黄色凝固性坏死灶，周围常有一鲜红色的充血带围绕，坏死灶切面为半圆形。因病羊尸体皮下静脉显著充血，皮肤呈暗黑色外观。

(5) 羔羊痢疾：剖检可见动物尸体严重脱水，主要病变在消化道，真胃内有未消化的凝乳块，小肠(特别是回肠)黏膜充血发红，溃疡周围有一出血带环绕，有的肠内容物呈血色，肠系膜淋巴结肿大、充血或出血。

【检疫要点】 因羊梭菌性疾病种类多，病程极短，多急性死亡，无明显症状，故生前诊断较难。根据其剖检后特征性病变疑为羊梭菌性疾病时，确诊需进行微生物学检查，必要时还可进行细菌的分离培养，毒素检查、鉴定，动物实验。

【检疫处理】 对病畜立即隔离、扑杀，尸体无害化处理，彻底消毒。同群其他动物在隔离场或检疫机关指定的地点隔离观察。

(八) 蓝舌病

本病是由蓝舌病病毒引起的反刍动物的一种虫媒性的急性、非接触性传染病。主要发生于绵羊，其特征是口腔、鼻腔、胃黏膜溃疡性炎症变化。

【病原体】 蓝舌病病毒，属于呼肠孤病毒科环状病毒属。病毒粒子呈圆形，无囊膜，双层衣壳，核酸为双股RNA。

【流行特点】 本病多发生于湿热的夏季和早秋，库蠓为天然传播媒介。病羊及病愈后4个月内的带毒绵羊是主要传染源。尤以1岁左右的绵羊最易感，哺乳的羔羊有一定的抵抗力。牛和山羊以及其他反刍动物症状轻或不明显，以隐性感染为主。

【临床症状】 潜伏期为3～10天。常呈急性型。病初体温为40～42 ℃，稽留5～6天。以口腔黏膜和舌充血、发绀，黏膜上皮坏死、溃疡为特征。部分病羊四肢甚至躯体两侧被毛脱落，有的蹄冠充血、发炎、跛行。个别孕畜流产或产死胎、畸胎。

【病理变化】 病变主要在口腔、瘤胃、心脏、肌肉、皮肤和蹄部。口腔黏膜和舌充血后发绀呈蓝色，随后出现黏膜上皮坏死、溃疡。

【检疫要点】

(1) 初步诊断：根据流行病学、症状及剖检特征可作出初检。

(2) 病原学检查：可取高热期的绵羊血液(用肝素 10 IU/mL 或 EDTA 0.5 mg/mL 抗凝)、血清或自新鲜尸体采取的脾脏或淋巴结(冷藏保存 24 h 内送抵实验室)进行病毒分离培养、电子显微镜检查等病原学诊断。

(3) 血清学检查：可通过琼脂扩散试验、酶联免疫吸附试验(ELISA)或间接荧光抗体试验等检测血清中抗体，以进行该病的诊断。

【检疫处理】 本病为世界动物卫生组织(OIE)规定必须通报的动物疫病，属于我国的一类动物疫病。

(1) 检出阳性动物，立即上报疫情，停止调运，并封锁、扑杀、销毁全群感染动物，进行彻底消毒。

(2) 病畜的同群者或怀疑被其污染的动物尸体及内脏应进行销毁处理。

(3) 疫区及受威胁区的易感动物进行紧急免疫接种。

(九) 山羊关节炎脑炎

本病是由山羊关节炎脑炎病毒引起的一种慢性传染病。其特征为成年山羊呈缓慢性发展的关节炎，伴有运动失调和面部神经麻痹。

【病原体】 山羊关节炎脑炎病毒，属于反转录病毒科慢病毒属，含有单股 RNA。病毒抵抗力弱，56 ℃ 30 min 即可灭活。

【流行特点】 本病发生无季节性。患病山羊与隐性感染羊是本病的主要传染源，山羊是本病的易感动物，绵羊不感染。该病的发生无年龄、性别、品系间的差异，但以成年羊感染居多。本病的主要传播方式为水平传播，感染途径以消化道为主，子宫内感染偶尔发生。病毒经乳汁感染羔羊，被污染的饲草、饲料、饮水等可成为传播媒介。发病有明显季节性，80%以上病例主要集中在 3—8 月发生。

【临床症状】 根据临床表现可分为 3 种类型。

(1) 脑脊髓炎型：潜伏期为 53～130 天。本病多发生于 2～4 月龄羔羊，发病初期病羊沉郁、跛行，进而四肢僵直或共济失调，后肢麻痹，卧地不起，四肢划动。严重者眼球震颤、惊恐、角弓反张、头颈歪斜或做圆圈运动。部分病例伴有面神经麻痹、吞咽困难或失明等症状。病程半年至 1 年。

(2) 关节炎型：多发生于成年山羊，病羊肩前淋巴结肿大。典型症状是腕关节肿大和跛行，也可发生于膝关节和跗关节，俗称“大膝病”。病初关节周围的软组织水肿、湿热、波动、疼痛，有轻重不一的跛行。进而关节肿大如拳，活动不便，常见前肢跪行。病程 1～3 年。

(3) 肺炎型：主要发生于成年山羊，病羊渐进性消瘦、咳嗽、呼吸困难，胸部听诊有浊音。病程 3～6 个月。

【病理变化】 脑脊髓无明显肉眼病变，偶尔在脊髓和侧脑白区有一棕色病区。患病关节周围软组织肿胀波动，皮下浆液渗出。关节囊肥厚，滑膜常与关节软骨粘连，有钙化斑。关节腔扩张，充满黄色、粉红色液体。呼吸困难者，肺脏轻度肿大，质地硬，表面有灰白色小点，切面为叶状或斑块状实变区。少数病例肾表面有直径 1～2 mm 的灰白病灶。

【检疫要点】

(1) 初步诊断：根据抗生素治疗地方流行性成年羊慢性关节炎、呼吸困难、硬乳房和羔羊脑炎等无效，即可作出初检。

(2) 病原学检查：可采取病畜发热期或濒死期和新鲜尸体的肝脏制备乳悬液进行病毒的分离、鉴定，也可选用小鼠或仓鼠进行动物实验。

(3) 血清学检查：主要应用琼脂扩散试验或酶联免疫吸附试验确定隐性感染动物。应用免疫荧

光抗体试验检测血清中的IgM抗体可以作为疾病早期的判定指标。

【检疫处理】 一旦发现可疑病畜立即上报疫情，采取紧急、强制性控制和扑灭措施。对病畜及检出的阳性动物进行扑杀、销毁处理。对同群其他动物在指定的隔离地点隔离观察1年以上。在此期间，进行两次以上实验室检查，证明为阴性动物群时方可解除隔离。对栏舍、环境彻底消毒，消灭病原体。

（十）梅迪-维斯纳病

本病是由梅迪-维斯纳病毒引起绵羊和山羊的一种慢性、接触性传染病。我国将其列为二类动物疫病。

【病原体】 梅迪-维斯纳病毒是反转录病毒科的一种外源性非致瘤病毒。成熟的梅迪-维斯纳病毒呈球形，具有单层的囊膜。病毒粒子的中央有致密的直径为30～40 nm的核心。本病毒在被感染细胞的细胞膜上以出芽方式释放。病毒在蔗糖溶液中的浮密度为1.15～1.16 g/mL。pH 7.2～7.9最稳定，在pH≤4.2以下易于灭活，在56 ℃经10 min可被灭活。4 ℃条件下可存活4个月。该病毒可被0.04%甲醛或4%酚及50%乙醇灭活。对乙醚、胰蛋白酶及过碘酸盐敏感。

【流行特点】 梅迪-维斯纳病毒可侵害绵羊和山羊，发病者多以2～4岁的绵羊为主。本病经呼吸道和消化道感染，潜伏期长（1～3年），无季节性，流行较广，传播缓慢，发病率低，但病死率可高达100%。

【临床症状】 本病在临床上具有两种病型，其共同特点是患病动物发病十分缓慢，病程长达数月或数年，伴有进行性体重减轻、全身消瘦，最终死亡。

(1) 梅迪型（呼吸道型）：主要表现为逐渐消瘦，进行性肺炎，慢性咳嗽，呼吸增快，逐渐发展为呼吸困难，病程长达数月，终因缺氧衰竭而死。

(2) 维斯纳型（脑炎型）：病羊最初表现为步样异常、运动失调，后肢轻瘫逐渐加重而成为截瘫；有时头部也有异常表现，唇部震颤，头偏向一侧。病程较长，终归衰弱死亡。

【病理变化】 呼吸道型：主要见于肺及周围淋巴结，肺体积和重量比正常增大2～4倍，呈灰黄色、灰蓝色或暗紫色，触之有橡皮样感觉，肺组织致密，质地如肌肉，肺切面干燥。

脑炎型：无明显肉眼病变，病程长的后肢肌肉常萎缩。

【检疫要点】

(1) 初步诊断：根据流行病学、症状及剖检特征可作出初检。

(2) 血清学检测：采集病羊血或初检的单层细胞培养物做琼脂扩散试验、酶联免疫吸附试验、补体结合试验及荧光抗体试验均可确检。

(3) 其他检测：采取病死动物的肺、滑膜、乳腺等或以无菌方法从活体动物的外周血液或乳汁中分离白细胞，将其与指示细胞如绵羊脉络丛细胞共同培养，检查是否出现具有折光性的树枝状细胞或合胞体，然后用免疫标记技术检查病毒抗原或通过电镜观察细胞内的特征性慢病毒粒子。

【检疫处理】 检疫中发现病羊或阳性羊，应立即上报疫情并扑杀、销毁尸体，全面消毒；对同群动物应在指定地点隔离观察1年以上，此期间应检疫两次以上，没有阳性后，方可解除。

（十一）小反刍兽疫

本病俗称羊瘟，又名小反刍兽假性牛瘟，是由小反刍兽疫病毒引起小反刍动物的一种急性病毒性传染病。主要特征是发热、口炎、肺炎、腹泻。

【病原体】 小反刍兽疫病毒，属副黏病毒科麻疹病毒属。病毒呈多形性，通常为粗糙的球形。病毒核衣壳为螺旋中空杆状并有特征性的亚单位，有囊膜。病毒可在胎绵羊肾、胎羊及新生羊的睾丸细胞、Vero细胞上增殖，并产生细胞病变，形成合胞体。

【流行特点】 本病主要侵害幼龄羊，山羊和绵羊是该病的自然宿主，山羊较绵羊易感。发病和带病羊是主要传染源，其次为病畜分泌物和排泄物。主要通过直接和间接接触传播，感染途径以呼吸道为主。岩羊、野山羊、盘羊、鬣羊、瞪羚羊、长角大羚羊、亚洲水牛、骆驼等也可感染发病。牛呈亚临床感染，并能产生抗体。潜伏期一般为4～6天，最长可达21天。易感羊群发病率通常达60%以上，病死率可达50%以上。该病一年四季均可发生，但多雨季节和干燥寒冷季节多发。

【临床症状】 因动物品种、年龄差异及气候和饲养管理条件的不同，临床症状有以下几个类型。

(1) 最急性型：多见于山羊，潜伏期约为2天，整个病程5～6天。高热40 ℃以上，不食，被毛竖立。出现流泪及浆液、黏液性鼻液，口腔黏膜溃烂，齿龈充血，突然死亡。

(2) 急性型：潜伏期为3～4天，症状表现类似于最急性型，病程8～10天，多发于山羊及绵羊，表现为精神沉郁、减食，口鼻黏膜广泛性炎症损伤，多涎、鼻漏。咳嗽，腹式呼吸，呼出恶臭气体。后期出现血水样腹泻，脱水，消瘦，体温下降。部分孕畜伴有流产。幼龄动物发病严重，发病率和死亡率都高。

(3) 亚急性和慢性型：病程可持续10～15天。早期症状表现类似于急性型。本型晚期的特有症状是口腔、鼻孔、皱胃以及下颌部发生结节和脓疱。

【病理变化】 口腔和鼻腔黏膜糜烂坏死。支气管肺炎、肺尖肺炎。可见坏死性或出血性肠炎，盲肠、结肠近端和直肠出现特征性条状充血、出血，呈斑马状条纹。淋巴结特别是肠系膜淋巴结水肿。脾肿大，并可出现坏死病变。组织学上可见肺部组织出现多核巨细胞以及细胞内嗜酸性包涵体。山羊或绵羊出现急性发热、腹泻、口炎等症状，羊群发病率、病死率较高，传播迅速，且出现肺尖肺炎病理变化，可判定为疑似小反刍兽疫病例。

【检疫要点】

(1) 初步诊断：根据流行病学、症状及剖检特征可作出初检。

(2) 病原学检查：无菌采集呼吸道分泌物、血液、肠系膜与支气管淋巴结、脾、肺、肠等病料，低温保存送检。无菌处理，获取病毒后做单层细胞培养，观察病毒致细胞病变作用。若发现细胞变圆、聚集，最终形成合胞体，合胞体细胞核以环状排列，呈"钟表面"样外观，即可确检。

(3) 血清学检查：常用方法有中和试验、酶联免疫吸附试验(ELISA)、琼脂扩散试验、荧光抗体试验等。通常采集发病初期和康复期双份血清进行检测，当抗体滴度升高4倍以上时具有示病意义。

【检疫处理】 本病为世界动物卫生组织(OIE)规定必须通报的动物疫病，属于我国的一类动物疫病。检出阳性或发病动物时，应对全群动物做扑杀、销毁处理，并全面消毒。禁止从小反刍兽疫疫区引进包括绵羊和山羊在内的反刍动物及其产品。

(十二) 牛梨形虫病

本病又称牛焦虫病，是巴贝斯虫科和泰勒科的各种梨形虫寄生在牛红细胞引起的一种经硬蜱传播的寄生虫病的总称。主要临床特征是高热、贫血、黄疸、血红蛋白尿。

【病原体】

(1) 巴贝斯虫，种类很多，均具有多形性的特点，有梨籽形、圆形、卵圆形及不规则形等多种形态。虫体大小也存在很大差异，长度大于红细胞半径的称为大型虫体，长度小于红细胞半径的称为小型虫体。寄生于牛的主要有双芽巴贝斯虫、牛巴贝斯虫、卵形巴贝斯虫。

(2) 泰勒虫，虫体以环形和卵圆形为主，还有杆形、圆形、梨籽形、逗点形、十字形和三叶形等多种形态。小型虫体有一团染色质，多数位于虫体一侧边缘，经吉姆萨染色，原生质呈淡蓝色，染色质呈红色。裂殖体出现于单核吞噬细胞系统的细胞内，或游离于细胞外，称为柯赫氏体、石榴体，虫体圆形，内含许多小的裂殖子或染色质颗粒。

【流行特点】

(1) 牛巴贝斯虫病，多发于夏、秋季节。感染来源为患病或带虫牛，虫体存在于血液中，经皮肤感染。双芽巴贝斯虫可经胎盘传播给胎儿。传播蜱主要为微小牛蜱。由于传播蜱在野外发育繁殖，所以本病多发生于放牧时期，舍饲牛则发病较少。本病以2～5岁牛发病较多。1岁左右的犊牛感染率高，但症状轻。成年牛发病率低，但症状重，良种牛和引进牛易感性高，病死率高。

(2) 牛泰勒虫病，以6—7月为发病高峰。感染来源为患病或带虫牛，虫体存在于血液中，经皮肤

感染。环形泰勒虫病传播蜱(璃眼蜱)为圈舍蜱,故多发生于舍饲牛。瑟氏泰勒虫病传播蜱(血蜱)为野外蜱,故多发生于放牧牛。1～3 岁牛多发,且病情较重。良种牛和引进牛易感性高,病死率高。

【临床症状】

(1) 牛巴贝斯虫病:主要表现为高热稽留,食欲减退甚至废绝,反刍迟缓或停止,便秘或腹泻,奶牛泌乳减少或停止,妊娠母牛常发生流产。病牛迅速消瘦,贫血,黏膜苍白或黄染。典型症状为排出血红蛋白尿,颜色渐深。

(2) 牛泰勒虫病:主要表现为高热 39.5 ℃以上,体表淋巴结肿大,触摸有痛感,尤以右侧肩前淋巴结肿大显著,一般在 5～10 cm。随病情恶化,病牛出现异食,粪便先干后稀,尿黄,但无血尿及血红蛋白尿,后期高度贫血、消瘦,死前体温下降。

【病理变化】

(1) 牛巴贝斯虫病:剖检后多见黏膜和皮下黄染,血液稀薄、凝固不全,肝肿大、易碎、呈棕黄色。脾脏肿大,脾髓色深变暗,表面凹凸不平。真胃和小肠黏膜发生水肿、炎症、出血和糜烂。肾盂与膀胱内充满红褐色尿液,黏膜有出血点。

(2) 牛泰勒虫病:剖检后多见全身性出血、淋巴结肿大、暗红色,切面多汁。脾、肝肿大、质脆。特征病变为真胃黏膜发生水肿、溃疡和结节。

【检疫要点】

(1) 初步诊断:根据流行病学、症状及剖检特征可作出初检。

(2) 病原学检查:①牛巴贝斯虫病:采集牛耳尖血液涂片,用吉姆萨染色镜检,见红细胞中有大于红细胞半径的单个或成双的双芽巴贝斯虫,两虫体尖端连成锐角,或红细胞内有小于其半径的牛巴贝斯虫,两虫体尖端连成钝角,即可确诊。②牛泰勒虫病:可进行血液涂片和淋巴结穿刺液涂片镜检。红细胞内发现多小型虫体(环形、梨籽形、杆状、圆形等)即可确诊。淋巴细胞内发现石榴体(多核体),即可确诊。目前核酸探针技术和 PCR 技术也已应用于本病的诊断。

(3) 血清学检查:可选择间接荧光抗体试验、酶联免疫吸附试验、间接血凝试验和乳胶凝集试验等进行特异性检查。

【检疫处理】 发现病畜,应隔离治疗,同群动物做好药物预防,并做好灭蜱等综合防治措施。屠宰检疫中发现本病,销毁病变脏器,其余部分高温处理后利用。

(十三)牛胎毛滴虫病

本病是由牛胎三毛滴虫寄生于牛的生殖器官引起的疾病。主要特征是生殖器官炎症、功能减退,公牛不愿交配,母牛患子宫内膜炎或不孕,部分病牛发生死胎。

【病原体】 牛胎三毛滴虫,属于毛滴虫科三毛滴虫属。虫体呈纺锤形、梨形,前半部有核,有波动膜,前鞭毛 3 根,后鞭毛 1 根,中部有一个轴柱,贯穿虫体前后,并突于虫体尾端。

【流行特点】 多发生于配种季节。感染来源为患病或带虫牛。主要通过交配感染,人工授精时带虫的精液和器械亦可传播。虫体对外界抵抗力较弱,对热敏感,对冷有较强耐受性。对化学消毒剂敏感,大部分消毒剂可杀死。

【临床症状】 牛胎毛滴虫病感染公牛,一般为隐性症状,严重表现为黏液脓性包皮炎,出现粟粒大小的结节,有痛感,不愿交配。感染母牛主要表现为阴道红肿,排出黏液性分泌物。孕牛出现流产、子宫内膜炎,严重的出现子宫蓄脓、死胎。

【病理变化】 剖检公牛生殖器,可见包皮肿胀,含有大量脓性分泌物,阴茎黏膜上出现红色小结节。母牛阴道充血肿大,黏膜可见粟粒大结节。

【检疫要点】

(1)初步诊断:根据流行病学、症状可作出初检。

(2)病原学检查:采取病畜的生殖道分泌物或冲洗液、胎液、流产胎儿的四胃内容物等涂在载玻片上,并加 1 滴生理盐水,加盖玻片后观察,镜检发现虫体即可确诊。

【检疫处理】 引进公牛时做好检疫,发现新病例时淘汰公牛。本病预防主要是加强饲养管理,

公母分群饲养，推广人工授精，增强畜体抵抗力，注意引种检疫，及早发现病畜，尽快隔离治疗。

（十四）伊氏锥虫病

本病是由伊氏锥虫寄生在血液引起的牛的一种原虫病。主要表现为间歇热，贫血，消瘦，四肢下部皮下水肿，耳尖与尾梢干性坏死。

【病原体】 伊氏锥虫，属于锥虫科锥虫亚属。虫体细长，呈卷曲的柳叶状，前端尖，后端钝，中央有一较大的椭圆形核，后端有一点状的动基体。一般以吉姆萨染色效果较好。伊氏锥虫可在宿主体内沿体轴做纵分裂繁殖。对外界环境抵抗力很弱。在干燥、日光直射时很快死亡，消毒液能使虫体立即崩解，50 ℃ 5 min死亡。

【流行特点】 夏、秋季多发，主要流行于热带和亚热带地区。除牛易感外，马、骆驼也易感。马属动物通常为急性经过，牛、骆驼等多呈慢性经过或为带虫动物。本病可通过吸血昆虫虻和厩蝇传播，流行区域甚广。

【临床症状】 病畜初期主要表现为体温呈不规则间歇热，精神沉郁，消瘦，贫血，黄疸，四肢下端水肿。后期表现为眼结膜出血，眼睑肿胀。皮肤干燥龟裂，严重的溃烂、脱毛，耳尖、尾尖、蹄部末端干性坏死、脱落。皮下水肿，多发于胸前、腹下以及公畜阴茎。后肢麻痹，卧地不起，衰竭死亡。母牛感染常发生流产，产乳量下降。

【病理变化】 胸前、腹下及四肢下部、生殖器等部位出现水肿和胶样浸润。全身淋巴结、肝、脾、肾肿大，有出血点。各脏器黏膜出血。胸、腹腔内含有大量液体。

【检疫要点】

(1) 初步诊断：根据流行病学、症状及剖检观察可作出初检。

(2) 病原学检查：可在病畜耳尖部采血做全血压滴标本或涂片染色检查，也可在虫体较少时做集虫检查。必要时可采病畜血液0.1～0.2 mL，接种于小鼠腹腔，间隔2～3天，继续采尾尖血液进行检查，连续检查1个月，不见虫体则可判定为阴性。

【检疫处理】 发现病畜，要隔离治疗，对同群健康动物做好药物预防。消灭虻、厩蝇等传播媒介。屠宰检疫中发现本病，销毁病变脏器，其余部分高温处理后利用。

二、牛、羊主要疫病的鉴别

（一）牛、羊口腔黏膜病变的急性疫病

牛、羊疫病中以口腔黏膜病变为主的主要有口蹄疫、牛病毒性腹泻（黏膜病）、牛瘟、恶性卡他热和蓝舌病等，主要鉴别检疫要点见表4-1。

表4-1 牛、羊以口腔黏膜病变为主的疫病

病名	病原	流行病学	症状	病理变化	实验室检疫
口蹄疫	口蹄疫病毒	主要侵袭偶蹄动物，本病寒冷季节发病严重，一般每隔1、2年或3、5年流行一次。本病通过接触传播，良性经过	病初体温升高，水疱破溃后降至常温。齿龈、舌面和颊部水疱破裂后形成边缘整齐而无假膜覆盖的烂斑；蹄部和乳房也有水疱和烂斑。犊牛感染后，主要表现为出血性胃肠炎和心肌炎，致死率很高	除口腔、蹄、乳房等处有水疱和烂斑外，瘤胃肉柱黏膜上有溃疡和圆形烂斑，并覆盖黑棕色痂块。最重要的剖检变化是“虎斑心”	分离病毒，中和试验、荧光抗体试验、补体结合试验、琼脂扩散试验、酶联免疫吸附试验、RT-PCR诊断、口蹄疫原位杂交检测法、口蹄疫病毒蛋白原位检测法

续表

病名	病原	流行病学	症状	病理变化	实验室检疫
牛病毒性腹泻（黏膜病）	牛病毒性腹泻病毒	本病仅牛发病，以6～12月的幼龄牛多发。冬末春初易流行。本病通过接触传播，良性经过	口腔黏膜有散在不规则糜烂，看不到明显的水疱过程，糜烂灶小而浅表。无蹄部变化。急性者，有持续性或间歇性腹泻；慢性者表现为球节皮肤发炎	病牛整个消化道黏膜和呼吸道黏膜发生充血水肿、糜烂、溃疡，尤以食道黏膜上纵行排列的小烂斑具有明显特征；整个消化道淋巴结水肿	分离病毒，中和试验、荧光抗体试验、琼脂扩散试验、免疫过氧化物酶试验、酶联免疫吸附试验、RT-PCR诊断
水疱性口炎	水疱性口炎病毒	牛、羊、猪都发生，成年牛的感染性高于1岁以内的犊牛。本病呈季节性流行，多在夏秋季（7—8月）发生，秋末趋于平息。本病通过接触传播，良性经过	体温仅短时上升，在牛口腔、舌面发生的小水疱，迅速破溃，形成鲜红色边缘不整的烂斑，易愈合	病理组织学变化可见淋巴管增生，感染4天后，大脑神经胶质细胞及大脑和心肌的单核细胞浸润	分离病毒，补体结合试验、荧光抗体试验、琼脂扩散试验、酶联免疫吸附试验、RT-PCR诊断
牛瘟	牛瘟病毒	本病主要侵害牛。发病率和死亡率都很高。本病通过接触传播，恶性经过	发热症状明显，口腔中呈坏死性病变，病程中不出现水疱，但有结节和溃疡，发展成边缘不整齐的烂斑，并有剧烈的下痢。乳房及蹄部无病变	全身黏膜（特别是消化道黏膜）有充血、条状出血、坏死糜烂及伪膜。淋巴结出血肿大、胆囊肿大	分离病毒，琼脂扩散试验、免疫过氧化物酶试验、中和试验、酶联免疫吸附试验、PCR诊断
恶性卡他热	牛恶性卡他热病毒	本病只发生于牛，以1～4岁的青壮年牛较为易感。秋末到早春较为多见，常为散发，非接触性传播	高热稽留，角膜混浊，口腔黏膜也有糜烂，但在鼻腔黏膜和鼻镜上有坏死过程，全身症状严重，但口腔、蹄部无水疱	剖检可见胃肠道呈卡他性纤维性炎症；全身淋巴结充血、肿大，尤以头颈、咽部及肺淋巴结明显，呈棕红色	分离病毒，间接荧光抗体试验、免疫过氧化物酶试验、酶联免疫吸附试验、PCR诊断
蓝舌病	蓝舌病病毒	本病主要发生于绵羊，1岁左右的绵羊最易感，牛和山羊易感性差。库蠓是本病的传播媒介，因此，在低洼潮湿地带的夏秋季节多见本病流行	高热稽留，口腔连同唇、颊、舌黏膜上皮溃疡、坏死，但无水疱，且双唇水肿明显，有时蹄部发炎	消化道、呼吸道黏膜尤其口腔、瘤胃和真胃黏膜出血、肿胀、溃疡、坏死；皮肤出血、蹄冠出血或充血	分离病毒，荧光抗体试验、酶联免疫吸附试验、琼脂扩散试验、PCR诊断

（二）牛伴有水肿的急性疫病

牛伴有水肿的急性疫病主要有牛恶性水肿、牛气肿疽、牛炭疽、牛巴氏杆菌病（水肿型），主要鉴别检疫要点见表 4-2。

表 4-2 牛伴有水肿的急性疫病

病名	病原体	流行病学	症状	病理变化	实验室检疫
牛恶性水肿	腐败梭菌	本病多为散发，主要经创伤感染，尤其是较深的创伤，造成缺氧更易发病	体温升高，伤口周围皮下发生气性水肿，位置不确定，并迅速蔓延；肿胀部初期表现为坚实、灼热、疼痛，后变为无热、无痛，触之柔软，有轻度捻发音	切开时皮下和肌间结缔组织有大量淡黄色或红褐色液体浸润并流出，有气泡和腐败气味；脾脏和局部淋巴结肿大，偶有气泡；肝脏、肾脏肿大，有灰黄色病灶；腹腔和心包腔积液	采取尸体肝脏、水肿液或坏死组织制成涂片或触片，染色后检查见革兰氏阳性无荚膜大杆菌，确诊
牛气肿疽	气肿疽梭菌	多发于黄牛、水牛、奶牛、牦牛，尤以 1～2 岁多发，死亡居多。夏季放牧（尤其在炎热干旱时）容易发生。肿胀的发生与创伤无关	潜伏期 3～5 天，体温升高，早期即出现跛行，相继出现特征性肿胀，在臀、腰、背和颈部肌肉丰满部位发生炎性气性肿胀。初热而痛，后变冷，触诊肿胀部分呈捻发音。叩诊有鼓音。肌肉坏死时，体温降低，迅速死亡	尸体迅速腐败，瘤胃臌气，鼻孔、口腔及肛门内常有带泡沫血样的液体流出，患部肌肉黑红色；肌间充满气体，呈疏松多孔海绵状，有酸败气味。局部淋巴结充血、水肿或出血。肝脏、肾脏呈暗黑色，常充血，稍肿大，有豆粒大至核桃大的坏死灶，切开有大量血液和气泡流出，切面呈多孔海绵状	取肿胀部肌肉、水肿液、坏死组织或肝脏表面，涂片、染色、镜检，见到单个散在或两两相连的无荚膜有芽孢的大杆菌即可诊断
牛炭疽	炭疽杆菌	各种家畜及人对本病均有易感性，牛、羊等食草动物易感性高。本病多发生于夏秋季节，呈散发性或地方性流行	腹痛、高热。常在颈部、胸前、腹下、肩胛等部位皮肤松软处和直肠或口腔黏膜等处发生局限性炎性水肿，无捻发音。初期硬、有热痛，后变冷而无痛，中央部可发生坏死。病情发展急剧，死后天然孔流血，尸僵不全，血液凝固不良	可疑炭疽病死畜，禁止剖检。患炭疽而死亡的病牛尸僵不全，血液不能完全凝固，天然孔有黑色血液，血液不凝，呈煤焦油样；瘤胃膨胀，常伴有直肠脱出肛门外；脾脏肿大 2～5 倍，变软	在严密消毒监控下于死后 2 h 内取耳尖血、渗出液等，美蓝染色镜检见较大如竹节状的大杆菌，周围有完全或部分红色荚膜者即可确诊。也可用环状沉淀试验检疫

续表

病名	病原体	流行病学	症状	病理变化	实验室检疫
牛巴氏杆菌病	多杀性巴氏杆菌	多杀性巴氏菌杆对多种动物（家畜、野兽、禽类）和人均有易感性。以冷热交替、气候剧变、湿热多雨的时期发生较多	病牛主要于颈下喉头及胸前皮下出现炎性水肿，无捻发音；手指按压，初热、硬、痛，后变冷，疼痛减轻。常波及舌及其周围组织而发生肿胀，以致呼吸、吞咽困难，大量流涎，口、舌黏膜发绀，常因窒息和下痢而死，病程多为 36 h 左右	除有败血性病变外，颈及咽喉部水肿，淋巴结水肿或有出血；上呼吸道黏膜潮红，咽周围组织和会咽软骨部有黄色胶样浸润；血液凝固；脾脏变化不明显	肝脏涂片瑞氏染色镜检，细菌分离培养鉴定，动物实验（病料接种小鼠）

（三）牛以高热、贫血、黄疸为主的疫病

牛以高热、贫血、黄疸为主的疫病主要有牛钩端螺旋体病、牛巴贝斯虫病、牛泰勒虫病，主要鉴别检疫要点见表 4-3。

表 4-3　牛以高热、贫血、黄疸为主的疫病

病名	病原体	流行病学	症状	病理变化	实验室检疫
牛钩端螺旋体病	钩端螺旋体	各年龄的牛均可感染发病，但以幼龄牛发病率居高，每年的 7—10 月多发	皮肤有坏死，伴有发热、黄疸、血红蛋白尿、出血性素质、流产、水肿等症状	急性病例，眼观病变主要是黄疸、出血、血红蛋白尿以及肝和肾不同程度的损害。慢性或轻型病例，则以间质性肾炎变化为主	吉姆萨染色或镀银染色检查病料、分离培养、动物接种、凝集溶解试验、补体结合试验、酶联免疫吸附试验
牛巴贝斯虫病	巴贝斯虫	多发于夏秋季节。主要发生于放牧时期。本病以 2～5 岁牛发病较多。1 岁左右的犊牛感染率高，症状轻。成年牛发病率低，但症状重。	高热稽留，食欲减退甚至废绝，反刍迟缓或停止，便秘或腹泻。奶牛泌乳减少或停止，妊娠母牛常发生流产。典型症状为排出血红蛋白尿	黏膜和皮下黄染，肝肿大、易碎、呈棕黄色。脾脏肿大，表面凹凸不平。真胃和小肠黏膜水肿、炎症、出血和糜烂。肾盂与膀胱内充满红褐色尿液，黏膜有出血点	血液涂片，吉姆萨染色镜检见红细胞中有大于红细胞半径的双芽巴贝斯虫和小于其半径的牛巴贝斯虫
牛泰勒虫病	环形泰勒虫	在流行地区，以 1～3 岁牛多发；该病以 5—7 月为发病高峰期，以后逐渐减少。死亡率为 16%～60%	皮肤无坏死，体表淋巴结肿大。高热稽留。眼结膜有出血点，肩前淋巴结及腹股沟浅淋巴结显著肿大，皮薄处有粟粒乃至扁豆大的深红色结节状（略高于皮肤）有出血斑点，无血红蛋白尿	主要是全身出血，淋巴结肿大，真胃黏膜肿胀、充血，有针头帽至黄豆大黄白色或暗红色的结节，结节上出现溃烂或溃疡	镜检见淋巴液中有石榴体

（四）以肺部症状为主的疫病

在牛检疫中，以肺部症状为主的疫病主要有牛结核病、牛巴氏杆菌病（肺炎型）、牛传染性胸膜肺炎（牛肺疫）；在羊检疫中，以肺部症状为主的疫病主要有羊巴氏杆菌病（亚急性型）、羊传染性胸膜肺炎（羊肺疫）、羊网尾线虫病（羊肺丝虫病）、羊原圆线虫病。主要鉴别检疫要点见表 4-4。

表 4-4　牛、羊以肺部症状为主的疫病

病名	病原体	流行病学	症状	病理变化	实验室检疫
牛结核病	结核分枝杆菌	潜伏期一般为 6～45 天，有的更长	牛结核病的病程较长，咳嗽时常有气管分泌物咳出，体温正常或弛张热，体表淋巴结丘状隆起肿大	肺、淋巴结、浆膜、乳房或其他组织器官有特征性肉芽肿、干酪样坏死和钙化的结节性病灶，肺缺乏大理石样变	结核菌素变态反应检测为阳性；抗酸染色镜检，可见结核分枝杆菌；PCR 检测
牛巴氏杆菌病（肺炎型）	多杀性巴氏杆菌	一年四季均可发生	多急性经过，较牛肺疫、牛结核病的病程短且发展快；高热；咽淋巴结和前颈淋巴结高度急性水肿；上呼吸道黏膜潮红	肺组织的肝变色彩比较一致，全身出血性败血症变化明显	病料涂片，瑞氏染色镜检，细菌分离培养鉴定，动物实验（病料接种小鼠）
牛传染性胸膜肺炎（牛肺疫）	丝状支原体	不同品种。本病经呼吸道传染	多慢性经过。高热达 40～42 ℃，稽留不降；鼻孔扩大，前肢开张、腹部抽动。呼吸困难，发出“吭”声；体表淋巴结无显著变化。听诊胸部有啰音或摩擦音。叩诊呈现浊音或水平浊音。按压肋间有疼痛表现	肺组织呈现色彩不同的各期肝变和较鲜艳的大理石样变，间质呈现显著的淋巴管舒张并含大量淋巴液	染色镜检，见革兰氏阴性微小多形的支原体。间接红细胞凝集试验、微量凝集试验、间接荧光抗体试验、酶联免疫吸附试验
羊巴氏杆菌病（亚急性型）	多杀性巴氏杆菌	多发于羔羊、幼龄羊	高热，有明显的肺炎、胸膜炎症状，咳嗽	颌下、颈、胸部皮下水肿，全身出血性败血症变化明显	病料涂片，瑞氏染色镜检，细菌分离培养鉴定，动物实验（病料接种小鼠）
羊传染性胸膜肺炎（羊肺疫）	丝状支原体	3 岁以下的最易感染。呈地方性流行，主要通过空气-飞沫经呼吸道传播。常见于冬春季枯草季节	高热，有明显的肺炎、胸膜炎，咳嗽，呼吸困难	胸腔常有淡黄色液体，间或两侧有纤维素性肺炎，肺有肝变。胸膜变厚而粗糙，上有黄白色纤维素层附着，直至胸膜与肋膜，心包发生粘连。心包积液，心肌松弛、变软	染色镜检，见革兰氏阴性微小多形的支原体。间接红细胞凝集试验、微量凝集试验、酶联免疫吸附试验

续表

病名	病原体	流行病学	症状	病理变化	实验室检疫
羊网尾线虫病（羊肺丝虫病）	网尾线虫	一年四季均可发生	无热，有慢性支气管肺炎、卡他性支气管炎	在支气管有线样寄生虫	粪检见大于 0.5 mm 幼虫
羊原圆线虫病（羊小型肺虫病）	原圆线虫	一年四季均可发生	无热，有慢性支气管肺炎、卡他性支气管炎或胸膜炎	肺中有很细的毛茸样线虫	粪检见大于 0.5 mm 幼虫

（五）羊以猝疽症状为主的疫病

羊以猝疽症状为主的疫病主要有羊炭疽、羊快疫、羊肠毒血症、羊猝狙、羊链球菌病、羊黑疫，主要鉴别检疫要点见表 4-5。

表 4-5　羊以猝狙症状为主的疫病

病名	病原体	流行病学	症状	病理变化	实验室检疫
羊炭疽	炭疽杆菌	多发于夏季	最急性或急性经过，表现为突然倒地，全身抽搐、颤抖，磨牙，呼吸困难，体温升高到 40～42 ℃，黏膜蓝紫色；从眼、鼻、口腔及肛门等天然孔流出带气泡的暗红色或黑色血液，血凝不全；尸僵不全	皮下和浆膜下组织出血和胶样浸润，淋巴结肿大、出血，脾脏肿胀	取血液或脾脏涂片，通过革兰氏或瑞氏染色，可见菌体为革兰氏阳性的两端平直、呈竹节状粗大带有荚膜的炭疽杆菌。也可用环状沉淀试验检疫
羊快疫	腐败梭菌	本病为急性传染病，多发于秋冬和初春季节	病羊离群独居，卧地，不愿意走动，强迫其行走时，则运步无力，运动失调。腹部鼓胀，有疝痛表现。体温有的升高到 41.5 ℃，有的正常。病羊极度衰竭、昏迷，发病后数分钟或几天内死亡	主要表现见真胃出血性炎症表现，胃底部及幽门部黏膜可见大小不等的出血斑点及坏死区	用病羊肝被膜触片，美蓝染色，镜检可发现无关节长丝状的腐败梭菌，细菌分离培养鉴定，动物实验
羊肠毒血症	D 型产气荚膜梭菌	发生于 1 岁以内的羊，多在春夏之交抢青时和秋季草籽成熟时发生	发病急，死亡快。病羊中等以上膘情者，鼻腔流出黄色浓稠胶冻状鼻液，口腔流出带青草的唾液，尸僵一般	肾软如泥，小肠出血严重	病羊的血液及脏器可检出 D 型产气荚膜梭菌。细菌分离培养鉴定，动物实验

Note

续表

病名	病原体	流行病学	症状	病理变化	实验室检疫
羊猝狙	C型产气荚膜梭菌	发生于1岁以上的羊，多发生于冬春季节	发病快，病羊精神沉郁，食欲废绝，腹泻，肌肉痉挛，倒地，四肢痉挛，角弓反张，体温不高，天然孔不流血性泡沫	十二指肠和空肠黏膜严重充血糜烂，有腹膜炎，死后8 h骨骼肌肌间积聚血样液体，肌肉出血，有气性裂孔	细菌分离培养鉴定，动物实验
羊链球菌病	溶血性链球菌	多发于冬春寒冷季节(每年11月至次年4月)	天然孔不流血性泡沫，体温多升高；皮肤不黑，颌下淋巴结与咽喉肿大	各脏器普遍出血，颌下淋巴结肿大、出血，胆囊肿大	镜检本菌多呈双球形，呈链状或单个存在，周围有荚膜，革兰氏染色呈阳性。细菌分离培养鉴定，动物实验
羊黑疫	B型诺维梭菌	本病常发于2～4岁肥胖羊只；主要在春夏肝片吸虫流行的低洼潮湿地带发生	天然孔不流血性泡沫，体温多升高；皮肤灰黑，咽喉不肿大	真胃幽门部和小肠充血、出血。肺脏表面和深层有数目不等的灰黑色坏死灶，周围常有一鲜红色充血带围绕，切面呈半圆形	采坏死灶边缘的组织涂片染色镜检，可见粗大而两端钝圆的B型诺维梭菌单个或成双存在，少数3～4个菌体连成短链。细菌分离培养鉴定，动物实验

知识拓展与链接

羊疥癣病防治技术规程

课程评价与作业

1. 课程评价

通过对牛、羊疫病相关内容的深入讲解，学生了解和掌握牛、羊疫病的鉴别、诊断及检疫后的处理方法。教师将结合各种教学方法，调动学生的学习兴趣，通过多种形式的互动，使课堂学习气氛轻松愉快，真正达到教学目标。

2. 作业

线上评测

思考与练习

1. 牛病毒性腹泻(黏膜病)的临床检疫要点有哪些？该病检疫后应如何处理？
2. 牛传染性鼻气管炎的临床检疫要点有哪些？
3. 蓝舌病的临床检疫要点有哪些？该病检疫后应如何处理？
4. 牛梨形虫病的病原体和临床检疫要点是什么？
5. 牛、羊以肺部症状为主的疫病有哪些？如何鉴别？

项目八　实训部分

实训一　动物疫病流行病学调查与分析

学习目标

▲知识目标

1. 掌握流行病学调查的内容、方法。
2. 掌握流行病学调查常用的指标。

▲技能目标

1. 能够制订调查计划与设计调查表。
2. 能够进行动物疫病的流行病学调查。
3. 能够对流行病学调查的结果进行分析。

▲思政目标

1. 培养团队合作能力和随机应变的创新能力。
2. 具备良好的沟通能力、团队合作意识。
3. 具有从事本专业工作的生物安全意识和自我安全保护意识。

目标要求

1. 掌握动物疫病流行病学调查的一般方法。
2. 初步学会撰写疫情调查报告。

设备和材料

当地某养殖场、养殖专业户动物疫情资料、运送师生实训往返的交通工具、签字笔、纸张。

内容及方法

一、制订调查计划与设计调查表

（1）根据当地及邻近地区的实际情况，制订调查计划，做到有的放矢。

（2）根据所调查地区养殖场或养殖户的具体情况，确定调查项目，并依据所要调查的内容，自行设计调查表。

二、实地参观、调查养殖场或养殖户，记录调查结果

（1）养殖场或养殖户的名称及地址：根据各级兽医主管部门的相关规定，准确描述疫情的空间

Note

分布。

(2) 养殖场或养殖户一般特征：包括地理情况、地形特点、气象资料(季节、天气、雨量等)，饲养动物的种类、数量、用途，饲养方式，兽医技术力量和水平，养殖场与周边的联系。

(3) 养殖场卫生情况：包括动物的饲养管理、护理和使役状况；养殖场及其邻近地区的状况(从卫生观点来看)；饲料的品质和来源地，储藏、调配和饲喂的方法；水源的状况和饮水处(水井、水池、小河等)的情况；放牧场地的情况和性质；动物舍内有无啮齿类动物；一般的预防消毒及免疫接种措施，废弃物及污水的处理，病死畜禽尸体的处理，畜禽流通等生物安全措施执行情况。

(4) 疫区既往情况：养殖场补充动物的条件、预防检疫的执行情况；何时从该场运出动物和原料以及运往何处；该养殖场的动物何时患过何种传染病、患病动物数和死亡数、发生时间、流行概况、所采取的措施、是否呈周期性等；邻近地区的疫情。

(5) 疫病发生与流行情况：最早病例发生时间，发病及死亡动物的种类、数量、性别、年龄，疫病流行动态，主要临诊表现，采用的诊断方法及结果(含临诊诊断、病理剖检、实验室检查)，采取的防控措施与效果，邻近地区的情况等。

(6) 其他信息：执行和解除封锁的日期，封锁规则有无破坏，最终采取的措施等。

三、资料分析与讨论

(1) 将所调查的资料进行统计与分析，动物疫病流行在时间、空间及群体中的表现都是错综复杂的，均受到各种自然因素和社会因素的影响，要从流行过程的基本条件着手，明确该调查区域(养殖场)疫病流行的类型。

(2) 探讨疫病的来源和病因、自然史和发病机制、疫病蔓延和流行的影响因素，制订并评价疫病预防、控制的具体措施，对动物疫病的综合性防控具有重要的指导性意义。

实训报告

1. 根据某地区的疫情调查情况撰写一份疫情调查报告。
2. 设计禽流感疫区疫情调查表。

实训二　畜禽免疫接种

学习目标

▲知识目标

1. 掌握常用的免疫接种方法及疫苗使用注意事项。
2. 了解影响免疫效果的因素。

▲技能目标

1. 学会畜禽各种预防免疫接种方法。
2. 学会查找免疫失败的原因。

▲思政目标

畜禽免疫接种是生产中重要的环节，在实训过程中，需锻炼学生动手能力，培养学生认真负责的工作态度，确保实训内容顺利完成。

目标要求

1. 掌握畜禽免疫接种的方法与步骤。
2. 熟悉兽医生物制品的保存、运送和用前检查方法。

设备和材料

（1）免疫接种工具：金属注射器（10 mL、20 mL、50 mL 等规格）、玻璃注射器（1 mL、2 mL、5 mL 等规格）、金属皮内注射器（螺口）、针头（兽用 12～14 号、人用 6～9 号、螺口皮内 19～25 号）、胶头滴管、镊子、剪毛剪、体温计、气雾发生器、空气压缩机等。

（2）消毒用品：煮沸消毒锅，5％碘酊、70％酒精、来苏儿或新洁尔灭等消毒剂，脱脂棉等。

（3）疫苗或免疫血清，疫苗稀释液（生理盐水）。

（4）工作服、工作帽、口罩、长筒胶靴、手套。

（5）可根据具体情况适当布置场地，一般安排在畜牧场内进行。

内容及方法

一、免疫接种的准备

（1）根据畜禽疫病免疫接种计划，统计接种对象及数量，确定接种日期（应在疫病流行季节前进行接种），准备足够的生物制剂、器材和药物，填写免疫档案，检查动物耳标及识读器，安排及组织接种和保定畜禽的人员，按免疫程序有计划地进行免疫接种。

（2）免疫接种前，对饲养人员进行免疫预防知识宣传教育，包括免疫接种的重要性和基本原理，接种后饲养管理及观察等。

（3）免疫接种前，对所使用的生物制剂进行仔细检查，如有不符合标准的产品，一律不能使用。

（4）免疫接种前，对预定接种的畜禽进行了解及临诊观察，必要时进行体温检查。为了保证免疫接种的安全性和有效性，凡体质过于瘦弱的畜禽、妊娠后期的母畜、未断奶的幼畜、体温升高或疑似病畜，均不应接种疫苗。对这类畜禽以后应及时补漏接种。

二、免疫接种的方法

根据不同生物制剂的使用要求采用相应的免疫接种方法。

（1）皮下注射法：牛、马等大型家畜宜在颈侧中 1/3 处，猪在耳后或股内侧，犬、羊在股内侧，兔在耳后，家禽在肢部或大腿内侧、颈部下侧。根据药液浓度及畜禽大小，一般用 16～20 号针头。

视频：家禽免疫接种（黏膜免疫）

（2）皮内注射法：马在颈侧，牛、羊在颈外或尾根皮肤皱襞肩胛中央，猪在耳根，鸡在肉髯部，使用带螺口的注射器及 19～25 号 1/4～1/2 的螺旋注射针头。羊、鸡等也可用 1 mL 玻璃注射器及 24～26 号针头。

（3）肌内注射法：家畜一律采用臀部或颈部肌内注射，猪、羊还可在股内侧肌内注射，鸡在胸部肌内注射。一般采用 14～20 号针头。

视频：家禽免疫接种（点眼法）

（4）皮肤刺种法：在翅内侧无血管处刺种。

（5）口服免疫法：将疫苗均匀地混于饲料或饮水中，经口服后而使动物获得免疫，可分为拌料、饮水两种方法。口服免疫时，应按畜禽头数和每头畜禽平均采食量或饮水量，准确计算需要的疫苗剂量。免疫前，应停喂半天或停饮 2～4 h，以保证每头（只）畜禽均能吃入一定量的饲料或饮用一定量的水。混合疫苗的饮水不能含有消毒剂（如自来水中有漂白粉等）或金属离子，饲料和饮水的温差，以不超过室温为宜，已经混合好的饲料和饮水，进入畜禽体内的时间越短越快，效果越好，不能

久放。

(6) 气雾免疫法：将稀释好的疫苗通过压力气雾发生器喷头形成 5～10 μm 的雾化粒子，均匀地飘游在空气中，畜禽吸入肺内以达到免疫。

三、疫苗的保存、运送和用前检查

(1) 疫苗的保存：每一类疫苗都应根据其自身特点选择适当的保存方式，总的保存原则是低温、阴暗及干燥。菌苗、类毒素、免疫血清等应于 2～15 ℃保存，防止冻结。病毒性疫苗应放于－15 ℃以下冻结保存。所有疫苗都不得超过有效期，超过有效期的不能使用。

(2) 疫苗的运送：保持包装完好无损，防止瓶身受损和瓶盖脱离而使疫苗外溢，避免阳光直射和高温环境，确保全程冷链运送，需要配备冷藏工具如冷藏车、冷藏箱、保温瓶等。

(3) 用前检查：应认真核对疫苗信息，如名称、规格、生产日期、使用注意事项等，一旦发现外包装瓶破损、瓶盖渗漏、疫苗性状发生改变、有异物、已超有效期等异常情况，应及时放弃使用，并做无害化处理。稀释冻干疫苗时，将装有稀释液的注射器针头扎入冻干苗瓶塞后，稀释液在没有外力的作用会被自动抽吸进瓶内，稀释后的冻干疫苗，一般在 2～8 ℃环境下 24 h 内有效，15 ℃以下环境 12 h 内有效，15～25 ℃环境下必须在 8 h 内用完，25 ℃以上环境时要在 4 h 内用完。在使用冻干疫苗的过程中，要注意防止日光照射，采用饮水免疫时要避免水中含有金属离子，在使用疫苗的前后 3 天内不得使用消毒剂及抗生素、抗病毒药物。

四、免疫接种前的观察和免疫接种后的护理

(1) 接种前的健康检查：在对目标畜禽进行免疫接种前，必须对畜禽的营养情况和健康状况进行检查评估，包括体温检测。对完全健康的畜禽可进行正常免疫接种；个体衰弱、妊娠后期的母畜不建议进行免疫接种；疑似病畜和发热病畜应注射治疗量的免疫血清，待畜禽健康状况好转、母畜生产过后、病畜禽完全康复后及时补种疫苗。

(2) 接种后的观察和护理：畜禽免疫接种后，有时会出现一过性的精神不振、食欲稍减、注射部位轻微炎症等局部性或全身性异常表现。此类反应属于疫苗在体内正常的特异性反应，一般不作处理，可自行恢复正常。同时必须特别注意控制家畜的使役，以避免过分劳累而产生不良后果。有时畜禽在免疫接种 7～10 天内，可能发生异常反应，甚至是严重反应，一定注意观察，及时发现异常并采取应对措施，如使用抗过敏药物和激素疗法及时救治，全身感染者也可配合抗生素治疗。

五、免疫接种的组织及注意事项

免疫接种是预防动物传染病和某些寄生虫病的有效手段，动物免疫是一项技术性、专业性较强的工作，应由县级以上地方人民政府农业主管部门负责组织实施动物疫病强制免疫计划。饲养动物的单位和个人都必须按照兽医主管部门的要求履行强制免疫义务，做好强制免疫工作。及时填写畜禽免疫档案，与养殖场(户)签订强制免疫告知。免疫接种前要选择适当的场地和保定工具，配备防疫人员等。

在进行免疫接种时注意以下几点。

(1) 防疫工作人员要穿专业的工作服、胶鞋，佩戴口罩、手套，工作前后都应洗手消毒，工作中禁止吸烟、饮食。

(2) 注意无菌操作。注射器、针头、镊子应经高压或煮沸消毒，注射时最好每一头(只)畜禽换一个针头。在针头不足时可每吸液一次调换一个针头，但每注射一头(只)后，应用酒精棉球将针头拭净消毒后再用。注射部位的皮肤用 5%碘酊消毒，皮内注射及皮肤刺种可用 70%酒精消毒。

(3) 吸取疫苗时，先用酒精棉球消毒瓶塞，然后在瓶塞上固定一个消毒的针头专供吸取药液。为防止疫苗被污染，可将专门吸取药液的针头用酒精棉包裹，以便再次吸取。给动物注射用过的针尖，不能吸液，以免污染疫苗。

(4) 疫苗使用前，必须充分振荡，使其均匀混合后才能应用(免疫血清不振荡)。按说明书的要求，使用专门的疫苗稀释液稀释疫苗后才能使用。已经开口或稀释过的疫苗，必须当天用完，未用完的要做无害化处理。

(5) 排气溢出的药液，用酒精棉球吸干，并将其收集于专用回收瓶内，用过的酒精棉球、碘酊棉球和吸入注射器内未用完的药液都放入专用回收瓶内，集中无害化处理。

知识拓展与链接

视频：畜禽免疫接种

复习题与作业

(1) 试述免疫接种在疫病防治上的意义。

(2) 常用的免疫接种方法有几种？简述其优缺点。

实训三　动物产地检疫

学习目标

▲**知识目标**

1. 深刻领会产地检疫的重要意义。
2. 掌握产地检疫的程序和要求。

▲**技能目标**

1. 学会按产地检疫的程序开展动物和动物产品的产地检疫工作。
2. 能够规范出具产地检疫合格证明，并能够准确判定相关证明的有效性。

▲**思政目标**

产地检疫是动物防疫检疫工作的一项重要内容，在实训过程中，需要培养学生防疫意识、法律意识，加强团队协作和实践操作能力，认真负责地完成实训内容。

目标要求

1. 熟悉产地检疫程序。
2. 学会产地检疫证明的填写和登记。
3. 能够开展产地检疫工作。

设备和材料

1. 有关检疫证明和检疫记录表格、复写纸等。

2. 体温计、听诊器、酒精棉球、消毒剂、剪刀、镊子等。

3. 根据报检情况，选择1～2个合适的规模化养殖场和自然村屯的被检动物群（以猪场、鸡场、奶牛场为主）以及合适的被检动物产品（以种鸡场、屠宰场、兔场、羊场的动物产品为主）。

4. 运送师生实训的往返车辆。

内容及方法

(1) 动物卫生监督机构接到申报后，按约定时间派动物检疫员和指导老师带学生到现场或指定地点实施产地检疫。动物检疫员或指导老师介绍该场或当地实际情况，如地理位置、周围环境、动物养殖情况、动物疫情动态、产地检疫工作开展情况、动物和动物产品的流通动向等。

(2) 学生分成2～4个小组在动物检疫员或指导老师的带领下到场、到户开展动物、动物产品产地检疫工作。

①动物出售前的产地检疫。

a. 疫情调查。向畜主询问饲养管理情况、近期当地疫病发生情况和邻近地区的疫情动态等情况，结合对饲养场、饲养户的实际观察，确定动物是否来自非疫区。

b. 查验免疫档案、养殖档案和畜禽标识。向畜主索取动物的免疫档案和养殖档案，核实免疫档案的真伪，检查是否按国家或地方规定接种了必须强制预防接种的项目以及是否处在免疫有效期内，核查动物养殖档案用料用药记录，确认有无使用违禁药或休药期是否符合规定。同时认真查验畜禽标识，确认动物是否具备合格的畜禽标识。

c. 实施临床检查。根据现场条件分别进行群体检查和个体检查。群体检查主要观察动物静态、动态表现和饮食状态是否正常，对正常群体按照5%～25%的比例进行个体抽检，对异常个体进行100%检查。重点检查动物体表、容态、体温、呼吸、脉搏、叫声、行动、排泄等是否正常，主要以视检和测量体温为主。必要时进行实验室检查。对种用动物、乳用动物或者经临床检查怀疑为重大动物疫病的，要进行实验室检查。

d. 经检疫合格（为非疫区、免疫在有效期内、畜禽标识齐全、休药期符合规定、临床检查健康）的，收缴动物免疫档案，监督畜（货）主对运载工具消毒，根据动物的流向出具动物检疫合格证明。

经检疫检出病害动物的，根据定性情况，填写检疫处理通知单，按照《病死及病害动物无害化处理技术规范》的要求，监督畜（货）主进行生物安全处理。

e. 填写动物检疫登记表，将有关文字材料归档。

②动物产品的产地检疫。

a. 疫情调查，确定生皮、原毛、绒等产品的生产地无规定疫情，并按照有关规定进行消毒（如环氧乙烷熏蒸消毒、过氧乙酸浸泡消毒）。种蛋、精液和胚胎的供体无国家规定的动物疫病，供体有健康合格证明。

b. 外包装用广谱高效消毒剂实施消毒，消毒后加贴统一的消毒封签或消毒标志。

c. 根据动物产品的流向情况，出具动物检疫合格证明。

(3) 动物检疫合格证明的填写。

①动物检疫合格证明的填写和使用的基本要求。

a. 动物卫生监督证章标志的出具机构及人员必须是依法享有出证职权者，并经签字盖章方为有效。

b. 严格按适用范围出具动物卫生监督证章标志，混用无效。

c. 动物卫生监督证章标志涂改无效。

d. 动物卫生监督证章标志所列项目要逐一填写，内容简明准确，字迹清晰。

e. 不得将动物卫生监督证章标志填写不规范的责任转嫁给合法持证人。

f. 动物卫生监督证章标志用蓝色或黑色钢笔、签字笔填写，或打印填写。

②动物检疫合格证明的格式和项目填写说明见图 8-1 至图 8-4。

动物检疫合格证明（动物 A）

（印章：全国统一动物卫生证明 中华人民共和国农业部）

编号：________________

货主		联系电话		
动物种类		数量及单位		
启运地点	省　市（州）　县（市、区）　乡（镇）　村　（养殖场、交易市场）			
到达地点	省　市（州）　县（市、区）　乡（镇）　村　（养殖场、屠宰场、交易市场）			
用途		承运人		联系电话	
运载方式	□公路　□铁路　□水路　□航空	运载工具牌号		
运载工具消毒情况	装运前经________消毒			

第一联

本批动物经检疫合格，应于________日内到达有效。

官方兽医签字：

签发日期：　年　月　日

（动物卫生监督所检疫专用章）

共二联

牲畜耳标号	
动物卫生监督检查站签章	
备注	

注：1. 本证书一式两联，第一联由动物卫生监督所留存，第二联随货同行。

2. 跨省调运动物到达目的地后，货主或承运人应在 24 小时内向输入地动物卫生监督所报告。

3. 牲畜耳标号只需填写后 3 位，可另附纸填写，需注明本检疫证明编号，同时加盖动物卫生监督所检疫专用章。

4. 动物卫生监督所联系电话：

图 8-1　动物检疫合格证明（动物 A）

注：①货主：货主为个人的，填写个人姓名。货主为单位的，填写单位名称。联系电话：填写移动电话，无移动电话的，填写固定电话。②动物种类：填写动物的名称。③数量及单位：数量和单位连写，不留空格。数量及单位以汉字填写。④启运地点：饲养场（养殖小区）、交易市场的动物填写生产地的省、市、县名和饲养场（养殖小区）、交易市场名称。散养动物填写生产地的省、市、县、乡、村名。到达地点：填写到达地的省、市、县名，以及饲养场（养殖区）、屠宰场、交易市场或乡镇、村名。⑤用途：视情况填写，如饲养、屠宰、种用、乳用、役用、宠用、试验、参影、演出、比赛等。⑥承运人：填写动物承运者的名称或姓名。公路运输的，填写车辆行驶证上法定车主名称或名字。联系电话：填写承运人的移动电话或固定电话。⑦运载工具消毒情况：写明消毒剂名称。⑧到达时效：视运抵到达地点所需时间填写，最长不得超过 5 天，用汉字填写。⑨牲畜耳标号：由货主在申报检疫时提供，官方兽医实施现场检疫时进行核查。牲畜耳标号只需填写顺序号的后 3 位，可另附纸填写，并注明本检疫证明编号，同时加盖动物卫生监督所检疫专用章。⑩动物卫生监督检查站签章：由途经的每个动物卫生监督检查站签章，并签署日期。签发日期：用简写汉字填写。

动物检疫合格证明（动物 B）

编号：____________

货主		联系电话			
动物种类		数量及单位		用途	
启运地点	市（州）　县（市、区）　乡（镇）　村（养殖场、交易市场）				
到达地点	市（州）　县（市、区）　乡（镇）　村（养殖场、屠宰场、交易市场）				
牲畜耳标号					

本批动物经检疫合格，应于当日内到达有效。

官方兽医签字：____________

签发日期：　年　月　日

（动物卫生监督所检疫专用章）

第　联　共　联

注：1. 本证书一式两联，第一联由动物卫生监督所留存，第二联随货同行。

2. 本证书限省境内使用。

3. 牲畜耳标号只需填写后 3 位，可另附纸填写，并注明本检疫证明编号，同时加盖动物卫生监督所检疫专用章。

图 8-2　动物检疫合格证明（动物 B）

注：证中各项内容的填写同动物检疫合格证明（动物 A）。

动物检疫合格证明（产品 A）

编号：____________

货主		联系电话	
产品名称		数量及单位	
生产单位名称地址			
目的地	省　市（州）　县（市、区）		
承运人		联系电话	
运载方式	□公路 □铁路 □水路 □航空		
运载工具消毒情况		装运前经________消毒	

本批动物产品经检疫合格，应于____________日内到达有效。

官方兽医签字：____________

签发日期：　年　月　日

（动物卫生监督所检疫专用章）

动物卫生监督检查站签章	
备注	

第　联　共二联

注：1. 本证书一式两联，第一联由动物卫生监督所留存，第二联随货同行。

2. 动物卫生监督所联系电话：

图 8-3　动物检疫合格证明（产品 A）

注：证中①产品名称：填写动物产品的名称，如“猪肉”“牛皮”“羊毛”等，不得只填写为“肉”“皮”“毛”。②生产单位名称地址：填写生产单位全称及生产场所详细地址。③目的地：填写到达地的省、市、县名。④到达时效：视运抵到达地点所需时间填写，最长不得超过 7 天，用汉字填写。⑤备注：有需要说明的其他情况可在此栏填写，如作为分销换证用，应在此注明原检疫证明号码及必要的基本信息。

动物检疫合格证明（产品 B）

编号：＿＿＿＿＿＿＿＿＿＿

货主		产品名称	
数量及单位		用途	
生产单位名称地址			
目的地			
检疫标志号			
备注			

第　联

共二联

本批动物产品经检疫合格，应于当日内到达有效。

官方兽医签字：＿＿＿＿＿＿＿＿

签发日期：　年　月　日

（动物卫生监督所检疫专用章）

注：1. 本证书一式两联，第一联由动物卫生监督所留存，第二联随货同行。
2. 本证书限省境内使用。

图 8-4　动物检疫合格证明（产品 B）

注：证中①检疫标志号：对于"带皮猪肉产品"，填写检疫滚筒印章号码。其他动物产品按国家有关后续规定执行。②备注：有需要说明的其他情况可在此栏填写，如作为分销换证用，应在此注明原检疫证明号码及必要的基本信息。

结果分析

1. 根据产地检疫的实际情况或模拟的填写条件，填写规范的动物检疫合格证明。
2. 根据实训的具体情况，写一份动物产地检疫实训报告。

知识拓展与链接

生猪产地检疫申报

复习思考题及作业

动物产地检疫时符合哪些条件才能出具动物检疫合格证明？

实训四　猪的宰后检疫技术

学习目标

▲知识目标

1. 熟悉猪宰后检疫的程序、内容和方法。
2. 掌握猪宰后检疫技术。

▲技能目标

1. 能够规范进行猪宰后检疫操作。
2. 学会鉴别猪宰后常见的病变，对宰后胴体进行合理处理。

▲思政目标

宰后检疫是屠宰检疫工作的一项重要工作，在实训过程中，需要培养学生防疫意识、法律意识，以及严谨的工作态度、团队合作能力和实践操作能力，确保实训内容顺利完成。

目标要求

1. 熟悉猪宰后检疫的程序、内容和方法。
2. 初步掌握猪宰后检疫技术及常见病变的鉴别和处理。

设备和材料

1. 检验工具：检疫刀、检疫钩、锉棒、剪刀、镊子、体温计、有关检疫证明和记录表格等。
2. 工作服、工作帽、长筒胶靴、手套等。
3. 根据报检情况，选择校内实训场、肉类联合加工厂或定点屠宰场开展实训。

内容及方法

猪宰后实行同步检疫，与屠宰操作相对应，对同一头猪的头、蹄、内脏、胴体等统一编号进行检疫。多用有色铅笔书写标号，或在该胴体的前面贴号牌，以便对照检查。

（一）头蹄及体表检查

1. 体表检查　带皮猪在烫毛后开膛前进行，剥皮猪则在头部检疫后冲洗猪体时初检，皮张剥除后复检，可结合脂肪表面的病变进行鉴别诊断。视检体表的完整性、颜色，检查有无屠宰检疫对象规定的疫病引起的皮肤病变、关节肿大等。主要检查皮肤有无出血、充血、疹块等病变。如弥漫性充血状（败血型猪丹毒），皮肤点状出血（猪瘟），四肢、耳、腹呈云斑状出血（猪巴氏杆菌病），皮肤黄染（黄疸），皮肤呈疹块状（疹块型猪丹毒），关节肿大（猪丹毒）。

2. 头蹄检查　观察吻突、齿龈和蹄部有无水疱、溃疡、烂斑等。检查有无口蹄疫。

3. 剖检颌下淋巴结　在放血后、烫毛前进行，一般由两人操作，助手以右手握住猪的右前肢腕部，左手持检疫钩钩住放血刀口右侧壁中部分，向右拉。检验者左手持检疫钩钩住切口左壁中部向左拉，右手持检疫刀将放血刀口向深、向下纵切到下颌前端，深达喉软骨。然后在两下颌角内侧各作一平行切口，在切口深部找到颌下淋巴结进行检验，观察是否肿大，切面是否呈砖红色，有无坏死灶（紫、黑、灰）。检视周围有无水肿、胶样浸润。检查有无炭疽、弓形虫病及化脓性炎症等。同时摘除

甲状腺。

4. 剖检咬肌 在割头或半割头之后进行，用检疫钩钩住头部一定部位，从左右下颌骨外侧平行切开两侧咬肌，检查有无囊尾蚴寄生。

（二）皮肤检查

在烫毛后、开膛前详细视检皮肤变化，主要检查皮肤完整性和颜色，注意有无充血、出血、淤血、疹块、水疱、溃疡、黄疸、脓肿、肿瘤等病变。

（三）胴体检查

1. 观察 观察皮肤、皮下组织、肌肉、脂肪、胸膜、腹膜、关节等有无异常，判断放血程度，推断被检动物的生前健康状况。

2. 检查淋巴结 主要检查腹股沟浅淋巴结和腹股沟深淋巴结，检验者用检疫钩钩住最后乳头稍上方的皮下组织向外侧牵拉，右手持刀从脂肪组织层正中切开，即可发现被切开的腹股沟浅淋巴结。腹股沟深淋巴结，位于髂深动脉起始部的后方，与髂内、髂外淋巴结相邻。必要时再剖检股前淋巴结、肩前淋巴结和腘淋巴结。注意观察有无病理变化，判定动物疫病的性质。

3. 检查肌肉 主要检查两侧腰肌，剖检时用刀沿脊椎的下缘顺肌纤维割开 2/3 的长度，然后再在腰肌剖开面内，向深部纵切 2～3 刀，用检疫钩向外拉开腰肌使之呈扇面状，注意是否有囊尾蚴的包囊等。必要时也要检查股内侧肌、胸肌、臂肌、肩胛肌等。

4. 检查肾脏 应先剥离肾包膜，先用检疫钩钩住肾盂部，再用检疫刀沿肾中间纵向轻轻划一刀，然后用刀背将肾包膜向外挑开，观察肾的色泽、形状、大小，注意有无出血、坏死、化脓等病变。必要时切开肾脏，检查皮质、髓质、肾盂等。

（四）内脏检查

在开膛后，把内脏器官分为两组进行检查。

1. 胃、肠、脾的检查(白下水的检查) 首先视检脾脏，观察其形态、大小、颜色，触检其弹性、硬度。然后剖检肠系膜淋巴结。最后视检胃肠浆膜、肠系膜。注意有无出血、脓肿、溃疡、干酪样坏死等病变。

2. 肺、心、肝的检查(红下水的检查)

(1) 肺：视检外表、色泽、大小，触检弹性，必要时剖开支气管淋巴结。

(2) 心：视检心包和心外膜，剖开左心室，视检心肌、心内膜及血液凝固状态，注意有无出血、变性、增生等病变。

(3) 肝：视检外表、色泽、大小，注意有无出血、肿大、变性。触检被膜和实质弹性，必要时剖检肝门淋巴结、肝实质和胆囊。

（五）寄生虫检查

1. 旋毛虫检查 左右两侧膈肌脚各取一份样，每份肉样重量不少于 30 g，编上与胴体相同的号码。先对膈肌脚进行视检，再从每块膈肌脚中选剪出麦粒大小的 12 块，用厚玻片压片镜检。

2. 囊尾蚴检查 主要检查咬肌、腰肌、心肌、肩胛外侧肌等，观察咬肌有无灰白色米粒大半透明的囊虫包囊和其他病变。

3. 肉孢子虫检查 主要检查腹肌、股内侧肌、肋间肌、膈肌和咽喉部肌肉，观察有无乳白色毛根状小体，发现有钙化白点，应压片镜检。

（六）复检

对“三腺”的摘除情况进行检查和回收畜禽标识。

（七）检疫处理

检疫合格的，胴体加盖检疫滚筒印章，动物产品包装加封检疫合格标志，出具动物检疫合格证明。检出病害的，填写检疫处理通知单给屠宰场业主，并监督其按照《病害动物和病害动物产品生物

安全处理规程》的要求进行生物安全处理。

（八）档案填写

填写检疫登记表并做好动物检疫档案材料的归档工作（回收的检疫证明、现场检疫记录表、检疫处理通知单、出具检疫证明存根、其他应归档材料）。检疫档案保存时间应当不少于 2 年。检疫档案需要核销的，应当有核销记录。

实训报告

对猪宰后检疫的方法、程序及操作技术要点进行总结。

知识拓展与链接

视频：猪屠宰检疫

复习思考题及作业

1. 猪宰后检疫应检查哪些淋巴结？为什么淋巴结是动物宰后必检项目？
2. 猪宰后检疫后应如何处理？

实训五　猪的临诊检疫

学习目标

▲知识目标

掌握猪临诊检疫的基本技术、群体检疫和个体检疫的方法。

▲技能目标

能够独立对猪进行临诊检疫。

▲思政目标

1. 培养学生善于观察、勤于思考、耐心细致的职业素养。
2. 培养学生具有仁心、爱心、耐心、细心，注重保护动物福利。

目标要求

通过实训，学生掌握猪临诊检疫的基本技术、群体检疫和个体检疫的方法，具备独立对猪进行临诊检疫的能力。

设备和材料

动物保定钢绳、听诊器、体温计等检疫器材，被检猪群，群体检疫场地及工作服、胶手套等。

内容及方法

一、临诊检疫基本方法

1. 问诊 问诊是通过咨询饲养人员了解猪发病情况和经过的一种方法。问诊主要包括以下内容。

（1）现病史：被检猪有没有发病；发病的时间、地点；病猪的主要表现、经过、治疗措施和效果；畜主估计的致病原因等。

（2）既往病史：过去病猪或猪群患病情况，是否发生过类似疫病，其经过与结果如何；本地或邻近乡、村的常发疫情及地区性的常发疫病；预防接种的内容、时间及结果等。

（3）饲养管理情况：饲料的种类和品质，饲养制度与方法；畜舍的卫生条件，运动场、猪场的地理情况；猪的生产性能等。

问诊的内容十分广泛，但应根据具体情况适当增减，既要有重点，又要全面收集，注意采取启发式的询问方法。可先问后检查，也可边检查边问。

2. 视诊 视诊是用肉眼或借助简单器械观察病猪和猪群发病现象的一种检查方法。视诊的主要内容包括以下几个方面。

（1）外貌：如体格大小、发育程度、营养状况、体质强弱、躯体结构等。

（2）精神状态：沉郁或兴奋。

（3）姿态步样：静止时的姿势，运动中的步态。

（4）体表状况：如被毛状态，皮肤、黏膜颜色和特征，体表创伤，溃疡、疹疱、肿胀等病变的位置、大小及形状等。

（5）与体表直通的体腔：如口腔、鼻腔、咽喉、阴道等黏膜颜色的变化和完整性的破坏情况，分泌物、渗出物的数量、性质及混杂物情况。

（6）生理活动情况：如呼吸动作和咳嗽，采食、咀嚼、吞咽，有无呕吐、腹泻，排粪、排尿的状态以及粪便、尿液的数量、性质和混杂物等。

视诊的一般程序是先视检猪群，以发现可能患病的个体。对个体的视诊先在距离猪 2～3 m 的地方，从左前方开始，从前向后逐渐按顺序观察头部、颈部、胸部、腹部、四肢，再走到猪的正后方稍停留，观察尾部、会阴部，对照观察两侧胸腹部及臀部状态和对称性，再由右侧到正前方。如果发现异常，可接近猪，按相反方向再转一圈，对异常变化进行仔细观察，注意观察猪的运步状态。

视诊宜在光线较好的场所进行。视诊时应先让猪休息，熟悉周围环境，待呼吸、心跳平稳后进行。

3. 触诊 触诊是利用手指、手掌、手背或拳头的触压感觉来判定局部组织或器官状态的一种检查方法。触诊的主要内容包括以下几个方面。

（1）体表状态：耳温；皮肤的温、湿度，弹性及硬度；浅表淋巴结及肿物的位置、形态、大小、温度、内容物的性状以及疼痛反应等。

（2）腹腔脏器：可通过软腹壁进行深部触诊，感知腹腔状态，胃、肠、肝、脾与膀胱的病变以及母猪的妊娠情况等。

4. 听诊 听诊是利用听觉去辨认某些器官在活动过程中的音响，借以判断其病理变化的一种检查方法。

听诊有直接和间接两种方法。直接听诊主要听叫声、咳嗽声、呼吸声。借助听诊器主要用于听诊心音，喉、气管和肺泡呼吸音，胸膜的病理音响以及胃肠的蠕动音等。

听诊应在安静的环境进行，应注意力集中，如听呼吸音时要观察呼吸动作，听心音时要注意心脏

搏动等，还应注意与传来的其他器官的声音相区别。

5. 嗅诊　嗅诊是利用嗅觉辨别动物散发出的气味，借以判断其病理气味的一种检查方法。嗅诊内容包括呼吸气味、口腔气味、粪尿等排泄物气味以及带有特殊气味的分泌物等。

二、群体检疫

猪群体检疫的实施参照项目六任务一中的猪的临诊检疫内容进行。

三、个体检疫

猪个体检疫的实施参照项目六任务一中的猪的临诊检疫内容进行。

结果分析

(1) 能正确使用动物保定钢绳、听诊器、体温计等检疫器材。

(2) 能根据临诊检疫基本技术和方法，正确进行猪的临诊检疫。

复习思考题及作业

1. 动物临诊检疫的基本方法有哪些？
2. 猪的临诊检疫特点是什么？

实训六　布鲁氏菌病的检疫

学习目标

▲知识目标

1. 熟悉布鲁氏菌病的临诊检疫要点。
2. 掌握猪布鲁氏菌病的实验室检疫技术。

▲技能目标

1. 掌握布鲁氏菌病的实验室检疫技术，学会虎红平板与试管凝集试验、竞争酶联免疫吸附试验的操作方法。
2. 熟练掌握布鲁氏菌病的实验室检验结果的判定标准。

▲思政目标

实验室检验是动物疫病诊断的重要依据。在实训过程中，增强学生的生物安全意识，培养学生严谨的工作态度，提高学生的实践操作能力。

目标要求

1. 熟悉布鲁氏菌病的临诊检疫要点。
2. 掌握虎红平板与试管凝集试验、竞争酶联免疫吸附试验的操作方法及结果判定的标准。

设备和材料

无菌采血管、采血针头及注射器、96孔U型聚苯乙烯板、洁净玻璃板(划分成4 cm^2方格)、微量移液器、微量移液器吸头、计时器、牙签或混匀棒、5%络合碘棉球、70%酒精棉球、酶标仪、旋转振荡器、洗板机等。布鲁氏菌虎红平板凝集抗原、布鲁氏菌试管凝集抗原、布鲁氏菌标准阳性和阴性血清、含 0.5%石炭酸的 10%氯化钠溶液、商品化竞争酶联免疫吸附试验试剂盒等。

内容及方法

一、病原学诊断

病原学诊断包括涂片染色镜检、分离培养、细菌鉴定、布鲁氏菌 Bruce-Ladder 检测方法等。上述试验应在满足《实验室　生物安全通用要求》(GB 19489—2008)的 BSL-3 级生物安全实验室内进行，检测人员应采取针对性防护措施。

二、血清学诊断

对本病剖检采样过程中应当防止病原微生物扩散和感染。

1. 虎红平板凝集试验　本法按照《动物布鲁氏菌病诊断技术》(GB/T 18646—2018)第 4.4 项执行。

视频：虎红平板凝集试验

①操作方法：按常规方法采集和分离血清；将受检血清、布鲁氏菌标准阳性和阴性血清从冰箱取出平衡至室温；混匀血清和抗原，分别吸取 30 μL 的血清和抗原加于玻璃板 4 cm^2 方格内的上、下方；用灭菌牙签或混匀棒快速混匀血清和抗原，涂成 2 cm 直径的圆形，混匀后匀速按照一个方向晃动玻璃板，5 min 后记录反应结果；试验应设标准阴性和阳性血清对照。

②结果判定：在标准阴性血清不出现凝集、标准阳性血清出现凝集时，试验成立。出现肉眼可见凝集现象者判定为阳性(+)，无凝集现象且反应混合液呈均匀粉红色者判定为阴性(−)。

2. 试管凝集试验　本法按照《动物布鲁氏菌病诊断技术》(GB/T 18646—2018)第 4.6 项执行。

①操作方法：按常规方法采集和分离血清、稀释待检血清。a. 以羊血清为例，每份待检血清占用 4 个连续 U 型孔。b. 第 1 孔加 184 μL 稀释液。c. 第 2 孔至第 4 孔各加入 100 μL 稀释液。d. 用微量移液器取待检血清 16 μL，加入第 1 孔。e. 混匀后吸取 100 μL 混合液加入第 2 孔。如此倍比稀释至第 4 孔，从第 4 孔中弃去 100 μL 混合液。f. 稀释完成后，从第 1 孔至第 4 孔的血清稀释度分别为 1∶12.5、1∶25、1∶50 和 1∶100。g. 牛血清稀释与上述基本一致，区别在第 1 孔加入 192 μL 稀释液和 8 μL 待检血清，稀释度分别为 1∶25、1∶50、1∶100 和 1∶200；将布鲁氏菌试管凝集抗原按要求稀释成工作浓度后，每孔加入 100 μL，振荡混匀，羊的血清稀释度变为 1∶25、1∶50、1∶100 和 1∶200，牛的血清稀释度变为 1∶50、1∶100、1∶200 和 1∶400；将 96 孔 U 型聚苯乙烯板密封后放至恒温箱(37 ℃)温育 18～24 h，取出检查并记录结果。每次试验应设阳性血清对照、阴性血清对照和抗原对照。

②结果判定：当阳性血清完全凝集(++++)，而阴性血清无凝集(−)，抗原对照无自凝(−)现象时，试验成立，按照以下结果判定：a. 待检血清出现"++"及以上凝集现象时，判定为阳性；b. 待检血清出现"+"凝集现象时，判定为可疑；c. 待检血清出现"−"时，判定为阴性。

3. 竞争酶联免疫吸附试验　本法按照《动物布鲁氏菌病诊断技术》(GB/T 18646—2018)或根据商品化试剂盒执行。

①操作步骤：取包被酶标板，在 1～10 列每孔加入 20 μL 待检血清，在 A11、A12、B11、B12、C11、C12 孔各加入 20 μL 阴性血清，在 F11、F12、G11、G12、H11、H12 各孔加入 20 μL 阳性血清，在 D11、D12、E11、E12 各孔不加入稀释缓冲液，留作酶标结合物对照；酶标板每孔加入稀释至工作浓度的酶标单克隆抗体 100 μL；将酶标板放到微量振荡器上振摇 2 min，加盖在旋转振荡器(160 次/分)室温孵育 30 min。当没有旋转振荡器时，则需要手动振摇。先振摇 30 s，之后每 10 min 振摇 10 s，时间共持续 1 h。手动振摇不应使孔内液体溢出；甩出微孔中的液体，用洗涤液润洗 5 次，在吸水纸巾上反复拍打酶标板，确保酶标板各孔内无残留液体；每孔加入 100 μL 底物显色液，室温孵育 10～15 min；每孔加入 100 μL 终止液。在酶标仪 450 nm 测定吸光度(OD)值。

②结果判定：试验成立的条件如下。a. 6 个阴性对照孔的平均 OD 值>0.7000，6 个阳性对照孔的平均 OD 值<0.1000，4 个酶标结合物对照孔的 OD 值>0.7000；b. 结合率>10%，结合率计算公

式如下。

结合率=6个阳性对照孔的平均OD值/6个阴性对照孔的平均OD值×100%

判定:4个酶标结合物对照孔的平均OD值×60%定为阴、阳性的临界值。待检血清的OD值≤临界值判为阳性,待检血清的OD值>临界值判为阴性。

实训报告

1. 写一份布鲁氏菌病临诊检疫(以虎红平板凝集试验为例)的报告。
2. 布鲁氏菌病的临诊检疫要点是什么?

实训七　牛结核病的检疫

学习目标

▲知识目标

1. 熟悉牛结核病的临诊检疫要点。
2. 掌握牛型提纯结核菌素(PPD)皮内变态反应。

▲技能目标

1. 掌握牛结核病变态反应检疫的操作步骤。
2. 能正确判定变态反应的结果并掌握操作时的注意事项。

▲思政目标

实验室检验是动物疫病诊断的重要依据。在实训过程中,增强学生的生物安全意识,培养学生严谨的工作态度,提高学生的实践操作能力。

目标要求

1. 熟悉牛结核病检疫内容和要点。
2. 掌握变态反应检疫的操作步骤。
3. 能正确判定结果并掌握操作时的注意事项。

设备和材料

待检牛、煮沸消毒锅、牛鼻钳、修毛剪、镊子、游标卡尺、1 mL一次性注射器、牛型提纯结核菌素、记录表、工作服、工作帽、口罩、鞋套等。

内容及方法

牛型提纯结核菌素(PPD)检疫牛结核病的操作方法及判定结果,按照《动物结核病诊断技术》(GB/T 18645—2020)第6项执行。

一、操作方法

出生后20天的牛即可采用本试验,可单独采用牛型PPD,也可同时采用牛型PPD和禽型PPD进行试验。

(1) 注射部位及术前处理：将牛只编号，在颈侧中部上 1/3 处剪毛，3 个月以内的犊牛也可在肩胛部进行。对注射部位剪毛，直径约 10 cm，用游标卡尺测量术部中央皮褶厚度，做好记录。术部应无明显的病变。

(2) 注射方法及剂量：如同时采用牛型 PPD 和禽型 PPD，则注射部位应间隔开，在颈部同侧、肩胛部同侧应间隔 12～15 cm，或在不同侧进行。用 75%酒精消毒注射部位，在皮内注入牛型 PPD(或禽型 PPD)0.1 mL，牛型 PPD 不低于 2000 IU/0.1 mL，禽型 PPD 不低于 2500 IU/0.1 mL，或按试剂说明书配制的剂量。

(3) 注射次数和观察反应：皮内注射后经 72 h 判定，仔细观察注射局部有无热痛、肿胀等炎性反应，并以游标卡尺测量皮褶厚度，做好详细记录。对疑似反应牛应立即在另一侧以同一批 PPD 同一剂量进行第二次皮内注射，再经 72 h 观察反应结果。对阴性牛和疑似反应牛，于注射后 96 h 和 120 h 再分别观察一次，以防个别牛出现较晚的迟发型变态反应。

二、结果判定

牛型 PPD 单皮内变态反应及牛型 PPD 和禽型 PPD 比较皮内变态反应具体结果判定如下。

(1) 牛型 PPD 单皮内变态反应：在注射部位前后出现明显的炎性反应，皮褶厚差值大于或等于 4 mm，判为阳性；无明显炎性反应，且皮褶厚差值为 2～4 mm，判为可疑；无明显炎性反应，皮褶厚差值小于或等于 2 mm，判为阴性。对于已确认感染的牛群，皮试出现任何可触摸或可见的肿胀反应均判为阳性。

(2) 牛型 PPD 和禽型 PPD 比较皮内变态反应：注射牛型 PPD 部位的皮褶厚差大于注射禽型 PPD 部位的皮褶厚差，相差 4 mm 以上，判为阳性，注射牛型 PPD 部位的皮褶厚差大于注射禽型 PPD 部位的皮褶厚差，相差 4 mm 以下，判为可疑。注射牛型 PPD 部位的皮褶厚差等于或小于注射禽型 PPD 部位的皮褶厚差，判为阴性。

(3) 复检：判为可疑反应的，于 42 天后进行复检。结果仍为可疑或阳性的，判为阳性。

注意：冻干 PPD 稀释后必须当天用完，未用完的不可再使用。

实训报告

记录皮内变态反应的结果并进行判定。

实训八 鸡白痢的检疫

学习目标

▲知识目标

1. 熟悉沙门氏菌引起多种动物疫病的临诊特点。
2. 掌握鸡白痢的实验室检疫方法。

▲技能目标

1. 熟练掌握鸡白痢沙门氏菌的分离培养。
2. 掌握鸡白痢全血平板凝集试验的操作过程。

▲思政目标

实验室检验是动物疫病诊断的重要依据。在实训过程中，增强学生的生物安全意识，培养学生严谨的工作态度，提高学生的实践操作能力。

目标要求

1. 掌握鸡白痢沙门氏菌的分离培养。
2. 掌握鸡白痢全血平板凝集试验的操作过程。
3. 能正确判定结果并掌握操作时的注意事项。

设备和材料

(1) 器材:玻璃板、吸管、金属丝环(内径 7.5～8.0 mm)、反应盒、酒精灯、针头(20 号或 22 号)、消毒盘、酒精棉球、橡皮乳头滴管、干燥的灭菌试管等。

(2) 诊断试剂:鸡白痢全血凝集反应抗原、强阳性血清(500 IU/mL)、弱阳性血清(10 IU/mL)、阴性血清、鸡沙门氏菌属诊断血清、SS 琼脂、麦康凯琼脂、亚硒酸盐煌绿增菌培养基、四硫磺酸钠煌绿增菌培养基、三糖铁琼脂和赖氨酸铁琼脂等。

内容及方法

一、细菌分离培养

1. 采集病料 采集被检鸡的肝、脾、卵巢、输卵管等脏器,无菌取每种组织适量,研碎后进行培养。

2. 分离培养 将研碎的病料分别接种亚硒酸盐煌绿增菌培养基或四硫磺酸钠煌绿增菌培养基和 SS 琼脂平皿或麦康凯琼脂平皿,37 ℃培养 24～48 h,在麦康凯琼脂平皿或 SS 琼脂平皿上若出现细小无色透明、圆形的光滑菌落,判为可疑菌落。若在鉴别培养基上无可疑菌落出现时,应从增菌培养基中取菌液在鉴别培养基上划线,37 ℃培养 24～48 h,若有可疑菌落出现,则进一步鉴定。

3. 病原鉴定 生化试验和运动性检查:将可疑菌落穿刺接种在三糖铁琼脂斜面和赖氨酸铁琼脂斜面,并在斜面上划线,同时接种半固体培养基,37 ℃培养 24 h 后观察,若无运动性,并且在三糖铁琼脂培养基或在赖氨酸铁琼脂培养基上出现阳性反应时,则进一步作血清学鉴定。

4. 血清学鉴定 对初步判为沙门氏菌的培养物作血清学鉴定,取可疑培养物接种三糖铁琼脂斜面,37 ℃培养 18～24 h,先用 A～F 多价 O 血清与培养物进行平板凝集反应,若呈阳性反应,再分别用 09、012、H-a、H-d、H-g. m 和 H-g. P 单价因子血清进行平板凝集反应,如果培养物与 09、012 因子血清呈阳性反应,而与 H-a、H-d、H-g. m 和 H-g. P 因子血清呈阴性反应,则鉴定为鸡白痢沙门氏菌或鸡沙门氏菌。

5. 凝集试验 用接种环取两环因子血清于洁净玻璃板上,然后用接种环取少量被检菌苔与血清混匀,轻轻摇动玻璃板,于 1 min 内呈明显凝集反应者为阳性,不出现凝集反应者为阴性,设生理盐水为对照时应无凝集反应出现。

二、全血平板凝集试验

1. 操作方法 在 20～25 ℃环境条件下,用定量滴管或吸管吸取抗原,垂直滴于玻璃板上(1 滴相当于 0.05 mL),然后用针头刺破鸡的翅静脉或冠尖,取血 0.05 mL(相当于内径 7.5～8.0 mm 金属丝环的两满环血液),与抗原充分混合均匀,并使其散开至直径为 2 cm,不断摇动玻璃板,计时判定结果,同时设强阳性血清、弱阳性血清、阴性血清对照。

视频:鸡白痢全血平板凝集试验

2. 结果判定 全血平板凝集试验判定标准如下。

(1) 100%凝集(#):紫色凝集块大而明显,混合液稍混浊。

(2) 75%凝集(+++):紫色凝集块较明显,但混合液有轻度混浊。

(3) 50%凝集(++):出现明显的紫色凝集颗粒,但混合液较为混浊。

(4) 25%凝集(+):仅出现少量的细小颗粒,而混合液混浊。

(5) 0%凝集(−):无凝集颗粒出现,混合液混浊。

在 2 min 内,抗原与强阳性血清应 100%凝集(#),弱阳性血清应 50%凝集(++),阴性血清不凝集(−),判定试验有效。

在 2 min 内,被检全血与抗原出现 50%(++)以上凝集者为阳性,不发生凝集者则为阴性,介于两者之间为可疑反应,将可疑鸡隔离饲养 1 个月后,再进行检疫,若仍为可疑反应,按阳性反应判定。

实训报告

写出全血平板凝集试验的步骤及结果判定。

实训九 鸡新城疫的检疫

学习目标

▲**知识目标**

1. 熟悉鸡新城疫的临诊检疫特点。
2. 掌握鸡新城疫的实验室检疫方法。

▲**技能目标**

1. 熟练掌握鸡新城疫病毒分离培养。
2. 掌握新城疫抗体检测的血凝(HA)试验、血凝抑制(HI)试验。

▲**思政目标**

实验室检验是动物疫病诊断的重要依据。在实训过程中,增强学生的生物安全意识,培养学生严谨的工作态度,提高学生的实践操作能力。

目标要求

1. 熟练掌握鸡新城疫病毒分离培养。
2. 掌握新城疫抗体检测的血凝(HA)试验、血凝抑制(HI)试验的操作过程。
3. 能正确判定结果并掌握操作时的注意事项。

设备和材料

1. 器材 注射器(1 mL)、注射针头(5~5.5 号)、微量移液器(50 μL)、恒温箱、离心机、离心管、照蛋器、微型振荡器、采血管、9~10 日龄 SPF 鸡胚、剪刀、镊子、毛细吸管、橡皮乳头、灭菌平皿、试管、吸管(0.5 mL、1 mL、5 mL)、酒精灯、试管架、胶布、石蜡、锥子等。

视频:鸡新城疫病毒的鸡胚接种技术

2. 诊断试剂 无菌生理盐水、青霉素、链霉素、标准阳性血清、稀释液(pH 7.0~7.2 磷酸盐缓冲溶液)、浓缩抗原、1%鸡红细胞悬液、被检血清等。

内容及方法

一、病毒分离培养

1. 样品的采集与处理 活禽用喉气管拭子和泄殖腔拭子。死禽以脑为主,也可采心、肝、脾、

肺、肾、气囊等组织，均要求无菌操作。将病料用无菌生理盐水研磨成1∶5混合液；拭子浸入2～3 mL生理盐水中，反复吹吸并挤压数次。溶液中加入青霉素(终浓度为1000 IU/mL)、链霉素(终浓度为1 mg/mL)。泄殖腔拭子样品中加入青霉素、链霉素的量提高5倍。然后调pH至7.0～7.4，37 ℃作用1 h，再于1000 r/min离心10 min，取上清液0.1 mL接种于9～10日龄SPF鸡胚的尿囊腔内。

2. 培养物的收集及检测 培养4～7天的尿囊液经无菌采集后于－20 ℃保存。用尿囊液作血凝试验，并与标准阳性血清作血凝抑制试验，确定有无新城疫病毒繁殖。MDT(最小病毒致死量引起鸡胚死亡的平均时间)的测定：将新鲜尿囊液用生理盐水连续10倍稀释，10^{-9}～10^{-6}的每个稀释度接种5个9～10日龄SPF鸡胚，每胚0.1 mL，37 ℃孵化。余下的病毒保存于4 ℃，8 h后以同样方法接种第二批鸡胚，连续7天内观察鸡胚死亡时间并记录，测定出最小致死量，即引起被接种鸡胚死亡的最大稀释倍数。计算MDT，以MDT确定病毒的致病力强弱，40～70 h死亡为强毒，140 h以上死亡为弱毒。新城疫病毒致死的鸡胚，胚体全身充血，在胚头、胸、背、翅和趾部有小出血点，尤其以翅和趾部较为明显，这在诊断上具有参考价值。

二、病毒的鉴定

血凝试验和血凝抑制试验，按照《新城疫诊断技术》(GB/T 16550—2020)第7.4项执行。

1. 试剂配制及被检血清制备

(1) 稀释液(pH 7.0～7.2磷酸盐缓冲溶液)：氯化钠170 g，磷酸二氢钾13.6 g，氢氧化钠3.0 g，蒸馏水1000 mL高压灭菌，4 ℃保存，使用时稀释20倍。

(2) 浓缩抗原。

(3) 1%鸡红细胞悬液，采成年公鸡血，用10倍体积的磷酸盐缓冲溶液(PBS)洗涤3次，每次以1000 r/min离心5 min，用磷酸盐缓冲溶液配成1%鸡红细胞悬液。

(4) 被检血清：每群鸡随机采20～30份血样，分离血清。

(5) 标准阳性血清。

2. 操作方法

(1) 血凝(HA)试验。

a. 在96孔V型微量反应板的1～12孔中加入25 μL PBS。

b. 在第1孔中加入25 μL抗原，吹打7～9次，充分混匀。

c. 将抗原或病毒悬液在反应板上进行系列倍比稀释，即从第1孔中吸取25 μL悬液至第2孔，混匀后再吸取25 μL悬液至第3孔，并依次进行倍比稀释到第11孔，最后从第11孔吸取25 μL弃去，第12孔不加抗原或病毒悬液，作为PBS对照。

d. 每孔加入25 μL PBS。

e. 每孔加入25 μL 1%鸡红细胞悬液(将鸡红细胞悬液充分摇匀后加入)。将反应板在微型振荡器上振荡混匀或轻扣反应板混匀反应物，室温静置20～30 min或2～8 ℃静置60 min，当对照孔(第12孔)红细胞呈显著纽扣状时判定结果。

f. 结果判定：将反应板倾斜，观察红细胞有无泪滴状流淌，以完全凝集(不流淌)的最高稀释倍数为抗原或病毒悬液的血凝效价。完全凝集的病毒的最高稀释倍数为1个血凝单位(HAU)。

(2) 血凝抑制(HI)试验。

a. 根据测得抗原或病毒悬液血凝效价配制4个血凝单位(4HAU)抗原。4HAU抗原的配制方法如下：假设抗原的血凝效价为8log2(1∶256)，则4HAU抗原的稀释倍数应是1∶64(256除以4)，稀释时，如将1 mL抗原加入63 mL PBS即为4HAU抗原。

b. 4HAU抗原检测：4HAU抗原应现用现配，在使用前进行标定。将配制的4HAU抗原进行系列稀释，使最终稀释度分别为1∶2、1∶3、1∶4、1∶5、1∶6和1∶7，然后再进行血凝试验。如果配制的抗原液为4HAU，则1∶4稀释度将为凝集终点；如果高于4HAU，可能1∶5或1∶6为凝集终点；如果较低，可能1∶2或1∶3为凝集终点。应根据检验结果将抗原稀释度做适当调整，使工作

Note

液确为 4HAU。

c. 取 96 孔 V 型微量反应板，用移液器在第 1 孔至第 11 孔各加入 25 μL PBS，第 12 孔加入 50 μL PBS。

d. 在第 1 孔加入 25 μL 血清，充分混匀后移出 25 μL 至第 2 孔，依次类推，倍比稀释至第 10 孔弃除 25 μL。

e. 在第 1 孔至第 11 孔各加入 25 μL 4HAU 抗原，振荡 15 s，使液体混合均匀，室温静置至少 30 min或 2～8 ℃至少 60 min。

f. 在第 1 孔至第 12 孔每孔加入 25 μL 1%鸡红细胞悬液，振荡混匀，室温静置 40 min 或 2～8 ℃静置 60 min，对照孔红细胞呈显著纽扣状时判定结果。

g. 第 11 孔为抗原对照，第 12 孔为 PBS 对照，每次测定还应设已知效价的标准阳性血清和标准阴性血清做对照。

h. 结果判定：将反应板倾斜 45°，从正面或背面观察加样孔底部的红细胞是否为泪滴状流淌。以完全抑制 4HAU 抗原的最高血清稀释倍数为该血清的 HI 抗体效价。只有当阴性血清对照孔血清效价≤2 log2，阳性血清对照孔血清效价与标定效价相差≤1 个滴度，红细胞对照无自凝现象时，试验结果有效。HI 效价≤3 log2，判为 HI 试验阴性；HI 效价≥4 log2 判为 HI 试验阳性。

实训报告

简述鸡新城疫的实验室检疫方法和程序。

实训十　猪瘟的检疫

学习目标

▲知识目标

1. 猪瘟检疫的临诊要点。
2. 猪瘟实验室检疫的主要方法。

▲技能目标

1. 掌握猪瘟的临诊检疫要点。
2. 初步掌握家兔的接种试验及实验室技术。

▲思政目标

1. 培养学生善于观察、勤于思考、耐心细致的职业素养。
2. 培养学生具有仁心、爱心、耐心、细心，注重保护动物福利。

目标要求

掌握猪瘟的临诊检疫要点。

设备和材料

疑似猪瘟的新鲜病料(淋巴结、脾、血液、扁桃体等)、剪刀、镊子、扁桃体采样器、猪瘟荧光抗体、倒置荧光显微镜、恒温培养箱、酶标仪、湿盒(带盖子的长方形容器，底部铺一层湿纱布)、盖玻片、微量移液器

(200 μL、1000 μL)、PBS缓冲液、丙酮、固定液、缓冲甘油、抗体(直接法采用FITC标记的抗CSFV的单克隆或多克隆抗体;间接法采用抗CSFV的单克隆或多克隆抗体及相应的FITC标记二抗)。

内容及方法

(一)临诊检疫和尸体剖检

详细检查病猪的临诊症状,进行白细胞计数和白细胞分类计数,调查发病的原因、经过、免疫接种情况、猪群的发病情况。了解传染源、症状、治疗效果、病程和死亡情况等。

病猪急宰或死亡后,应进行剖检,全面检查,特别应注意各器官组织,尤其是淋巴结、肾脏和膀胱的出血变化,观察回肠末端、盲肠和结肠的坏死情况及溃疡情况。

从临诊症状、流行病学和病理变化等方面进行分析,注意有无罹患其他疾病(如猪丹毒、猪肺疫、猪副伤寒等)的可能性,作出初步诊断。

(二)实验室检疫

1. 免疫荧光试验(病原学检查法)

(1) 将待检的组织样本制成冰冻切片或触片,将液体吸干后用预冷的丙酮固定5~10 min,自然干燥;细胞培养物弃去孔中液体,用PBS缓冲液漂洗3次后,自然干燥,每孔加入适量固定液固定30 min。每个样本应做3个重复切片或触片。固定后用PBS缓冲液漂洗3次,自然干燥。同时采用阳性组织和阴性组织进行相同处理,分别作为阳性对照和阴性对照。

(2) 染色方法,任选其一。

a. 直接法:滴加工作浓度的FITC标记的抗CSFV的单克隆或多克隆抗体,覆盖于样本表面,置37 ℃湿盒避光作用30~40 min,用PBS缓冲液洗涤3次。

b. 间接法:滴加工作浓度的FITC标记的抗CSFV的单克隆或多克隆抗体,覆盖于样本表面,37 ℃湿盒作用1 h后,用PBS缓冲液洗涤3次,再加入工作浓度的FITC标记二抗,置37 ℃湿盒避光作用30~40 min,用PBS缓冲液洗涤3次。

(3)将组织切片放置室温干燥5 min,于组织样本表面滴加适量缓冲甘油,用盖玻片覆盖样本;细胞培养物表面滴加适量PBS缓冲液。将样本直接置于倒置荧光显微镜下观察结果。

(4)试验成立条件和结果判定:当细胞质中出现绿色荧光着染时,判为染色阳性;细胞质无着染,判为染色阴性。当阳性对照为染色阳性,阴性对照为染色阴性时,试验结果成立。待检样本的3个重复切片或触片中至少一个出现染色阳性时,即判该样本为CSFV阳性;否则判为阴性。

2. 间接ELISA检测方法(血清学检查法) 本方法按照《猪瘟抗体间接ELISA检测方法》(GB/T 35906—2018)或商品化试剂盒执行。

(1) 包被:用包被液将猪瘟病毒E2蛋白稀释至0.25 μg/mL,按每孔100 μL加入反应板中,2~8 ℃包被16 h。包被结束后,弃去孔中液体,每孔加入1×洗涤液300 μL,洗涤1次。

(2) 封闭:每孔加入新鲜配制的封闭液300 μL,2~8 ℃封闭24 h。封闭结束后,弃去孔中液体,每孔加入1×洗涤液300 μL,洗涤1次,即为抗原包被板。抗原包被板若不及时使用,则可将孔中液体在吸水材料上拍干,于室温(温度25 ℃±2 ℃,湿度≤40%)中干燥1 h,装于铝箔袋中,抽真空,置于2~8 ℃保存备用。

(3) 加稀释液:进行血清检测时,向抗原包被板中加入稀释液,每孔50 μL。

(4) 血清的稀释和加样:将待检血清、标准阴性和阳性对照血清于血清稀释板中分别作1∶50稀释后,按位序分别向抗原包被板中加入稀释后的样本每孔50 μL,其中标准阴性和阳性对照血清各加2孔。充分混匀后,37 ℃恒温箱中反应30 min。吸取不同血清时需要更换吸头。

(5) 洗涤:弃去孔中液体,每孔加入300 μL洗涤液,室温放置3 min,洗涤3次,甩干洗涤液。

(6) 加酶结合物和孵育：用稀释液将酶结合物稀释至工作浓度，向每反应孔加入 100 μL。37 ℃恒温箱孵育 30 min。

(7) 洗涤：方法同(5)。

(8) 加底物和显色：将底物液 A 和底物液 B 等体积混合，混合后立即加入抗原包被板中，每孔 100 μL，室温避光显色 10 min，每孔加入 100μL 终止液。

(9) 在酶标仪 450 nm 波长处读取各孔的 OD 值，并以 620 nm 或 650 nm 作为背景参考波长，以去除背景值，15 min 内完成。样本 OD 值为 OD_{450nm} 减去 OD_{620nm} 或 OD_{650nm}。

(10) 结果计算：

$$阳性率=样本 OD 值÷标准阳性对照平均 OD 值\times100\%$$

(11) 试验成立条件：当标准阳性对照平均 OD 值在 1.0～3.5 范围内，标准阴性对照的阳性率≤8%时，试验成立。

(12) 结果判定：当待检血清样本的阳性率≥10%时，判为猪瘟抗体阳性；当待检血清样本的阳性率≤8%时，判为猪瘟抗体阴性；当待检血清样本的阳性率在 8%～10%(不包含)之间时，判为可疑。可疑结果可在数日后重新采样检测。如仍在此范围，则判为阴性。

(13) 采用商品化试剂盒时，按其说明书进行操作和判定。

实训报告

1. 猪瘟的临诊检疫要点有哪些？
2. 简述间接 ELISA 检测方法与步骤并进行判定。

实训十一 猪旋毛虫病的检疫

学习目标

▲知识目标

1. 熟悉旋毛虫病的临诊检疫操作要点。
2. 掌握旋毛虫病的实验室检疫方法。

▲技能目标

1. 熟练掌握肌肉压片检查法。
2. 掌握肌肉消化检查法。

▲思政目标

实验室检验是动物疫病诊断的重要依据。在实训过程中，增强学生的生物安全意识，培养学生严谨的工作态度，提高学生的实践操作能力。

目标要求

1. 熟悉旋毛虫病的临诊检疫操作要点。
2. 熟练掌握肌肉压片检查法。
3. 掌握肌肉消化检查法。

设备和材料

旋毛虫压定器或载玻片、剪刀、镊子、绞肉机、组织捣碎机、低倍显微镜、旋毛虫检查投影仪、0.3～0.4 mm 铜筛、贝尔曼幼虫分离装置、磁力加热搅拌器、600 mL 锥形瓶、分液漏斗、烧杯、纱布、天平等；5%和 10%盐酸溶液、0.1%～0.4%胃蛋白酶溶液、50%甘油溶液等。

内容及方法

一、肌肉压片检查法

1. 采样 猪肉取左、右膈肌各 30 g 肉样一块，并编上与肉体相同的号码。

2. 制片 先撕去同样肌膜，用剪刀顺肌纤维方向剪成米粒大 12 粒，两块共 24 粒，依次贴于玻片上，盖上另一玻片，用力压扁。

3. 判定 将制片置于 50～70 倍低倍显微镜下观察，发现有梭形或椭圆形，呈螺旋状盘曲的旋毛虫包囊，即可确诊。放置时间较久，包囊已不清晰，可用美蓝溶液染色，染色后肌纤维呈淡蓝色，包囊呈蓝色或淡蓝色，虫体不着色。

二、肌肉消化检查法

1. 采样 按流水线上胴体编号顺序，以 5～10 头猪为一组，每头采取膈肌数克分别放在序号相同的采样盘或取样袋内。

2. 捣碎肉样 每头随机取 2 g，每组共取 10～20 g，加入 100～200 mL 0.1%～0.4%的胃蛋白酶溶液，捣碎至肉样成絮状并混悬于溶液。

3. 消化、过筛 将捣碎液倒入锥形瓶中，再用等量胃蛋白酶溶液冲洗容器，洗液注入锥形瓶中，于 200 mL 消化液中加入 5%盐酸溶液 7 mL 左右，中速搅拌，消化 2～5 min。然后用粗筛过滤后再用细筛过滤，滤液收集于另一大烧杯中。

4. 沉淀过滤、分装、镜检 待滤液沉降数分钟后取上清液过滤振荡，使虫体下沉，并迅速将沉淀物放于底部划分为若干个方格的培养皿内。用低倍显微镜按培养皿底划分的方格，分区逐个检查有无旋毛虫。

实训报告

记录实训操作情况，并根据检查结果写一份关于猪旋毛虫病的检疫报告。

实训十二 高致病性禽流感血清学检测

学习目标

▲知识目标

1. 血凝(HA)试验。
2. 血凝抑制(HI)试验。

▲技能目标

掌握高致病性禽流感的血清学检测技术(本法按照《高致病性禽流感诊断技术》(GB/T 18936—2020)第 7 项执行)。

▲思政目标

1. 培养学生善于观察、勤于思考、耐心细致的职业素养。
2. 培养学生具有仁心、爱心、耐心、细心，注重保护动物福利。

目标要求

掌握高致病性禽流感的血清学检测技术。

设备和材料

(1) 阿氏液、1%鸡红细胞悬液、pH为7.2的0.01 mol/L PBS等(配制方法参考GB/T 18936—2020的附录A)。

(2) 禽流感病毒血凝素分型标准抗原、标准阳性血清、标准阴性血清。

内容及方法

一、血凝（HA）试验

(1) 在96孔V型微量反应板中，每孔加0.025 mL PBS。

(2) 第1孔加0.025 mL抗原或病毒液，反复吹吸7～9次混匀。

(3) 从第1孔吸取0.025 mL抗原或病毒液加入第2孔，混匀后吸取0.025 mL加入第3孔，进行2倍系列稀释至第11孔，从第11孔吸取0.025 mL弃去。第12孔为PBS对照孔。

(4) 每孔加0.025 mL PBS。

(5) 每孔加入0.025 mL 1%鸡红细胞悬液。

(6) 结果判定。轻扣反应板混合反应物，室温(约20 ℃)静置40 min，环境温度过高时可在4 ℃条件下静置60 min，当对照孔的红细胞呈显著纽扣状时判定结果。判定时，将反应板倾斜60°，观察红细胞有无泪滴状流淌，完全无泪滴状流淌(100%凝集)的最高稀释倍数判为血凝效价。

二、血凝抑制（HI）试验

(1) 根据HA试验测定的效价配制4个血凝单位(即4HAU)的抗原。4HAU抗原应根据检验结果调整准确。

示例：如果血凝的终点滴度为1∶256(2^8或8 log2)，则4HAU＝256/4＝64(即1∶64)；取PBS 6.3 mL，加抗原0.1 mL，即通过1∶64稀释获得4HAU抗原，配制的4HAU抗原需检查血凝效价是否准确，将配制的4HAU抗原进行系列稀释，使最终稀释度为1∶2、1∶3、1∶4、1∶5、1∶6和1∶7，从每一稀释度中取0.025 mL，加入PBS 0.025 mL，再加入1%鸡红细胞悬液0.025 mL，混匀。将反应板在室温(约20 ℃)条件下静置40 min或4 ℃条件下静置60 min，如果配制的抗原液为4HAU，则1∶4稀释度将为凝集终点；如果高于4HAU，可能1∶5或1∶6为凝集终点；如果低于4HAU，可能1∶2或1∶3为凝集终点。

(2) 第1孔至第11孔加入0.025 mL PBS，第12孔加入0.05 mL PBS作为空白对照。

(3) 第1孔加入0.025 mL待检血清；第1孔血清与PBS充分混匀后吸取0.025mL于第2孔，依次2倍稀释至第10孔，从第10孔吸取0.025 mL弃去。第11孔作为抗原对照。

(4) 第1孔至第11孔均加入0.025 mL 4HAU抗原，在室温(约20 ℃)下静置30 min或4 ℃静置60 min。

(5) 每孔加入0.025 mL 1%鸡红细胞悬液，振荡混匀，在室温(约20 ℃)下静置40 min或4 ℃静置60 min，空白对照孔(需12孔)红细胞呈显著纽扣状时判定结果。

(6) 结果判定。当抗原对照孔(第 11 孔)完全凝集,且阴性对照血清抗体效价不高于 1∶4(2^2 或 2log2),阳性对照血清抗体效价与已知效价误差不超过 1 个滴度时,试验方可成立。以完全抑制 4HAU 抗原的最高血清稀释倍数判为该血清的 HI 抗体效价。用于检测抗体,检测鸡血清时,HI 抗体效价不高于 1∶8(2^3 或 3log2)时判为阴性,不低于 1∶16(2^4 或 4log2)时,判为阳性。用于检测抗原,能够被某亚型禽流感标准血清抗体抑制,HI 效价不低于 1∶16(2^4 或 4log2)时,判定为该亚型阳性;HI 抗体效价不高于 1∶8(2^3 或 3log2)时,判为阴性。对于疑似 H5 亚型等抗原性可能存在较大差别的病毒,应结合其他病毒检测方法进行鉴定。

实训报告

简述血凝试验与血凝抑制试验的方法与步骤,并进行判定。

实训十三　猪繁殖与呼吸综合征血清学检测

学习目标

▲知识目标

间接酶联免疫吸附试验。

▲技能目标

掌握猪繁殖与呼吸综合征的血清学检测技术(本法按照《猪繁殖与呼吸综合征诊断方法》(GB/T 18090—2008)第 8 项执行)。

▲思政目标

1. 培养学生善于观察、勤于思考、耐心细致的职业素养。
2. 培养学生具有仁心、爱心、耐心、细心,注重保护动物福利。

目标要求

通过实训,掌握实验室检疫技术,学会猪繁殖与呼吸综合征(PRRSV)的血清学检测技术。

设备和材料

(1) 96 孔平底微量反应板、微量移液器、酶标仪、恒温箱等。

(2) PRRSV 酶标抗体、标准阳性血清和标准阴性血清、抗原稀释液、血清稀释液、底物溶液、终止液等(配制方法参考 GB/T 18090—2008 附录 B)。

内容及方法

一、ELISA 抗体检测步骤

(1) 取 96 孔平底微量反应板,于奇数列加工作浓度的病毒抗原,偶数列加工作浓度的对照抗原,每孔 100 μL,封板,置 37 ℃恒温箱中感作 60 min,置 4 ℃冰箱内过夜。

(2) 弃去板中包被液,加洗涤液洗板,每孔 300 μL,洗涤 3 次,每次 1 min。在吸水纸上轻轻拍干。

(3) 每孔加入封闭液 100 μL,封板后置 37 ℃恒温箱中感作 60 min。

（4）洗涤，方法同（2）。

（5）反应板编号，加入已稀释的待检血清、标准阳性血清和标准阴性血清。每份血清分别加入各病毒抗原孔和2个对照抗原孔，孔位相邻。每孔加样量均为100 μL，封板，置37 ℃恒温箱中感作30 min。

（6）洗板，方法同（2）。

（7）每孔加工作浓度的酶标抗体100 μL，封板，放37 ℃恒温处中感作30 min。

（8）洗板，方法同（2）。

（9）每孔加入新配制的底物100 μL，封板，在37 ℃恒温箱中避光感作15 min。

（10）每孔加终止液100 μL，终止反应。

二、光密度（OD）值测定

在酶标仪上读取反应板各孔溶液的OD值。

三、有效性判定

阳性对照OD值与阴性对照OD值的差值≥0.15时，才可进行结果判定。否则试验无效。

四、判定标准与稀释

（1）S/P比值（样本的OD值/阳性对照OD值）小于0.3，判定为PRRSV抗体阴性，记作间接ELISA（－）。

（2）S/P比值大于或等于0.3且小于0.4，判定为可疑，记作间接ELISA（±）。

（3）S/P比值大于或等于0.4，判定为PRRSV抗体阳性，记作间接ELISA（＋）。

判定为可疑样品时，可重复检测一次，如果检测结果仍为可疑，可判为阳性；也可以采用其他血清学检测方法检测。注：间接ELISA试验也可采用经过验证的商品化检测试剂盒。

实训报告

简述间接ELISA试验的方法与步骤，并进行判定。

实训十四　非洲猪瘟血清学检测

学习目标

▲知识目标

阻断ELISA抗体检测。

▲技能目标

掌握非洲猪瘟（ASFV）的血清学检测技术（本法按照《非洲猪瘟诊断技术》（GB/T 18648—2020）第13项执行）。

▲思政目标

1. 培养学生善于观察、勤于思考、耐心细致的职业素养。
2. 培养学生具有仁心、爱心、耐心、细心，注重保护动物福利。

目标要求

掌握非洲猪瘟（ASFV）的血清学检测技术（本法按照《非洲猪瘟诊断技术》（GB/T 18648—2020）

第13项执行)。

设备和材料

(1) 96孔平底微量反应板、微量移液器、酶标仪、恒温箱等。

(2) 包被抗原、酶标抗体、ASFV阳性对照血清、ASFV阴性对照血清、包被缓冲液、封闭缓冲液、稀释缓冲液、洗涤缓冲液、TMD底物溶液、终止液等(配制方法参考GB/T 18648—2020附录C)。

内容及方法

一、阻断ELISA抗体检测

(1) 酶标板上每孔加入50 μL的稀释液,在A1、B1孔加入50 μL ASFV阳性对照血清,在C1、D1孔加入50 μL ASFV阴性对照血清,在E1、F1加入50 μL稀释液,其余每孔加入50 μL的血清样品,37 ℃孵育60 min。

(2) 弃去反应孔中的液体,每孔用洗涤缓冲液清洗5次,洗涤缓冲液每孔300 μL。

(3) 用稀释缓冲液将酶标抗体稀释至工作浓度,每孔100 μL,37 ℃孵育30 min。

(4) 弃去反应孔中的液体,每孔用洗涤缓冲液清洗5次,每孔洗涤缓冲液300 μL。

(5) 每孔加入底物溶液,每孔100 μL,室温避光作用15 min。

(6) 每孔中加入100 μL终止液,终止反应。

(7) 用酶标仪450 nm的波长下测定各孔OD值,计算阻断率。

二、阻断率计算方法

$$\text{阻断率}=100-(\text{样品 OD 值}\times 100)\div\text{酶标抗体 OD 值}$$

三、试验成立条件

ASFV阳性对照阻断率>70,且ASFV阴性对照阻断率<30,试验结果有效;否则,应重新进行试验。

四、阻断ELISA抗体检测结果判定

在试验成立的前提下,待检样品阻断率>50,则判定为ASFV抗体阳性;待检样品阻断率≤60,则判定为ASFV抗体阴性。

实训报告

简述阻断ELISA抗体检测的方法与步骤,并进行判定。

实训十五　猪链球菌病2型的检疫

学习目标

▲知识目标

1. 猪链球菌病2型的检疫要点。
2. 猪链球菌病2型的实验室检疫的主要方法。

▲技能目标

1. 掌握猪链球菌病2型的流行病学以及临床特征。
2. 初步掌握猪链球菌病2型实验室检疫的主要方法。

▲思政目标

1. 培养学生善于观察、勤于思考、耐心细致的职业素养。
2. 培养学生具有仁心、爱心、耐心、细心，注重保护动物福利。

目标要求

1. 掌握猪链球菌病2型的流行病学以及临床特征。
2. 初步掌握猪链球菌病2型实验室检疫的主要方法。

设备和材料

显微镜、剪刀、镊子、培养箱、恒温水浴锅、普通琼脂绵羊血平板、灭菌生理盐水、革兰氏染色液、吉姆萨染色液、5%乳糖、海藻糖、七叶苷、甘露醇、山梨醇、马尿酸钠等。

内容及方法

一、临诊检疫

(1) 流行病学调查：了解猪的发病年龄和症状，以及调查与病猪接触的牛、犬和禽类是否发病等情况。

(2) 临诊症状：根据已了解的猪链球菌病2型的症状进行观察，特别注意神经症状与皮肤变化情况。

(3) 病理变化：对死亡猪或病猪进行剖检，结合学过的知识观察特征性的病理变化。

二、实验室检疫

1. 分离培养　最急性和急性病例死亡猪的病料(心、肝、肺、肾、脾、淋巴结等)，慢性病例如关节炎型一般采关节液及周围组织，活猪采扁桃体和鼻腔拭子，样本划线接种于普通琼脂绵羊血平板，置36 ℃±1 ℃培养24 h±2 h，如菌落生长缓慢，可延长至48 h±2 h后观察。同时取病料做组织触片，吉姆萨染色后镜检，如见球菌则表明病料中可能含有链球菌。

2. 培养特性　猪链球菌2型在37 ℃培养24 h后，在普通琼脂绵羊血平板和选择性普通琼脂绵羊血平板上形成圆形、微凸、表面光滑、湿润、边缘整齐、半透明的菌落，直径0.3～1 mm，大多数菌株呈α溶血，部分菌株产生β溶血。

将可疑菌落做革兰氏染色和过氧化氢酶试验。本菌为革兰氏阳性球菌，菌体直径约1 μm，固体培养物以双球菌为多，少数呈3～5个排列的短链，液体培养物以链状为主，无芽孢，能形成荚膜。本菌过氧化氢酶试验均为阴性。

菌落生长特征、革兰氏染色、菌体形态和过氧化氢酶试验符合者，可初步确定为链球菌。

3. 生化鉴定　经初步鉴定后，做5%乳糖、海藻糖、七叶苷、甘露醇、山梨醇、马尿酸钠等糖发酵试验。猪链球菌2型发酵5%乳糖和海藻糖产酸，发酵七叶苷，不发酵甘醇和山梨醇，不水解马尿酸钠。

4. 荧光PCR检测方法　参考《猪链球菌2型荧光PCR检测方法》(GB/T 19915.7—2005)。

实训报告

(1) 写出猪链球菌病 2 型的临诊检疫方法。

(2) 试述猪链球菌 2 型的培养特性。

(3) 写出猪链球菌 2 型分离培养的方法与步骤。

实训十六　绵羊疥癣的检疫

学习目标

▲知识目标

1. 认识绵羊疥癣虫体形态。
2. 掌握绵羊疥癣病的临诊检疫和实验室检测方法。

▲技能目标

1. 学会进行绵羊疥癣病的临诊检疫。
2. 学会进行绵羊疥癣病的实验室检测操作。

▲思政目标

绵羊疥癣病是由疥螨或痒螨寄生在绵羊体表，繁殖过程中产生大量刺激性毒素导致体表瘙痒的一种体表寄生虫疾病，它是养羊业常见的皮肤病，并且具有传染性。通过实训，学生掌握绵羊疥癣病的临诊检疫和实验室检测技术，能够在实际工作中进行操作。在实训过程中，需要培养学生防疫意识、法律意识，加强团队协作和实践操作能力，认真负责地完成实训内容。

目标要求

1. 认识绵羊疥癣虫体形态。
2. 掌握绵羊疥癣病的临诊检疫和实验室检测方法。

设备和材料

显微镜、玻片、刮勺、50%甘油水溶液、石蜡油、培养皿、烧杯等。

内容及方法

一、临床检疫

绵羊疥癣病的病变部位主要局限于头部，头部皮肤犹如石灰，所以俗称“石灰头”。剧痒是该病的主要临床症状，病势越重，痒觉越剧烈。感染初期，局部皮肤上出现小结节，继而发生小水疱，有痒感，尤其在夜间温暖厩舍中更明显，以致病羊摩擦和啃咬患部，局部脱毛，皮肤损伤破裂流出淋巴液，形成痂皮，皮肤变厚，形成皱褶、皲裂，病区逐渐扩大。

二、实验室检测

1. 直接检查法　在载玻片上滴 1～2 滴石蜡油，将小钝刀子在火焰上通过后，刀片涂以石蜡油或 50%甘油水溶液，在病羊的新鲜病灶与健康皮肤交界处稍用力刮取一些带血皮屑，然后将皮屑放在

载玻片上，在显微镜下直接检查。镜检可见虫体较大，椭圆形，长 0.5～0.8 mm，虫卵呈灰白色、透明、椭圆形，卵内含有不均匀的卵胚或已成形的幼虫。

2. 热源检查法　将刮取的新鲜材料放在培养皿中，盖上盖子，然后把盖子颠倒在下面，将培养皿放在盛满温水的烧杯上，经过 25～30 min，取下培养皿，并把盖子翻在上面，取下培养皿盖子，换以新鲜材料，然后再把培养皿盖子颠倒在下面，重新放在有温水的烧杯上，一定要保持水的温度，拿下培养皿盖子，给底下衬一块黑纸（布），用放大镜检查。疥螨足有吸盘，可吸附在培养皿盖子上，一般虫体较少，检查 1～2 个盖子，即可以发现。

实训报告

绵羊疥癣病检疫的操作方法与检测结果报告。

复习思考题及作业

如何对绵羊疥癣病进行预防，绵羊疥癣病的治疗方法是什么？

[1] 胡新岗. 动物防疫与检疫技术[M]. 2版. 北京：中国农业出版社，2020.
[2] 宋禾，欧阳清芳. 动物防疫与检疫[M]. 武汉：华中科技大学出版社，2016.
[3] 胡新岗，蒋春茂. 动物防疫与检疫技术[M]. 3版. 北京：中国林业出版社，2019.
[4] 祝艳华，黄文峰. 动物防疫与检疫[M]. 北京：中国农业大学出版社，2016.
[5] 胡新岗，蒋春茂. 动物防疫与检疫技术[M]. 2版. 中国林业出版社，2016.
[6] 柳增善，刘明远，任洪林. 兽医公共卫生学[M]. 北京：科学出版社，2016.
[7] 毕丁仁，钱爱东. 动物防疫与检疫[M]. 北京：中国农业出版社，2009.
[8] 黄爱芳，王选慧. 动物防疫与检疫[M]. 北京：中国农业大学出版社，2015.
[9] 杨廷桂，陈桂先. 动物防疫与检疫技术[M]. 北京：中国农业出版社，2011.
[10] 李舫. 动物微生物与免疫技术[M]. 2版. 北京：中国农业出版社，2015.
[11] 柳增善，任洪林，张守印. 动物检疫检验学[M]. 北京：科学出版社，2012.
[12] 林伯全. 动物防疫与检疫技术[M]. 北京：中国农业大学出版社，2008.
[13] 李汝春，曲祖乙. 兽医卫生检验[M]. 2版. 北京：中国农业出版社，2015.
[14] 李克荣，王加力. 动物防检疫技术与管理[M]. 兰州：甘肃科学技术出版社，2004.